公路工程施工工艺标准系列图书

GONGLU GONGCHENG SHIGONG GONGYI BIAOZHUN XILIE TUSHU

# 桥梁下部结构
# 施工工艺标准

QIAOLIANG XIABU JIEGOU
SHIGONG GONGYI BIAOZHUN

湖南路桥建设集团有限责任公司 / 编著

中南大学出版社
www.csupress.com.cn
·长沙·

# 公路工程施工工艺标准系列图书编委会

**主　任**：杨宏伟　龚智辉

**副主任**：王术飞　盛　希

**委　员**：（以姓氏笔画排序）

王石光　向海清　刘迪祥　汤向东

孙纳英　杨春会　陈国初　陈湘平

曹才勇　彭南越　彭　剑

**策　划**：刘玉兰　石　柱

**编　辑**：陈玉春　刘泽亚　李　龙

# 本书编写人员名单

**主　　　编：** 盛　希　向海清

**副　主　编：** 刘玉兰　石　柱　朱忠明

**审 定 专 家：**（以姓氏笔画排序）

万　华　田启军　刘学青　杨大伟

贺旭慧　陈定平　谢国安　谭涌波

**主要编写人员：**（以姓氏笔画排序）

凤剑心　文海军　尹　远　邓　华　邓景灿

龙放洋　龙秋亮　刘　浩　刘华文　李　龙

李　理　李　博　李文联　李爱平　李智鹏

杨大伟　肖　泽　林昊昊　余　高　余　翔

宋宣茂　宋琳午　张　灿　张朝群　陈玉春

陈　亮　陈定平　周宇其　周明先　姚吉友

袁　泉　夏　鑫　郭建安　黄松雄　黄福谦

曹　阳　彭　桂　曾　斌　谢飞腾　廖　军

谭　勇　谭清明

**参与编写人员：**（以姓氏笔画排序）

李　镭　杨　会　吴全强　周胜利　周智勇

郑东辉　黄　励　彭官友

# 序

FORWORD

湖南路桥建设集团有限责任公司(以下简称集团)始建于1954年，是全国首批获得公路工程施工总承包特级资质的大型国有企业，拥有公路设计甲级、施工总承包特级等各类资质50余项，业务涵盖路桥、市政、房建、轨道交通等基建领域，以及交通路网、智慧城市、文化旅游等多元产业，业务遍及亚洲、非洲的10多个国家和地区，以及全国20多个省级行政区。

60多年来，集团秉承产业报国、交通为民的历史使命，弘扬“创新、诚信、一流、奉献”的企业精神，先后承建了以南京长江三桥、矮寨大桥为代表的各类大中型桥梁1000余座，以京港澳高速公路、沪昆高速公路为代表的高速公路和高等级公路5000余公里，以湖南雪峰山、广东牛头山隧道为代表的隧道工程170余公里，在大跨径桥梁、长大隧道施工等领域形成了核心技术优势，享有“路桥湘军”美誉。

集团是受国务院表彰的14家“全国先进企业”之一，获首届“中国桥梁十大英雄团队”“创鲁班奖工程特别荣誉企业”，荣获全国“五一劳动奖状”。先后荣获古斯塔夫斯·林德恩斯奖、GRAA国际道路成就奖两项国际大奖，国家科学技术进步奖6项、国家优质工程奖5项，并多次荣获鲁班奖、詹天佑奖，拥有国家级、省部级工法、专利等科技成果200余项，多次被评为“全国优秀施工企业”，连续多年获评高新技术企业，2018年入选ENR“全球最大250家国际承包商”，受到业界推崇。

当前，我国公路建设已进入高质量发展阶段，在确保安全和环保的同时，如何持续提升工程品质和建造能力，是施工企业面临的一个重要课题。为适应日趋激烈的市场竞争环境，达到国家在安全、质量、环保方面的更高要求，集团明确了高质量快速发展的路径和措施，大力推进技术创新和管理升级，积极开展品质工程创建，着力提升企业的快速建造能力，在各项目加快推进项目管理和工艺标准化建设过程中，取得了良好的效果。为进一步提升企业管理能力和技术水平，加速成熟工艺和先进技术的推广应用，结合行业要求和企业发展需求，集团决定系统总结近年来标准化实施成果，制订一套企业施工工艺标准，用于指导项目施工。

科学技术是第一生产力，创新是引领发展的第一动力，推动集团科技的发展，要在工程实践中应用更多新技术、新工艺、新材料和新设备，希望集团全体员工勇于创新、加强总结，努力打造核心技术，不断提升企业技术水平，为树立技术品牌，铸造精品工程，实现集团高质量快速发展而奋力拼搏。

**2019年3月**

# 前言

PREFACE

为进一步提升湖南路桥建设集团有限责任公司(以下简称集团)的管理能力和技术水平，规范施工作业行为，推广成熟工艺和先进技术，实现技术资源共享，集团组织技术骨干和专家着手编写了“公路工程施工工艺标准”系列图书，自2016年开始起草，先后经多次审稿、修改，直至最终定稿，共历时3年多。

“公路工程施工工艺标准”系列图书的编写，是在现行公路工程施工标准和规范的基础上，参考了大量施工方案、技术总结、施工工法、论文、专著等技术资料和文献，经总结、提炼而成，是集团60多年来公路工程施工经验和技术的系统总结。这一系列工艺标准的推行，将在提高集团生产效率，打造品质工程，强化安全管控等方面发挥重要作用。

“公路工程施工工艺标准”系列图书共6册，包括《路基工程施工工艺标准》《路面工程施工工艺标准》《隧道工程施工工艺标准》《桥梁下部结构施工工艺标准》《常见桥梁工程施工工艺标准》和《悬索桥和斜拉桥施工工艺标准》。每项工艺标准包括：总则、术语、施工准备、工艺设计和控制要求、操作工艺、质量标准、成品保护、安全环保措施、质量记录9个方面的内容。

本书主要包括桥梁桩基、承台、墩柱、系梁、盖梁等施工工艺标准，分别介绍了各种不同类型和不同工艺的桥梁下部结构施工方法。

本书是集团的企业标准之一，也可供同行参考。本书在编写过程中得到了各级领导的全力支持，和集团内外多位专家的指导和帮助，参与编写的众多同事付出了大量的时间和精力，在此一并感谢。由于编写者水平有限，错漏之处在所难免，恳请读者斧正。

编　者

2019年3月

# 目录

CONTENTS

# 1 施工放线测量施工工艺标准

## 1.1 总则

### 1.1.1 适用范围

本标准适用于新建、改建公路工程中路基、路面、桥梁、涵洞、隧道等工程的施工放线测量。

### 1.2.1 编制参考标准及规范

(1)《工程测量规范》(GB 50026—2007)。

(2)《工程测量基本术语标准》(GB/T 50228—2011)。

(3)《公路路基施工技术规范》(JTG F10—2006)。

(4)《公路路面基层施工技术细则》(JTG F20—2015)。

(5)《公路工程质量检验评定标准》(JTG F80/1—2017)。

(6)《公路桥涵施工技术规范》(JTG/T F50—2011)。

(7)《公路隧道施工技术规范》(JTG F60—2009)。

## 1.2 术语

(1)施工放线测量：将设计图纸上工程构造物的平面位置和高程，用一定的测量仪器和方法测设到实地上去的测量工作，是根据构造物的设计尺寸，找出构造物各部分特征点与控制点之间位置的几何关系，算得距离、角度、高程等放样数据，然后利用控制点，在实地上定出构筑物的特征点，据以施工。

(2)切线支距法：以圆曲线的起点和终点为原点，其切线为 $x$ 轴，垂线为 $y$ 轴，计算曲线上各点的坐标值，在实地测设曲线的方法，也称直角坐标法。

(3)弦线支距法：以圆曲线的弦为 $x$ 轴，弦的垂线为 $y$ 轴，以每段的起点为原点，计算曲线上各点的坐标值，在实地测设曲线的方法。

## 1.3 施工准备

### 1.3.1 技术准备

(1)施工测量前，应收集有关测量资料，熟悉施工设计图纸，明确施工要求，制订施工放线测量方案。

(2)对控制性桩点进行现场交桩，并进行控制点复测，根据具体的施工需要对控制点进行加密。

(3)对测量人员和相关人员进行技术交底。

### 1.3.2 材料准备

材料：木桩、铁钉、墨汁、油漆、小线。

### 1.3.3 主要机具

全站仪、经纬仪、水准仪、5 m 钢卷尺、50 m 钢卷尺、水准尺(塔尺)、墨斗、锤等。

### 1.3.4 作业条件

(1)施工设计图纸等资料齐备。

(2)测量仪器经校验完好齐备。

(3)各测量控制点已复核，满足施工测量放线要求。

(4)测量员已事先熟悉施工设计图纸，并完成相关的内业计算。

(5)测量员已确定测量放线的方法和步骤。

(6)测站点、后视点均能架设仪器，并有足够空间让测量员操作仪器并记录。后视点、前视点均方便测量员立尺或架设棱镜。

(7)测站点、测设点、后视点相互通视。高程测量中距离在水准仪可视范围内，能看清水准尺并能准确读数。

### 1.3.5 劳动力组织

施工放线测量劳动力组织如表 1－1 所示。

**表 1－1 施工放线测量劳动力组织**

| 工种 | 人数/人 | 工作地点 | 职责范围 |
|---|---|---|---|
| 测量队长 | 1 | 整个施工现场 | 负责施工放线测量组织管理工作 |
| 司仪 | 1 | 施工现场 | 负责全站仪、水准仪等测量仪器操作 |
| 记录员 | 1 | 施工现场 | 负责各种测量数据记录及整理等 |
| 测量工 | 2 | 施工现场 | 负责立尺、架设棱镜、放样点标示等 |
| 总计 | 5 | | |

注：此表为一个作业班施工配备人员，未计后勤、行政等人员。

# 1.4 工艺设计和控制要求

## 1.4.1 技术要求

(1)严格执行测量规范，遵守先整体后局部的工作程序，以控制网为依据，进行各局部网的定位放线。

(2)必须严格审核测量原始数据的准确性，坚持测量放线与计量工作同步校核的工作方法。

(3)测量记录必须原始数据真实、数字正确、内容完整、字体工整；测量精度满足要求。根据现行测量规范和有关规程进行精度控制。

(4)现场交桩要有交桩记录，施工过程中，应对控制网进行定期或不定期的检测。当发现控制点稳定性有问题时，应立即进行局部或全面复测。

(5)路基施工前，应设置标识桩，对路基用地界、路堤坡脚、路堑坡顶、取土坑、护坡道、弃土堆等具体位置，标识清楚。

(6)路面施工前，在底基层或老路面或土基上恢复中线，直线段每15～20 m设一桩，平曲线每10～15 m设一桩，并在两侧路肩边缘外设指示桩，在两侧指示桩上用明显标记标出水泥稳定土层边缘的设计高。

(7)桥梁施工放样前，应熟悉施工设计图纸，并根据桥梁设计和施工的特点，确定放样方法。

(8)隧道工程施工前，应熟悉隧道工程的设计图纸，并根据隧道的长度、线路形状和对贯通误差的要求，进行隧道测量。

(9)施工过程中，应对隧道控制网定期复测。

(10)隧道贯通后，应对贯通误差进行测定，并在调整段内进行中线调整。

## 1.4.2 材料质量要求

测量放线所用木桩坚固耐用，铁钉大小合适且未生锈，所用墨汁、油漆均未过期，小线直径0.5～1 mm。

## 1.4.3 职业健康安全要求

(1)野外作业配备防毒蛇等救护药品，并基本掌握应急、紧急抢救医护知识。

(2)夏季气温较高时，配备防暑降温用品。

(3)密林丛草间进行施工测量时，应遵守护林防火规定，并需预防动、植物伤人。

(4)测量打桩时要注意周围行人的安全，锤、钢钎和其他工具不得随意抛掷。

(5)测量人员在高压线附近工作时，必须保持足够的安全距离，遇雷雨时不得在高压线、大树下停留。

(6)在陡坡及危险地段测量时应系安全带、脚穿软底轻便鞋；在桥墩上测量时应有上下桥墩及防止人员坠落的措施。有恐高症的工作人员不得从事高空测量工作。

(7)在公路、街道、交通繁忙的道路上测量时，必须有专人警戒，穿反光背心，以防交通事故。

(8)野外生活饮用水要注意水质，保证饮水安全。

### 1.4.4 环境要求

(1)雨雪、大风、大雾天气及夜间不宜作业。

(2)当采用电磁波测距时，相邻点之间视线应避开烟囱、散热塔、散热池等发热体及强电磁场。

(3)当隧道内可能出现瓦斯气体时，必须采取安全可靠的防爆措施，并须使用防爆型测量仪器。

## 1.5 施工工艺

### 1.5.1 工艺流程

(1)平面位置测设工艺流程如图 1－1 所示。

**图 1－1 平面位置测设工艺流程**

(2)高程测设工艺流程如图 1－2 所示。

**图 1－2 高程测设工艺流程**

### 1.5.2 操作工艺

#### 1.5.2.1 平面位置测设

(1)仪器安置：是将全站仪安置在测站点上，包括对中和整平两项内容。对中的目的是使仪器中心与控制点标志中心位于同一铅垂线上；整平的目的是使仪器竖轴处于控制点中心位置，使水准器气泡处于水平位置。包括：仪器初步对中和整平，即安置仪器于三脚架后通过调节仪器三脚架使其圆水准器居中，并且使仪器对中的小圆圈大致对准控制点；精确对中和整平，在初平的基础上再调节仪器基座的螺旋使其管水准器居中，并通过移动仪器达到仪器中心对准控制点中心。对中、整平后，输入测量时棱镜常数、温度及气压值(全站仪)。

(2)后视测量：松开测距头制动螺旋和照准部制动螺旋，将望远镜朝向明亮背景，调节目镜对光螺旋，使十字丝清晰。利用望远镜上的照门和准星粗略对准目标，拧紧照准部及望远镜制动螺旋；调节物镜对光螺旋，使目标影像清晰，并注意消除视差。转动照准部和望远镜微动螺旋，精确瞄准目标。

(3)数据计算：根据施工设计图纸及平面控制网资料计算出测设点数据，包括：坐标、与测站点的距离、角度等。

(4)数据输入(全站仪)：分别输入后视点坐标、测站点坐标和测设点坐标，并进入放样模式。

(5)测设平面位置进行水平定线，并通过调节测距头的竖直角和移动棱镜读出数据，使其在误差允许的范围内。(全站仪)

(6)经纬仪测设平面位置采用交会测量。

①路基开挖。

运用全站仪先测量出一个相对点，计算出该点的桩号、距中的距离、挖方高度，然后按照挖方高度计算出开挖线的边桩距中距离。如果实测点距离开挖线的地形起伏不大，就直接向路基中心移动，如果地形起伏较大进行下一步操作：计算该点坐标，将计算好的坐标输入全站仪，并进行放样。

在挖方断面的坡顶点位置上，钉挖方断面的边桩，边桩上应注明里程、挖深(m)，左右边桩以拼音字头或英文字头表示。一般在距边桩一定距离的外方设护桩，以备边桩丢失后及时恢复。

如涉及几级边坡，在路基开挖至各变坡点时，依上进行放样并进行标识。

②路基、路面中桩、边桩。

仪器安置、后视测量，并进入放样模式。查询施工断面图，计算该点坐标，将计算好的坐标输入全站仪，并进行放样。

③路基构造物、涵洞。

仪器安置、后视测量，并进入放样模式。根据路基构造物、涵洞设计图纸，找出相关参数(需要放样点的桩号、距中距离，如果是斜交还需要给出相应的斜交角度)并计算出相应坐标。全站仪放样：将相应的设计轴线及细部线投测到施工平面上，已施工垫层的，用墨线详细弹出，并用红油漆标识清楚。

④路基锥、护坡。

仪器安置、后视测量，并进入放样模式。查询施工设计图，计算坡脚、坡顶坐标，将计算好的坐标输入全站仪，并进行放样。

⑤桥梁、隧道。

仪器安置、后视测量，并进入放样模式。查询施工设计图，计算各放样点坐标，将计算好的坐标输入全站仪，并进行放样。根据实际情况分别放出轴线、细部线或中心点，并进行标识。

**1.5.2.2 高程测设**

(1)仪器安置：打开三脚架并使高度适中，目估使架头大致水平，检查脚架腿是否安置稳固，脚架伸缩螺旋是否拧紧，然后打开仪器箱取出水准仪，置于三脚架头上用连接螺旋将仪器牢固地固连在三脚架头上。调节三脚架高度及调平螺旋，使圆水准器的气泡居中。目镜对光，转动目镜对光螺旋，使十字丝清晰。再松开制动螺旋，转动望远镜，用望远镜筒上的照门和准星瞄准水准尺，拧紧制动螺旋。然后从望远镜中观察；转动物镜对光螺旋进行对光，使目标清晰，再转动微动螺旋，使竖丝对准水准尺。当眼睛在目镜端上下微微移动时，若发现十字丝与目标影像有相对运动，重新仔细地进行物镜对光，直到眼睛上下移动，读数不变为止。

(2)后视测量：转动望远镜，用望远镜筒上的照门和准星瞄准后视点水准尺，拧紧制动螺旋。通过位于目镜左方的符合气泡观察窗看水准管气泡，右手转动微倾螺旋，使气泡两端的像吻合，即表示水准仪的视准轴已精确水平，即可用十字丝的中丝在尺上读数。（自动安平仪不需要调精平）

(3)测设高程：转动望远镜，用望远镜筒上的照门和准星瞄准前视点水准尺，拧紧制动螺旋。精确水平后，读数。将测设点高程引测到实地上并进行标识。

## 1.6 质量标准

(1)路堤填筑至设计标高并整修完成后，其施工质量应符合表1－2的规定。

表1－2　土质路堤施工质量标准

| 序号 | 检查项目 | 允许偏差 | | | 检查方法或频率 |
|---|---|---|---|---|---|
| | | 高速公路、一级公路 | 二级公路 | 三、四级公路 | |
| 1 | 纵断高程/mm | +10，－15 | +10，－20 | +10，－20 | 每200 m测4个断面 |
| 2 | 中线偏位/mm | 50 | 100 | 100 | 每200 m测4点弯道加*HY*、*YH*两点 |
| 3 | 宽度 | 不小于设计值 | | | 每200 m测4处 |
| 4 | 横坡度/% | ±0.3 | ±0.5 | ±0.5 | 每200 m测4个断面 |
| 5 | 边坡坡度 | 不陡于设计坡度 | | | 每200 m抽查4处 |

(2)填石路堤填筑至设计标高并整修完成后，其施工质量应符合表1－3的规定。

表1－3　填石路堤施工质量标准

| 项次 | 检测项目 | | 允许偏差 | | 检查方法或频率 |
|---|---|---|---|---|---|
| | | | 高速公路<br>一级公路 | 其他公路 | |
| 1 | 纵断高程/mm | | +10，－20 | +10，－30 | 水准仪：每200 m测4个断面 |
| 2 | 中线偏位/mm | | 50 | 100 | 经纬仪：每200 m测4点<br>弯道加*HY*、*YH*两点 |
| 3 | 宽度 | | 不小于设计值 | | 米尺：每200 m测4处 |
| 4 | 横坡度/% | | ±0.3 | ±0.5 | 水准仪：每200 m测4个断面 |
| 5 | 边坡 | 坡度 | 不陡于设计值 | | 每200 m抽查4处 |
| | | 平顺度 | 符合设计要求 | | |

(3)土质边沟、截水沟、排水沟施工质量应符合表1－4的规定。

**表 1－4 土质边沟、截水沟、排水沟施工质量标准**

| 序号 | 检查项目 | 规定值或允许偏差 | 检查方法和频率 |
|---|---|---|---|
| 1 | 沟底纵坡 | 符合设计要求 | 水准仪：每 200 m 测 8 点 |
| 2 | 沟底高程/mm | +0，－30 | 水准仪：每 200 m 测 8 处 |
| 3 | 断面尺寸 | 不小于设计要求 | 尺量：每 200 m 测 8 处 |
| 4 | 边坡坡度 | 不陡于设计要求 | 每 50 m 测 2 处 |
| 5 | 边坡顺直度/mm | 50 | 尺量：20 m 拉线，每 200 m 测 4 处 |

（4）浆砌水沟、截水沟、边沟施工质量应符合表 1－5 的规定。

**表 1－5 浆砌水沟施工质量标准**

| 序号 | 检查项目 | 规定值或允许偏差 | 检查方法和频率 |
|---|---|---|---|
| 1 | 轴线偏位/mm | 50 | 经纬仪：每 200 m 测 8 处 |
| 2 | 断面尺寸/mm | ±30 | 尺量：每 200 m 测 8 处 |
| 3 | 沟底高程/mm | ±15 | 水准仪：每 200 m 测 8 点 |

（5）排水渗沟施工质量应符合表 1－6 的规定。

**表 1－6 排水渗沟施工质量标准**

| 序号 | 检查项目 | 规定值或允许偏差 | 检查方法和频率 |
|---|---|---|---|
| 1 | 沟底高程/mm | ±15 | 水准仪：每 20 m 测 4 处 |
| 2 | 断面尺寸/mm | 不小于设计 | 尺量：每 20 m 测 2 处 |

（6）检查井、雨水井施工质量应符合表 1－7 的规定。

**表 1－7 检查井、雨水井施工质量标准**

<table>
<tr><th>序号</th><th>检查项目</th><th colspan="2">规定值或允许偏差</th><th>检查方法和频率</th></tr>
<tr><td>1</td><td>轴线偏位/mm</td><td colspan="2">50</td><td>经纬仪：每个检查井检查</td></tr>
<tr><td>2</td><td>圆井直径或方井长、宽/mm</td><td colspan="2">±20</td><td>尺量：每个检查井检查</td></tr>
<tr><td>3</td><td>井底高程/mm</td><td colspan="2">±15</td><td>水准仪：每个检查井检查</td></tr>
<tr><td rowspan="2">4</td><td rowspan="2">井盖与相邻路面高差/mm</td><td>检查井</td><td>+4，－0</td><td rowspan="2">经纬仪：每个检查井检查</td></tr>
<tr><td>雨水井</td><td>+0，－4</td></tr>
</table>

（7）干砌片石施工质量应符合表 1－8 的规定。

表 1-8　干砌片石施工质量标准

| 序号 | 检查项目 | 规定值或允许偏差 | 检查方法和频率 |
|---|---|---|---|
| 1 | 顶面高程/mm | ±30 | 水准仪：每 20 m 抽 5 点 |
| 2 | 外形尺寸/mm | ±100 | 每 20 m 或自然段，长宽各测 5 点 |

（8）浆砌片石施工质量应符合表 1-9 的规定。

表 1-9　浆砌片石施工质量标准

| 序号 | 检查项目 | 规定值或允许偏差 | | 检查方法和频率 |
|---|---|---|---|---|
| 1 | 顶面高程/mm | 料、块石 | ±15 | 水准仪：每 20 m 抽查 5 点 |
| | | 片石 | ±20 | |
| 2 | 底面高程/mm | -20 | | |
| 3 | 坡度或垂直度/% | 料、块石 | 0.3 | 吊锤线：每 20 m 检查 5 点 |
| | | 片石 | 0.5 | |
| 4 | 断面尺寸/mm | 料石、混凝土块 | ±20 | 尺量：每 20 m 检查 5 点 |
| | | 块石 | ±30 | |
| | | 片石 | ±50 | |
| 5 | 墙面距路基中线/mm | ±50 | | 尺量：每 20 m 检查 5 点 |

（9）锥、护坡施工质量应符合表 1-10 的规定。

表 1-10　锥、护坡实测项目

| 序号 | 检查项目 | 规定值或允许偏差 | 检查方法和频率 |
|---|---|---|---|
| 1 | 顶面高程/mm | ±50 | 水准仪：每 50 m 检查 3 点，不足 50 m 至少检查 2 点 |
| 2 | 坡度 | 不陡于设计 | 坡度尺量：每 50 m 量 3 处 |
| 2 | 底面高程/mm | ±50 | 水准仪：每 50 m 检查 3 点 |

（10）公路路面基层施工质量应符合表 1-11 的规定。

表 1-11　公路路面基层施工质量标准

| 工程类别 | 项目 | 质量标准 | |
|---|---|---|---|
| | | 高速公路和一级公路 | 一般公路 |
| 底基层 | 纵断高程/mm | +5，-15 | +5，-20 |
| | 宽度/mm | +0 以上 | +0 以上 |
| | 横坡度/% | ±0.3 | ±0.5 |

续表 1－11

| 工程类别 | 项目 | 质量标准 | |
|---|---|---|---|
| | | 高速公路和一级公路 | 一般公路 |
| 基层 | 纵断高程/mm | +5，－10 | +5，－15 |
| | 宽度/mm | +0 以上 | +0 以上 |
| | 横坡度/% | ±0.3 | ±0.5 |

(11)水泥混凝土面层施工质量应符合表 1－12 的规定。

表 1－12 水泥混凝土面层施工质量标准

| 项次 | 项目 | 规定值或允许偏差 | |
|---|---|---|---|
| | | 高速公路和一级公路 | 一般公路 |
| 1 | 中线、平面偏位/mm | 20 | |
| 2 | 路面宽度/mm | ±20 | |
| 3 | 纵断高程/mm | ±10 | ±15 |
| 4 | 横坡度/% | ±0.15 | ±0.25 |

(12)沥青混凝土面层和沥青碎(砾)石面层施工质量应符合表 1－13 的规定。

表 1－13 沥青混凝土面层和沥青碎(砾)石面层施工质量标准

| 项次 | 项目 | | 规定值或允许偏差 | |
|---|---|---|---|---|
| | | | 高速公路和一级公路 | 一般公路 |
| 1 | 中线、平面偏位/mm | | 20 | 30 |
| 2 | 纵断高程/mm | | ±10 | ±15 |
| 3 | 宽度/mm | 有侧石 | ±20 | ±30 |
| | | 无侧石 | 不小于设计 | |
| 4 | 横坡/% | | ±0.3 | ±0.5 |

(13)沥青贯入式面层(或上拌下贯式面层)、沥青表面处治面层施工质量应符合表 1－14 的规定。

表 1－14 沥青贯入式面层(或上拌下贯式面层)、沥青表面处治面层施工质量标准

| 项次 | 项目 | | 规定值或允许偏差 |
|---|---|---|---|
| 1 | 中线、平面偏位/mm | | 30 |
| 2 | 纵断高程/mm | | ±15 |
| 3 | 宽度/mm | 有侧石 | ±30 |
| | | 无侧石 | 不小于设计 |
| 4 | 横坡度/% | | ±0.5 |

(14)桥梁基础施工测量的偏差，不应超过表 1－15 的规定。

**表 1－15　桥梁基础施工测量的允许偏差**

| 类别 | 测量内容 | | 测量允许偏差/mm |
|---|---|---|---|
| 灌注桩 | 基础灌注桩 | | 50 |
| | 排架桩桩位 | 顺桥纵轴线方向 | 20 |
| | | 垂直桥纵轴方向 | 40 |
| | 群桩桩位 | 中间线桩 | $D/20$，且≤100 |
| 沉桩 | | | |
| | | 外缘桩 | $D/10$ |
| | 排架桩桩位 | 顺桥纵轴线方向 | 16 |
| | | 垂直桥纵轴方向 | 20 |
| 沉井 | 顶面中心、底面中心 | 一般 | $H/125$ |
| | | 浮式 | $H/125+100$ |
| 垫层 | 轴线位置 | | 20 |
| | 顶面高程 | | 0～8 |

注：$D$ 为桩径，mm；$H$ 为沉井高度，mm。

(15)桥梁下部构造施工测量的偏差，不应超过表 1－16 的规定。

**表 1－16　桥梁下部构造施工测量的允许偏差**

| 类别 | 测量内容 | | 测量允许偏差/mm |
|---|---|---|---|
| 承台 | 轴线位置 | | 15 |
| | 顶面高程 | | ±20 |
| 墩台身 | 轴线位置 | | 10 |
| | 顶面高程 | | ±10 |
| 墩、台帽或盖梁 | 轴线位置 | | 10 |
| | 支座位置 | | 2 |
| | 支座处顶面高程 | 简支梁 | ±4 |
| | | 连续梁 | ±2 |

(16)桥梁上部构造施工的偏差，不应超过表 1－17 的规定。

**表 1－17　桥梁上部构造施工测量的允许偏差**

<table>
<tr><th>类别</th><th colspan="2">测量内容</th><th>测量允许偏差/mm</th></tr>
<tr><td rowspan="3">梁、板安装</td><td rowspan="2">支座中心位置</td><td>梁</td><td>2</td></tr>
<tr><td>板</td><td>4</td></tr>
<tr><td colspan="2">梁板顶面纵向高程</td><td>±2</td></tr>
<tr><td rowspan="5">悬臂施工梁</td><td rowspan="2">轴线位置</td><td>跨距小于或等于 100 m 的</td><td>4</td></tr>
<tr><td>跨距大于 100 m 的</td><td>L/25000</td></tr>
<tr><td rowspan="3">顶面高程</td><td>跨距小于或等于 100 m 的</td><td>±8</td></tr>
<tr><td>跨距大于 100 m 的</td><td>±L/25000</td></tr>
<tr><td>相邻节段高差</td><td>4</td></tr>
<tr><td rowspan="4">主拱圈安装</td><td rowspan="2">轴线横向位置</td><td>跨距小于或等于 60 m 的</td><td>4</td></tr>
<tr><td>跨距大于 60 m 的</td><td>L/15000</td></tr>
<tr><td rowspan="2">拱圈高程</td><td>跨距小于或等于 60 m 的</td><td>±8</td></tr>
<tr><td>跨距大于 60 m 的</td><td>±L/7500</td></tr>
<tr><td rowspan="3">腹拱安装</td><td colspan="2">轴线横向位置</td><td>4</td></tr>
<tr><td colspan="2">起拱线高程</td><td>±8</td></tr>
<tr><td colspan="2">相邻块件高差</td><td>2</td></tr>
<tr><td rowspan="3">钢筋混凝土索塔</td><td colspan="2">塔柱底水平位置</td><td>4</td></tr>
<tr><td colspan="2">倾斜度</td><td>H/7500，且不大于 12</td></tr>
<tr><td colspan="2">系梁高程</td><td>±4</td></tr>
<tr><td rowspan="3">钢梁安装</td><td colspan="2">钢梁中线位置</td><td>4</td></tr>
<tr><td colspan="2">墩台处梁底高程</td><td>±4</td></tr>
<tr><td colspan="2">固定支座顺桥向位置</td><td>8</td></tr>
</table>

注：$L$ 为跨径，mm；$H$ 为索塔高，mm。

(17)涵洞总体实测项目如表 1－18 所示。

**表 1－18　涵洞总体实测项目**

| 序号 | 检查项目 | 规定值或允许偏差 | 检查方法和频率 |
|---|---|---|---|
| 1 | 轴线偏位/mm | 明涵 20，暗涵 50 | 经纬仪：检查 2 处 |
| 2 | 流水面高程/mm | ±20 | 水准仪、尺量：检查洞口 2 处，拉线检查中间 1～2 处 |
| 3 | 涵底铺砌厚度/mm | +40，－10 | 尺量：检查 3～5 处 |
| 4 | 长度/mm | +100，－50 | 尺量：检查中心线 |
| 5 | 孔径/mm | ±20 | 尺量：检查 3～5 处 |
| 6 | 净高/mm | 明涵 ±20，暗涵 ±50 | 尺量：检查 3～5 处 |

(18)倒虹吸竖井实测项目，一字墙、八字墙实测项目如表1－19、表1－20所示。

**表1－19　倒虹吸竖井实测项目**

| 序号 | 检查项目 | 规定值或允许偏差 | 检查方法和频率 |
|---|---|---|---|
| 1 | 井底高程/mm | ±15 | 水准仪：测4点 |
| 2 | 井口高程/mm | ±20 | |
| 3 | 圆井直径或方井边长/mm | ±20 | 尺量：2～3个断面 |
| 4 | 长度/mm | +20，－5 | 尺量：井壁4～8点，井底3点 |

**表1－20　一字墙、八字墙实测项目**

| 序号 | 检查项目 | 规定值或允许偏差 | 检查方法和频率 |
|---|---|---|---|
| 1 | 平面位置/mm | 50 | 经纬仪：检查墙两端 |
| 2 | 顶面高程/mm | ±20 | 水准仪：检查墙两端 |
| 3 | 底面高程/mm | ±20 | 水准仪：检查墙两端 |
| 4 | 竖直度或坡度/% | 0.5 | 吊垂线：每墙检查2处 |
| 5 | 断面尺寸/mm | 不小于设计 | 尺量：各墙两端断面 |

(19)隧道总体实测项目见如1－21所示。

**表1－21　隧道总体实测项目**

| 序号 | 检查项目 | 规定值或允许偏差 | 检查方法和频率 |
|---|---|---|---|
| 1 | 车行道/mm | ±10 | 尺量：曲线每20 m直线每50 m检查一次 |
| 2 | 净总宽/mm | 不小于设计 | 尺量：曲线每20 m直线每50 m检查一次 |
| 3 | 隧道净高/mm | 不小于设计 | 水准仪：曲线每20 m直线每50 m测1个断面，每断面测拱顶和两拱腰3点 |
| 4 | 隧道偏位/mm | 20 | 全站仪或其他测量仪器：曲线每20 m直线每50 m检查1处 |
| 5 | 路线中心线与隧道中心线的衔接/mm | 20 | 分别将引道中心线和隧道中心线延长至两侧洞口，比较其平面位置 |
| 6 | 边坡、仰坡 | 不大于设计 | 坡度板：检查10处 |

## 1.7　成品保护

(1)施工测量放样及各工序施工过程中妥善保护好场地的标志桩及护桩，并做好控制点的保护和长期稳定性检测、复测工作。

(2)各测量放线数据妥善保管并备份。

## 1.8　安全环保措施

(1)作业时注意避让交通车辆、施工机械。

(2)测量放线过程中，测量放线所用材料及烟头、纸屑、矿泉水瓶等不得随意丢弃。

(3)不得随意踩踏、砍伐农作物、绿化用的草木，不得随意破坏建筑、文物、管线设施等。

## 1.9　质量记录

(1)水准仪、经纬仪、测距仪、水准标尺检验资料。

(2)测量放线现场记录。

(3)验收报告。

# 2 高程控制测量工艺标准

## 2.1 总则

### 2.1.1 适用范围

本标准适用于在建公路工程中二、三、四等水准网高程控制点的布设或加密，以及对各高程控制点进行测量、复测或连测。

### 2.1.2 编制参考标准及规范

(1)《工程测量规范》(GB 50026—2007)。

(2)《国家三、四等水准测量规范》(GB/T 12898—2009)。

(3)《工程测量基本术语标准》(GB/T 50228—2011)。

## 2.2 术语

(1)高程：地面点至高程基准面的铅垂距离。

(2)高程基准：由特定验潮站平均海水面确定的起算面所决定的水准原点高程。

(3)1985 国家高程基准：根据青岛验潮站 1952—1979 年验潮资料计算确定的平均海水面所决定的水准原点高程，于 1987 年由国家测绘局颁布作为我国统一的测量高程基准。

(4)高差：同一高程系统中两点间的高程之差。

(5)水准测量：用水准仪和水准尺测定两固定点间高差的工作。

(6)高程控制点：具有高程值的控制点。

(7)水准点：用水准测量方法，测定的高程达到一定精度的高程控制点。

(8)高程控制测量：确定控制点高程值的测量工作。

(9)高程控制网：由相互联系的高程控制点所构成的测量控制网。

(10)水准网：由一系列水准点组成的多条水准路线构成的带有结点的高程控制网。

(11)附合水准路线：起止于两个已知水准点间的水准路线。

(12)闭合水准路线：起止于同一已知水准点的封闭水准路线。

## 2.3 施工准备

### 2.3.1 技术准备

(1)熟悉图纸及设计交底情况，现场勘查，完成高程控制网设计，选定高程控制点。

(2)测区已设置高程控制网的，要结合测区实际情况，如需要增设高程控制点，确定加密控制点的位置。

(3)对高程控制测量人员进行技术交底，对测量仪器进行标定。

### 2.3.2 材料准备

油漆、钢筋、混凝土、标石等。

### 2.3.3 主要机具

水准仪、经纬仪、测距仪、对讲机、水准标尺、尺台(不小于1 kg)、钢卷尺、锄头、铲、锤、锯等。

### 2.3.4 作业条件

(1)已完成各高程控制点布设。

(2)具备与高程控制点相关的具体技术资料。

(3)两测点间具备通视条件。

(4)工作现场具备测量人员通行条件、仪器架设条件。

### 2.3.5 劳动力组织

高程控制测量施工劳动力组织如表2-1所示。

表2-1 高程控制测量施工劳动力组织

| 工种 | 人数/人 | 工作地点 | 职责范围 |
|---|---|---|---|
| 测量队长 | 1 | 整个施工现场 | 负责平面控制测量组织管理工作 |
| 司仪 | 1 | 整个施工现场 | 负责测量仪器操作等 |
| 测量工 | 2 | 施工现场 | 负责立尺等 |
| 记录员 | 1 | 施工现场 | 负责各种测量数据记录及整理等 |
| 总计 | 5 | | |

注：此表为一个作业班施工配备人员，未计后勤、行政等人员。

# 2.4 工艺设计和控制要求

## 2.4.1 技术要求

（1）水准测量中使用的仪器按表2－2规定执行。

表2－2 水准测量仪器

| 序号 | 仪器名称 | 最低型号 | | 备注 |
|---|---|---|---|---|
| | | 三等 | 四等 | |
| 1 | 自动安平光学水准仪、自动安平数字水准仪、气泡式水准仪 | DSZ3<br>DS3 | DSZ3<br>DS3 | 用于水准测量 |
| 2 | 双面区格式木质标尺，条码式因瓦标尺 | — | — | 用于水准测量 |
| 3 | 经纬仪 | DJ2 | DJ2 | 用于高程导线测量和跨河水准测量 |
| 4 | 光电测距仪 | — | Ⅱ级 | 用于高程导线测量和跨河水准测量 |
| 5 | GPS接收机 | 大地型双频接收机 | 大地型双频或单频接收机 | 用于跨河水准测量 |

（2）水准路线应尽量沿坡度小的道路布设，以减弱前、后视折光误差的影响。如不能避开，作业时适当缩短视距。水准网应尽可能布设成环形网或结点网，个别情况下可布设成附合路线。

（3）观测前30 min，应将仪器置于露天阴影下，使仪器温度与外界气温一致。设站时，应用测伞遮蔽光；迁站时，应罩仪器罩。使用数字水准仪前，应进行预热，预热不少于20次单次测量。

（4）除路线转弯处外，每一测站上仪器和前、后视标尺的三个位置应接近一条直线。

（5）每一测段的往测与返测，其测站数均应为偶数，由往测转向返测时两支标尺应互换位置，并应重置仪器。

（6）转动仪器的倾斜螺旋和测微鼓时，其最后旋转方向均应为旋进。

（7）前、后观测时间超过三个月时，应进行检测。

（8）若测段路线往返测不符值超限，应先就可靠程度较小的往测或返测进行整测段重测；附合路线和环线闭合差超限，应就路线上可靠程度较小，往返测高差不符值较大或观测条件较差的某些测段进行重测，如重测后仍不符合限差，则需重测其他测段。

（9）测量过程中，尽量减少水准标尺的垂直位移，如立尺点要选在中等坚实的土壤上；水准标尺立于尺台至少半分钟后再进行观测，这样可以减少其垂直位移量，从而减少其误差影响。

(10)观测时读数应取最小值，以减少标尺倾斜时的误差累积。读数时必须对所读数值肯定，不能含糊或估计。

### 2.4.2　材料质量要求

(1)布点采用$\phi$14 mm 或$\phi$16 mm 钢筋，砂轮机切割，长度约 30 cm，钢筋要直，顶面呈半圆，不得有毛刺，不得使用锈蚀钢筋。

(2)混凝土质量符合使用要求。

### 2.4.3　职业健康安全要求

(1)野外作业配备防毒蛇等救护药品，并基本掌握应急、紧急抢救医护知识。

(2)夏季气温较高时，配备防暑降温用品。

(3)密林丛草间进行施工测量时，应遵守护林防火规定，并需预防动、植物伤人。

(4)测量打桩时要注意周围行人的安全，锤、钢钎和其他工具不得随意抛掷。

(5)测量人员在高压线附近工作时，必须保持足够的安全距离，遇雷雨时不得在高压线、大树下停留。

(6)在陡坡及危险地段测量时应系安全带、脚穿软底轻便鞋；在桥墩上测量时应有上下桥墩及防止人员坠落的措施。有恐高症的人员不得从事高空测量工作。

(7)在公路、街道、交通拥护路段测量时，必须有专人警戒，穿反光背心，防止交通事故发生。

(8)野外生活饮用水要注意水质，保证饮水安全。

### 2.4.4　环境要求

(1)雨雪、大风、大雾天气及夜间不宜作业。

(2)水准路线若与高压输电线或地下电缆平行，则应使水准路线在输电线或电缆 50 m 以外布设，以避免电磁场对水准测量的影响。

(3)水准路线避开土质松软地段，水准点应设置在地质最为可靠的地点，避免设置在水滩、沼泽、沙土、滑坡和地下水位高的地区。

## 2.5　施工工艺

### 2.5.1　工艺流程

高程控制测量施工工艺流程如图 2 -1 所示。

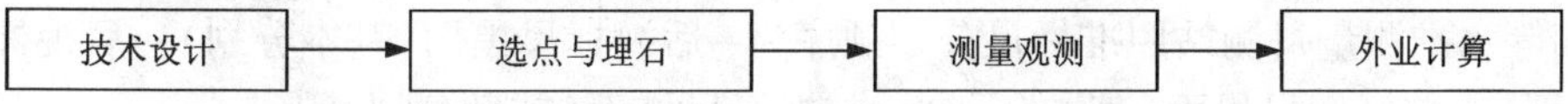


图 2 -1　高程控制测量施工工艺流程图

### 2.5.2 操作工艺

#### 2.5.2.1 技术设计

三、四等水准网布设前，应进行踏勘，收集地质、水文、气象及道路等资料。在已有的各等级水准路线基础上进行技术设计，根据大地构造、工程地质、水文地质条件，优选最佳路线构成均匀网形。

#### 2.5.2.2 选点与埋石

（1）选定水准路线：应沿利于施测的公路、大路及坡度较小的乡村路布设。尽量避免跨越500 m以上的河流、湖泊、沼泽等障碍物。

（2）选定水准点：应选在土质坚实、安全僻静、观测方便和利于长期保存的地点。下列地点不应设水准点：

①易受水淹、潮湿或地下水位较高处。

②易发生土崩、滑坡、沉陷、隆起等地面局部变形的地点。

③距铁路50 m、公路30 m以内（道路水准点除外）或其他受剧烈震动的地点。

④短期内由于建设发展，可能毁坏标石或不便观测的地点。

（3）三、四等水准点采用的标石类型和适用地区如表2－3所示。

**表2－3 三、四等水准点采用的标石类型和适用地区表**

| 序号 | 标石类型 | 适用地区 |
|---|---|---|
| 1 | 混凝土普通水准标石 | 土层不冻或冻土深度小于0.8 m的地区 |
| 2 | 岩层普通水准标石 | 岩层出露或埋入地面不深于1.5 m处 |
| 3 | 混凝土普通水准标石 | 冻土深度大于0.8 m的地区 |
| 4 | 钢管普通水准标石 | |
| 5 | 墙角水准标石 | 坚固建筑物或直立石崖处 |
| 6 | 道路水准标石 | 道路肩部 |

（4）标石柱体可先行预制，底盘应在现场浇灌。标石顶面的水准标志，采用加接铁质根络的铜或不锈钢半球顶的标志，也可采用玻璃钢或石质标志。

#### 2.5.2.3 测量观测

（1）采用光学水准仪观测。

①三等水准测量每测站照准标尺分划顺序为：后视标尺黑面（基本分划）→前视标尺黑面（基本分划）→前视标尺红面（辅助分划）→后视标尺红面（辅助分划）。

②四等水准测量每测站照准标尺分划顺序为：后视标尺黑面（基本分划）→后视标尺红面（辅助分划）→前视标尺黑面（基本分划）→前视标尺红面（辅助分划）。

（2）采用数字水准仪观测。

①三等水准测量往返测每测站照准标尺顺序为：后视标尺→前视标尺→前视标尺→后视标尺。

②四等水准测量往返测每测站照准标尺顺序为：后视标尺→后视标尺→前视标尺→前视标尺。

(3)观测方法：

①三等水准测量采用中丝读数法进行往返观测。当使用有光学测微器的水准仪和线条式因瓦水准标尺观测时，也可以进行单程双转点观测。

②四等水准测量采用中丝读数法进行单程观测。支线应返测或单程双转点观测。

③三、四等水准测量采用单程双转点观测时，在每一转点处安置左右相距0.5 m的两个尺台，相应于左右两条水准路线。每一测站按规定的观测方法和操作程序，首先完成右路线的观测，然后进行左路线的观测。

(4)观测间歇时，最好能在水准点上结束观测。否则，应在最后一站选择两个坚稳可靠、光滑突出、便于放置标尺的固定点，作为间歇点。如无固定点可选择，则间歇前在最后两测站的转点处打入带帽钉的木桩作间歇点。间歇后应对间歇点进行检测，比较任意两转点间歇前后所测得高差。

(5)当水准路线跨越江河(或湖塘、宽沟、洼地、山谷等)，若视线长度较小(200 m以内时)可用一般观测方法进行，但在测站上应变换一次仪器高度，观测两次。两次高差不超过7 mm，取用两次结果的平均值；若视线长度超过200 m时，可根据视线长度和仪器设备采用直接读尺法、光学测微法、经纬仪倾角法、测距三角高程法、GPS进行跨河测量；若视线长度超过2000 m时(如跨海)，应依据测区条件进行专项设计。

直接读尺法、光学测微法、经纬仪倾角法或测距三角高程法按GB/T 12897—2006执行。

#### 2.5.2.4 外业计算

(1)水准测量外业计算的项目。

①外业手簿的计算。

②外业高差和概略高程表的编算。

③每千米水准测量偶然中误差的计算。

④附合路线与环线闭合差的计算。

(2)计算水准点概略高程时，所用高差加入下列改正。

①水准标尺长度误差的改正。

②正常水准面不平行的改正。

③(环)线闭合差的改正。

(3)每完成一条水准路线的测量，应进行往返高差不符值及每千米水准测量偶然中误差$M_\Delta$的计算。

每千米水准测量偶然中误差$M_\Delta$按式(2-1)计算：

$$M_\Delta = \pm\sqrt{\frac{1}{4n\left[\frac{\Delta\Delta}{R}\right]}} \qquad (2-1)$$

式中：$\Delta$——测段往返高差不符值，mm；

$R$——测段长度，km；

$n$——测段数。

(4)每完成一条附合水准路线或闭合环线的测量，并对观测高差施加2.5.2.4(2)中①②项改正后，计算附合路线或闭合路线的闭合差$W$。当构成水准网的水准环超过20个，还应按环闭合差$W$计算每千米水准测量全中误差$M_W$。

每千米水准测量全中误差$M_W$按式(2-2)计算：

$$M_W = \pm\sqrt{\frac{1}{N}\left[\frac{WW}{F}\right]} \tag{2-2}$$

式中：$W$——经过各项改正后的水准环闭合差，mm；

$F$——水准环线周长，km；

$N$——水准环数。

(5)外业计算数值取位按表2-4规定执行。

**表2-4 外业计算数值取位表**

| 等级 | 往返测距离总和/km | 测段距离中数/km | 各测站高差/mm | 往返测高差总和/mm | 测段高差总数/mm | 水准点高程/mm |
|---|---|---|---|---|---|---|
| 三等 | 0.01 | 0.1 | 0.1 | 0.1 | 1 | 1 |
| 四等 | 0.01 | 0.1 | 0.1 | 0.1 | 1 | 1 |

## 2.6 质量标准

(1)测量精度：三、四等水准测量，每千米水准测量的偶然中误差$M_\Delta$和全中误差$M_W$，不超过表2-5规定的数值。

**表2-5 偶然中误差、全中误差限值表(mm)**

| 等级 | 三等 | 四等 |
|---|---|---|
| $M_\Delta$ | 3.0 | 5.0 |
| $M_W$ | 6.0 | 10.0 |

(2)测站的视线长度(仪器至标尺距离)、前后视距差、视线高度、数字水准仪重复测量次数按表2-5规定执行。使用DS3级以上的数字水准仪进行三、四等水准测量观测，其上述技术指标应不低于表2-6中DS1、DS05级光学水准仪的要求。

表 2－6 光学水准仪读数要求(m)

| 等级 | 仪器类别 | 视线长度 | 前后视距差 | 任一测站上前后视距差累积 | 视线高度 | 数字水准仪重复测量次数 |
|---|---|---|---|---|---|---|
| 三等 | DS3 | ≤75 | ≤2.0 | ≤5.0 | 三丝能读数 | ≥3 次 |
| | DS1、DS05 | ≤100 | | | | |
| 四等 | DS3 | ≤100 | ≤3.0 | ≤10.0 | 三丝能读数 | ≥2 次 |
| | DS1、DS05 | ≤150 | | | | |

(3)测站观测限差按表 2－7 规定执行。

表 2－7 测站观测限差表(mm)

| 等级 | 观测方法 | 基、辅分划（黑红面）读数的差 | 基、辅分划（黑红面）所测高差的差 | 单程双转点法观测时，左右路线转点差 | 检测间歇点高差的差 |
|---|---|---|---|---|---|
| 三等 | 中丝读数法 | 2.0 | 3.0 | — | 3.0 |
| | 光学测微法 | 1.0 | 1.5 | 1.5 | |
| 四等 | 中丝读数法 | 3.0 | 5.0 | 4.0 | 5.0 |

(4)往返测高差不符值、环线闭合差和检测高差之差的限差应不超过表 2－8 的规定。

表 2－8 往返测高差不符值、环线闭合差和检测高差之差限差表(mm)

| 等级 | 测段、路线往返测高差不符值 | 测段、路线的左、右路线高差不符值 | 附合路线或环线闭合差 | | 检测已测测段高差的差 |
|---|---|---|---|---|---|
| | | | 平原 | 山区 | |
| 三等 | $\pm 12\sqrt{K}$ | $\pm 8\sqrt{K}$ | $\pm 12\sqrt{L}$ | $\pm 15\sqrt{L}$ | $\pm 20\sqrt{R}$ |
| 四等 | $\pm 20\sqrt{K}$ | $\pm 14\sqrt{K}$ | $\pm 20\sqrt{L}$ | $\pm 25\sqrt{L}$ | $\pm 30\sqrt{R}$ |

注：$K$—路线或测段的长度，km；$L$—附合路线(环线)长度，km；$R$—检测测段长度，km。山区指高程超过 1000 m 或路线中最大高差超过 400 m 的地区。

(5)采用直接读尺法、光学测微法、经纬仪倾角法、测距三角高程法进行跨河水准测量，其适用范围和观测测回数、限差规定按表 2－9 执行，采用 GPS 测量进行跨河水准测量时，其技术指标应不低于表 2－9 中经纬仪倾角法和测距三角高程法的要求。

表 2-9　测回及高差要求

| 序号 | 方法 | 等级 | 最大视线长度/m | 单测回数 | 半测回观测组数 | 测回高差互差不大于/mm |
|---|---|---|---|---|---|---|
| 1 | 直接读尺法 | 三 | 300 | 2 | — | 8 |
| | | 四 | 300 | 2 | — | 16 |
| 2 | 光学测微法 | 三 | 500 | 4 | — | $30 \cdot s$ |
| | | 四 | 1000 | 4 | — | $50 \cdot s$ |
| 3 | 经纬仪倾角法或测距三角高程法 | 三 | 2000 | 8 | 3 | $24\sqrt{s}$ |
| | | 四 | 2000 | 8 | 3 | $40\sqrt{s}$ |

注：表中 $s$ 为最大视线长度，km。

## 2.7　成品保护

(1)施工过程中妥善保护好各高程控制点。

(2)对新布控的高程控制点混凝土进行养生。

(3)各高程控制点数据妥善保管并备份。

## 2.8　安全环保措施

(1)高程控制点的布设尽量避开输电线路，无法避开时，在保证人员安全的同时水准尺顶与输电线之间的距离不得小于规定的安全高度。

(2)作业时注意避让交通车辆、施工机械。

(3)控制测量过程中，烟头、纸屑、矿泉水瓶等不得随意丢弃。

(4)不得随意踩踏、砍伐农作物、绿化用的草木，不得随意破坏建筑、文物、管线设施等。

## 2.9　质量记录

(1)技术设计书。

(2)水准点记录的纸质文本及数字化电子文本。

(3)水准路线图、结点接测图及数字化电子文本。

(4)测量标志委托保管书。

(5)水准仪、经纬仪、测距仪、水准标尺检验资料。

(6)水准观测手薄、磁带、磁盘、光盘等能长期保存的其他介质。

(7)水准测量外业高差及概略高程表。

(8)外业高差改正数计算资料。

(9)外业技术总结。

(10)验收报告。

# 3 平面控制测量工艺标准

## 3.1 总则

### 3.1.1 适用范围

本标准适用于公路工程中以国家一级三角锁和二等连续网为基础，采用三角网或导线网在测区进行平面控制点的加密。

### 3.1.2 编制参考标准及规范

(1)《工程测量规范》(GB 50026—2007)。

(2)《工程测量基本术语标准》(GB/T 50228—2011)。

## 3.2 术语

(1)平面控制网：在某一参考面上，由相互联系的平面控制点所构成的测量控制网。

(2)平面控制测量：确定控制点平面坐标的测量工作。

(3)平面控制点：具有平面坐标的控制点。

(4)坐标增量：两点之间的坐标值之差。

(5)水平角：测站点至两个观测目标方向线垂直投影在水平面上的夹角。

(6)垂直角：观测目标的方向线与水平面间在同一竖直面内的夹角。

(7)坐标方位角：坐标系的正纵轴与测线间顺时针方向的水平夹角。

(8)三角测量：选择若干控制点而形成互相连接的三角形，测定其中一边的水平距离和每个三角形的三个顶角，然后根据起算数据算出各控制点的坐标。

(9)导线测量：将一系列的地面点组成折线形式，测定边长和转折角来逐步建立控制点。

(10)点之记：记载等级控制点位置和结构情况的资料，包括点名、等级、点位略图及与周围固定地物的相关尺寸等。

## 3.3 施工准备

### 3.3.1 技术准备

(1)收集资料，现场勘查，完成平面控制网设计，选定控制点位置。

(2)测区已设置平面控制网，要结合测区实际情况，如需要增设控制点，确定加密控制点的位置。

(3)对测量人员进行技术交底，对测量仪器进行标定。

### 3.3.2 材料准备

油漆、钢筋、混凝土、标石等。

### 3.3.3 主要机具

水准仪、经纬仪、测距仪、全站仪、对讲机、水准标尺、钢尺、锄头、铲、锤、锯等。

### 3.3.4 作业条件

(1)控制点布设完毕且相邻两控制点相互通视。

(2)具备相关的技术资料。

(3)具备测量人员通行的条件。

(4)控制点具备仪器架设条件。

### 3.3.5 劳动力组织

平面控制测量施工劳动力组织如表 3－1 所示。

**表 3－1 平面控制测量施工劳动力组织**

| 工种 | 人数/人 | 工作地点 | 职责范围 |
|---|---|---|---|
| 测量队长 | 1 | 整个施工现场 | 负责平面控制测量组织管理工作 |
| 司仪 | 1 | 整个施工现场 | 负责测量仪器操作等 |
| 测量工 | 2 | 施工现场 | 负责对点、架设棱镜等 |
| 记录员 | 1 | 施工现场 | 负责各种测量数据记录及整理等 |
| 总计 | 5 | | |

注：此表为一个作业班施工配备人员，未计后勤、行政等人员。

## 3.4 工艺设计和控制要求

### 3.4.1 技术要求

(1)平面控制网的布设应符合因地制宜、技术先进、经济合理、确保质量的原则。

(2)平面控制网的建立，可采用全球定位系统(GPS)测量、三角测量、三边测量和导线测量等方法。平面测量等级，当采用三角测量、三边测量时依次为二等、三等、四等和一级、二级小三角；当采用导线测量时依次为三等、四等和一级、二级、三级导线。

(3)平面控制网坐标系的确定，宜满足测区内投影长度变形值不大于2.5 cm/km。根据测区所处地理位置和平均高程，可按下列方法选择坐标系：

①当投影长度变形值不大于2.5 cm/km时，采用高斯正形投影3°带平面直角坐标系。

②特殊情况下，当投影长度变形值大于2.5 cm/km时，可采用：

(A)投影于抵偿高程面上的高斯正形投影3°带平面直角坐标系。

(B)投影于1954年北京坐标系或1980西安坐标系椭球面上的高斯正形投影任意带平面直角坐标系。

(C)投影于抵偿高程面上的高斯正形投影任意带平面直角坐标。

(D)二级和二级以下的公路、独立桥梁、隧道等，可采用相对坐标系。

(4)三角测量的技术要求。

①各等级控制网应布设为近似等边三角形的网(锁)，三角形内角一般不小于30°，受限制时亦不应小于25°。

②一、二级小三角可采用线型锁，线形锁宜近于直伸，传距角应大于40°且小于100°，三角形的个数不得多于8个，超过时，应增加基线边。

(5)三边测量的技术要求：

①各等级三边网的起始边至最远边之间的三角形个数不宜多于10个。

②三边网宜布设为近似等边三角形，各三角形的内角不应大于100°和小于30°，受限制时不应小于25°。

③四等以上的三边网，宜在网中选择接近100°的角，以相应等级三角测量的测角精度进行观测作为检核。

(6)导线测量的技术要求：

①导线应尽量布设或直伸形状，相邻边长不宜相差过大。

②当导线平均边长较短时，应控制导线边数。

### 3.4.2 材料质量要求

(1)临时布控点采用$\phi$14 mm或$\phi$16 mm钢筋，砂轮机切割，长度约30 cm，钢筋要直，切口要平，不得有毛刺，不得使用锈蚀钢筋。

(2)混凝土质量符合使用要求。

### 3.4.3 职业健康安全要求

(1)野外作业配备防毒蛇等救护药品，并基本掌握应急、紧急抢救医护知识。

(2)夏季气温较高时，配备防暑降温用品。

(3)密林丛草间进行施工测量时，应遵守护林防火规定，并需预防动、植物伤人。

(4)测量打桩时要注意周围行人的安全，锤、钢钎和其他工具不得随意抛掷。

(5)测量人员在高压线附近工作时，必须保持足够的安全距离，遇雷雨时不得在高压线、大树下停留。

(6)在陡坡及危险地段测量时应系安全带、脚穿软底轻便鞋；在桥墩上测量时应有上下桥墩及防止人员坠落的措施。有恐高症的人员不得从事高空测量工作。

(7)在公路、街道、交通拥挤、路段测量时，必须有专人警戒，穿反光背心，以防止交通事故发生。

(8)野外生活饮用水要注意水质，保证饮水安全。

### 3.4.4 环境要求

(1)雨雪、大风、大雾天气及夜间不宜作业。

(2)当采用电磁波测距时，相邻点之间视线应避开烟囱、散热塔、散热池等发热体及强电磁场。

(3)控制点应设置在地质最为可靠的地点，避免设置在水滩、沼泽、沙土、滑坡和地下水位高的地区。

## 3.5 施工工艺

### 3.5.1 工艺流程

平面控制测量施工工艺流程如图 3 – 1 所示。

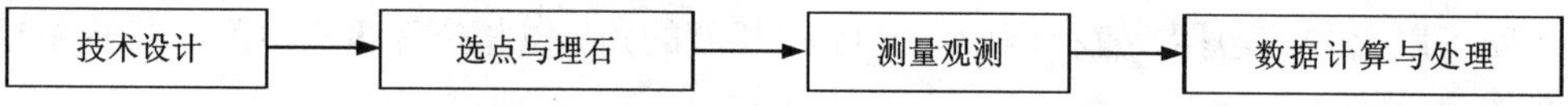


**图 3 – 1 平面控制测量施工工艺流程图**

### 3.5.2 操作工艺

#### 3.5.2.1 技术设计

作业前，应进行资料收集和现场踏勘，对收集到的相关控制资料和地形图［以(1∶10000)~(1∶50000)］进行综合分析，并在图上进行网形设计和精度估算，在满足精度要求的前提下，合理确定网的精度等级和观测方案。

#### 3.5.2.2 选点与埋石

(1)点位应选在土质坚实、稳固可靠、便于保存的地方，视野应相对开阔，便于加密、扩展和寻找。

(2)相邻点之间应通视良好，其视线距障碍物的距离，三、四等不宜小于1.5 m；四等以下宜保证便于观测，以不受旁折光的影响为原则。

(3)相邻两点之间的视线倾角不宜过大。

(4)充分利用旧有控制点。

(5)埋石按照《工程测量规范》(GB 50026—2007)相关要求执行。

**3.5.2.3 测量实施**

(1)水平角观测：宜采用方向观测法，当观测方向不多于3个时，可不归零。当观测方向多于6个时，可进行分组观测。分组观测应包括两个共同方向(其中一个为共同零方向)。其两组观测角之差，不应大于同等级测角中误差的2倍。分组观测的最后结果，应按等权分组观测进行测站平差。所使用的全站仪、电子经纬仪和光学经纬仪，应符合下列相关规定：

①照准部旋转轴正确性指标：管水准器气泡或电子水准器长气泡在各位置的读数较差，1″级仪器不应超过2格，2″级仪器不应超过1格，6″级仪器不应超过1.5格。

②光学经纬仪的测微器行差及隙动差指标：1″级仪器不应大于1″，2″级仪器不应大于2″。

③水平轴不垂直于垂直轴之差指标；1″级仪器不应超过10″，2″级仪器不应超过15″，6″级仪器不应超过20″。

④补偿器的补偿要求：在仪器补偿器的补偿区间，对观测成果应能进行有效补偿。

⑤垂直微动旋转使用时，视准轴在水平方向上不产生偏移。

⑥仪器的基座在照准部旋转时的位移指标：1″级仪器不应超过0.3″，2″级仪器不应超过1″，6″级仪器不应超过1.5″。

⑦光学(或激光)对中器的视轴(或射线)与竖轴的重合度不应大于1 mm。

(2)距离测量：一级及以上等级控制网的边长，应采用中、短程全站仪或电磁波测距仪测距。

**3.5.2.4 导线测量数据处理**

(1)当观测数据中含有偏心测量成果时，应首先进行归心改正计算。

(2)水平距离计算，应符合下列规定：

①测量的斜距，须经气象改正和仪器的加、乘常数改正后才能进行水平距离计算。

②两点间的高差测量，宜采用水准测量。当采用电磁波测距三角高程测量时，基高差应进行大气折光改正和地球曲率改正。

③水平距离可按式(3-1)计算：

$$D_{\mathrm{P}} = \sqrt{S^2 - h^2} \tag{3-1}$$

式中：$D_{\mathrm{P}}$—— 测线的水平距离，m；

$S$—— 经气象及加、乘常数等改正后的斜距，m；

$h$—— 仪器的发射中心与反光镜的反射中心之间的高差，m；

④导线网水平角观测的测角中误差，应按式(3-2)计算：

$$m_\beta = \sqrt{\frac{1}{N}\left[\frac{f_\beta f_\beta}{n}\right]} \tag{3-2}$$

式中：$f_\beta$——导线环的角度闭合差或附合导线的方位角闭合差，s；

$n$ ——计算 $f_\beta$ 时的相应测站数；

$N$ ——闭合环及附合导线的总数。

⑤测距边的精度评定，应按式(3－3)、式(3－4)计算；当网中的边长相差不大时，可按式(3－4)计算网的平均测距中误差。

单位权中误差：

$$\mu = \sqrt{\left[\frac{Pdd}{2n}\right]} \tag{3－3}$$

式中：$d$——各边往、返测的距离误差，mm；

$n$——测距边数；

$P$——各边距离的先验权，其值为 $1/(\sigma D^2)$，$\sigma D$ 为测距的先验中误差，可按测距仪器的标称精度计算。

任一边的实际测距中误差：

$$m_{\mathrm{DI}} = \mu\sqrt{\frac{1}{P_i}} \tag{3－4}$$

式中：$m_{\mathrm{DI}}$——第 $i$ 边的实际测距中误差，mm；

$P_i$——第 $i$ 边距离测量的先验权。

网的平均测距中误差：

$$\overline{m_{\mathrm{DI}}} = \sqrt{\frac{[dd]}{2n}} \tag{3－5}$$

式中：$\overline{m_{\mathrm{DI}}}$——平均测距中误差，mm。

⑥测距边长差的归化投影计算，应符合下列规定：

归算到测区平均高程面上的测距边长度，应按式(3－6)计算：

$$D_{\mathrm{H}} = D_{\mathrm{P}}\left(1 + \frac{H_{\mathrm{P}} - H_{\mathrm{M}}}{R_{\mathrm{A}}}\right) \tag{3－6}$$

式中：$D_{\mathrm{H}}$——归算到测区平均高程面上的测边长度，m；

$D_{\mathrm{P}}$——测线的水平距离，m；

$H_{\mathrm{P}}$——测区的平均高程，m；

$H_{\mathrm{M}}$——测距边两端点的平均高程，m；

$R_{\mathrm{A}}$——参考椭圆体在测距边方向法截弧的曲率半径，m。

归算到参考椭圆球面上的测距边长度，应按式(3－7)计算：

$$D_{\mathrm{O}} = D_F\left(1 - \frac{H_m + h_m}{R_{\mathrm{A}} + H_m + h_m}\right) \tag{3－7}$$

式中：$D_{\mathrm{O}}$——归算到参考椭圆面上的测距边长度，m；

$H_m$——测区大地水准面高出参考椭圆面的高差，m。

测距边在高斯投影面上的长度，应按式(3－8)计算：

$$D_{\mathrm{g}+} = D_{\mathrm{O}}\left(1 + \frac{Y_m^2}{2R_m^2} + \frac{\Delta y^2}{24R_m^2}\right) \tag{3－8}$$

式中：$D_{\mathrm{g}+}$——测距边在高斯投影面上的长度，m；

$Y_m$——测距边两端点横坐标的平均值，m；

$R_m$——测距边中点处在参考椭圆球面上的平均曲率半径，m；

$\Delta y$——测距边两端点横坐标的增量，m。

(3)平差计算时，对计算简图和计算机输入数据应进行仔细校对，对计算结果应进行检查。打印输出的平差成果，应包括起算数据、观测数据以及必要的中间数据。

(4)平差后的精度评定，应包含有单位权中误差、点位误差椭圆参数或相对点位误差椭圆参数、边长相对中误差或点位中误差等。当采用简化平差时，平差后的精度评定，可作相应简化。

**3.5.2.5　三角形网测量数据处理**

(1)当观测数据中含有偏心测量成果时，应首先进行归心改正计算。

(2)三角形网的测角中误差，应按式(3-9)计算：

$$m_{\beta}=\sqrt{\left[\frac{ww}{3n}\right]} \tag{3-9}$$

式中：$m_{\beta}$——测角中误差，s；

$w$——三角形闭合差，s；

$n$——三角形的个数。

(3)水平距离计算和测边精度评定按本标准第3.5.2.4(2)的第③条和第⑤条执行。

(4)当测区需要进行高斯投影时，四等及以上等级的方向观测值，应进行方向改化计算。四等网也可采用简化公式。

①方向改化计算公式：

$$\delta_{1-2}=\frac{\rho}{6R_m^2}(X_1-X_2)(2Y_1+Y_2) \tag{3-10}$$

$$\delta_{2-1}=\frac{\rho}{6R_m^2}(X_2-X_1)(Y_1+2Y_2) \tag{3-11}$$

②方向改化简化计算公式：

$$\delta_{1-2}=-\delta_{2-1}=\frac{\rho}{6R_m^2}(X_1-X_2)Y_m \tag{3-12}$$

式中：$\delta_{1-2}$——测站点1向照准点2观测方向的方向改化值，s；

$\delta_{2-1}$——测站点2向照准点1观测方向的方向改化值，s；

$X_1$、$Y_1$、$X_2$、$Y_2$——1、2两点的坐标值，m；

$R_m$——测距边中点处在参考椭球面上的平均曲率半径，m；

$Y_m$——1、2两点的横坐标平均值，m。

(5)高山地区二、三等三角形网的水平角观测，如果垂线偏差和垂直角较大，其水平方向观测值应进行垂线偏差的修正。

(6)测距边长度的归化投影计算，按本标准第3.5.2.4(2)的第⑥条执行。

(7)三角形外业观测结束后，应计算网的各项条件闭合差。各项条件闭合差不应大于相应的限值。

①角-极条件自由项的限值。

$$W_j=2\frac{m_{\beta}}{\rho}\sqrt{\sum\cot^2\beta} \tag{3-13}$$

式中：$W_j$——角-极条件自由项的限值；

$m_{\beta}$——相应等级的测角中误差，s；

$\beta$——求距角。

②边(基线)条件自由项的限值。

$$W_b = 2\sqrt{\sum \cot^2\beta + \left[\frac{m_{s_1}}{s_1}\right]^2 + \left[\frac{m_{s_2}}{s_2}\right]^2} \quad (3-14)$$

式中：$W_b$——边(基线)条件自由项的限值，S；

$\frac{m_{s_1}}{s_1}$、$\frac{m_{s_2}}{s_2}$——起始边边长相对中误差。

③方位角条件自由项的限值。

$$W_f = 2\sqrt{m_{a_1}^2 + m_{a_2}^2 + n m_\beta^2} \quad (3-15)$$

式中：$W_f$——方位角要件自由项的限值，s；

$m_{a_1}$ $m_{a_2}$——起始方位角中误差，s；

$n$——推算路线所经过的测站数。

④固定角自由项的限值。

$$W_g = 2\sqrt{M_g^2 + M_g^2} \quad (3-16)$$

式中：$W_g$——固定角自由项的限值，s；

$M_g$——固定角的角度中误差，s。

⑤边－角条件的限值。

三角形中观测的一个角度与由观测边长根据各边平均测距相对中误差计算所得的角度限差，应按下式进行检核：

$$W_r = 2\sqrt{2\left[\frac{m_D}{D}\rho\right]^2(\cot^2\alpha + \cot^2\beta + \cot\alpha\cot\beta) + m_\beta^2} \quad (3-17)$$

式中：$W_r$——观测角与计算角的角值限差，s；

$\frac{m_D}{D}$——各边平均测距相对中误差；

$\alpha$、$\beta$——三角形中观测角之外的另两个角；

$m_\beta$——相应等级的测角中误差，s。

⑥边－极条件自由项的限值。

$$W_z = 2\rho\frac{m_D}{D}\sqrt{\sum\alpha_w^2 + \sum\alpha_f^2} \quad (3-18)$$

$$\alpha_w = \cot\alpha_i + \cot\beta_i \quad (3-18-1)$$

$$\alpha_f = \cot\alpha_i \pm \cot\beta_i - 1 \quad (3-18-2)$$

式中：$W_z$——边－极条件自由项的限值，s；

$\alpha_w$——与极点相对的外围边两端的两底的余切函数之和；

$\alpha_f$——中点多边形中与极点相连的辐射边两侧的相邻底角的余切函数之和；四边形中内辐射边两侧的相邻底角的余切函数之和以及外侧的两辐射边的相邻底角的余切函数之差；

$i$——三角形编号。

⑦三角形网平差时，观测角(或观测方向)和观测边均应视为观测值参与平差，角度和距离的先验中误差，应按本标准第 3. 5. 2. 5(2)和 3. 5. 2. 4(2)的第⑤条中的方法计算，也可用

数理统计等方法求得的经验公式估算先验中误差的值，并用以计算角度(或方向)及边长的权，平差计算按本标准第3.5.2.4(3)~3.5.2.4(4)条执行。

## 3.6 质量标准

(1)各级公路、桥梁、隧道及其他建筑物的平面控制测量等级测量应符合表3-2的规定。

表3-2 平面控制测量等级测量

| 等级 | 公路路线控制测量 | 桥梁桥位控制测量 | 隧道洞外控制测量 |
|---|---|---|---|
| 二等三角、导线 | — | 大于5000 m特大桥 | 大于6000 m特长隧道 |
| 三等三角、导线 | — | 2000~5000 m特大桥 | 4000~6000 m特长隧道 |
| 四等三角、导线 | — | 1000~2000 m特大桥 | 2000~4000 m特长隧道 |
| 一级小三角、导线 | 高速公路、一级公路 | 500~1000 m特大桥 | 1000~2000 m中长隧道 |
| 二级小三角、导线 | 二级公路 | 小于500 m大中桥 | 小于1000 m隧道 |
| 三级导线 | 三级及三级以下公路 | — | — |

(2)三角测量的技术要求应符合表3-3的规定。

表3-3 三角测量的技术要求

| 等级 | 平均边长/km | 测角中误差/(″) | 起始边边长相对中误差 | 最弱边边长相对中误差 | 三角形闭合差/(″) | 测回数 | | |
|---|---|---|---|---|---|---|---|---|
| | | | | | | DJ1 | DJ2 | DJ3 |
| 二等 | 3.0 | ±1.0 | 1/250000 | 1/120000 | ±3.5 | 12 | — | — |
| 三等 | 2.0 | ±1.8 | 1/150000 | 1/70000 | ±7.0 | 6 | 9 | — |
| 四等 | 1.0 | ±2.5 | 1/100000 | 1/40000 | ±9.0 | 4 | 6 | — |
| 一级小三角 | 0.5 | ±5.0 | 1/40000 | 1/20000 | ±15.0 | — | 3 | 4 |
| 二级小三角 | 0.3 | ±10.0 | 1/20000 | 1/10000 | ±30.0 | — | — | 3 |

(3)三边测量的技术要求应符合表3-4的规定。

表 3-4　三边测量的技术要求

| 等级 | 平均边长/km | 测距相对中误差 |
|---|---|---|
| 二等 | 3.0 | 1/250000 |
| 三等 | 2.0 | 1/150000 |
| 四等 | 1.0 | 1/100000 |
| 一级小三角 | 0.5 | 1/40000 |
| 二级小三角 | 0.3 | 1/20000 |

(4)导线测量的技术要求应符合表 3-5 的规定。

表 3-5　导线测量的技术要求

| 等级 | 附合导线长度/km | 平均边长/km | 每边测距中误差/mm | 测角中误差/(″) | 导线全长相对闭合差 | 方位角闭合差/(″) | 测回数 | | |
|---|---|---|---|---|---|---|---|---|---|
| | | | | | | | DJ1 | DJ2 | DJ6 |
| 三等 | 30 | 2.0 | 13 | 1.8 | 1/55000 | $\pm 3.6\sqrt{n}$ | 6 | 10 | / |
| 四等 | 20 | 1.0 | 13 | 2.5 | 1/35000 | $\pm 5\sqrt{n}$ | 4 | 6 | / |
| 一级 | 10 | 0.5 | 17 | 5.0 | 1/15000 | $\pm 10\sqrt{n}$ | / | 2 | 4 |
| 二级 | 6 | 0.3 | 30 | 8.0 | 1/10000 | $\pm 16\sqrt{n}$ | / | 1 | 3 |
| 三级 | / | / | / | 20.0 | 1/2000 | $\pm 30\sqrt{n}$ | / | 1 | 2 |

注：表中 $n$ 为测站数。

## 3.7　成品保护

(1)各测量控制点附近禁止堆放材料，并派专人看管，定期对各测量控制点进行复核。

(2)引测的控制桩必须用混凝土保护，需要时用钢管进行围护，并用红油漆做好测量标记。

(3)严禁在各测量控制点附近加工、倒运钢筋及进行其他施工活动，防止磕碰、刮擦，破坏各测量控制点。

(4)对施工人员进行测量控制点保护的宣传教育工作，增强施工人员保护测量控制点的意识。

(5)测量数据妥善保管并备份。

## 3.8　安全环保措施

(1)作业时注意避让交通车辆、施工机械。

(2)测量过程中，烟头、纸屑、矿泉水瓶等不得随意丢弃。

(3)不得随意踩踏、砍伐农作物、绿化用的草木，不得随意破坏建筑、文物、管线设施等。

## 3.9　质量记录

(1)技术设计书。
(2)平面控制网网图。
(3)仪器检测报告。
(4)控制测量外业资料。
(5)控制测量计算及成果资料。
(6)点之记。
(7)所有测量成果及图件电子文件技术总结报告。

# 4 桥梁结构变形与裂缝观测施工工艺标准

## 4.1 总则

### 4.1.1 适用范围

本标准适用于公路工程中在建或进行加固的各类钢筋混凝土和预应力混凝土桥梁。

### 4.1.2 编制参考标准及规范

编制参考标准及规范有：

(1)《工程测量规范》(GB 50026—2007)。

(2)《建筑变形测量规范》(JGJ 8—2016)。

(3)《公路桥涵设计通用规范》(JTG D60—2015)。

(4)《公路钢筋混凝土及预应力混凝土桥涵设计规范》(JTG D62—2004)。

(5)《公路桥涵地基与基础设计规范》(JTG D63—2007)。

(6)《公路圬工桥涵设计规范》(JTG D61—2005)。

## 4.2 术语

(1)桥梁结构变形：桥梁结构在各种荷载作用下的受力情况与位移变化。

(2)桥梁结构变形观测：对桥梁结构变形进行观察和测量。

(3)裂缝：混凝土结构在各种内外因作用下(硬化过程中脱水收缩、温度影响、钢筋锈蚀、荷载作用、徐变等)产生的结构表面开裂的现象。

(4)裂缝观测：对被观测物体裂缝进行观察和测量。

## 4.3 施工准备

### 4.3.1 技术准备

(1)调查收集测区地形图和控制点资料，拟定导线布设方案，并到现场核对、修改和落实点位。

(2)进行基准点埋设，完成测边、测角、联测工作，建立高程网和平面网，布设观测点。

### 4.3.2 材料准备

(1)基准点、观测点布设用混凝土、植筋胶、钢筋或不锈钢标芯。

(2)编号及标示用的油漆、测量裂缝深度用的有色溶液等。

### 4.3.3 主要机具

(1)结构变形观测主要机具：全站仪、精密水准仪、水准仪、对讲机、水准尺、尺垫、钢卷尺、锤、锯等。

(2)裂缝观测主要机具：裂缝观测仪、刻度显微镜、放大镜、色笔、冲击电钻、注射器等。

### 4.3.4 作业条件

(1)桥梁结构变形观测过程中，各基准点及观测点相互通视。

(2)具有裂缝观测的工作平台。

(3)观测点与被测点之间有良好照明。

(4)测量员通行与架设仪器有足够的安全保证与便利。

### 4.3.5 劳动力组织

劳动力组织如表4－1所示。

表4－1 劳动力组织

| 工种 | 人数/人 | 工作地点 | 职责范围 |
|---|---|---|---|
| 测量队长 | 1 | 整个施工现场 | 负责测量组织管理工作 |
| 司仪 | 1 | 整个施工现场 | 负责测量仪器操作等 |
| 测量工 | 2 | 施工现场 | 负责立尺等 |
| 记录员 | 1 | 施工现场 | 负责各种测量数据记录及整理等 |
| 观测员 | 2 | 施工现场 | 负责裂缝观察 |
| 总计 | 7 | | |

注：此表为一个作业班施工配备人员，未计后勤、行政等人员。

## 4.4 工艺设计和控制要求

### 4.4.1 技术要求

(1)桥梁结构变形观测技术要求：

①所有观测结果必须达到《工程测量规范》(GB 50026—2007)规定的精度要求，否则需重新观测。

②为减弱行车和温度等因素对观测的影响，观测时间尽可能选择在夜间车流量较少的时

间进行，以保证观测数据的准确可靠。

③观测时间按不同年度大致相同的月份进行安排，以保证观测数据的准确可靠。

④进场作业使用的观测仪器全部经检校合格后方可使用。作业时按“三同一固定”原则进行：采用相同观测线路和观测方法；使用同一仪器和设备；在基本相同的环境和条件下作业；固定作业人员。

⑤所有观测数据必须经两人独立计算、对照检查后方可使用。

(2)裂缝观测技术要求：裂缝观测过程中对裂缝出现部位、长度及走向、宽度、深度、形状、数量进行详细记录，同时记录气温的情况，并记录检测日期。

### 4.4.2 材料质量要求

(1)用于基准点、观测点的钢筋及不锈钢金属标志经质量检验符合使用要求。

(2)混凝土质量符合使用要求。

(3)植筋胶有产品合格证，经质量检验符合使用要求。

### 4.4.3 职业健康安全要求

(1)进入施工现场必须戴好安全帽，高空作业穿好防滑鞋、系好安全带。

(2)野外作业配备防毒蛇等救护药品，并基本掌握紧急抢救医护知识。

(3)作业时注意避让交通车辆、施工机械设备等。

(4)工作时必须思想集中，不准嬉戏打闹。

### 4.4.4 环境要求

(1)雨雪、大风天气及夜间不宜作业。

(2)裂缝观测工作尽量在结构受外界因素影响较小时进行。

## 4.5 施工工艺

### 4.5.1 工艺流程

(1)桥梁结构变形观测工艺流程：基准网设置→观测点设置→结构变形观测→观测数据处理。

(2)裂缝观测工艺流程：裂缝观测→数据记录→观测数据处理与分析。

### 4.5.2 操作工艺

1. 桥梁结构变形观测

(1)基准网设置。

①踏勘选点：根据地形条件及施工需要等具体情况，合理选定基准点的位置，并设立标志。基准点应选在土质坚硬、稳定的地方，以便于安置仪器，且相邻基准点要相互通视。

②基准点埋设：埋设稳定、坚固和耐久基准标石保证控制测量质量，为保证所测成果精确，采用不易腐烂、耐磨的不锈钢标识，基准点的埋设严格按照《工程测量规范》执行。

③测边、测角、联测建立高程网和平面网：按国家Ⅱ等水准测量要求设置永久性观测点，当永久性观测点与国家大地测量网联络有困难时，建立相对独立的基准测量系。

(2)观测点设置。

①桥面观测点：桥面观测点沿行车道两边(靠路缘石处)设置，按每孔跨中、$L/4$、支点等不少于5个位置(10个点)，测点固定于桥面板上。安装观测点时用钻头直径10 mm的冲击钻在桥面钻深度50 mm左右的孔，并采取植筋的方式进行锚固(孔内灌注植筋胶)，要求测点布设牢固稳定、标示明显。为保证水平位移观测对点精确，最好在圆头上刻画“十字星”。

②桥墩、桥塔结构观测点设置：采用一般的钢筋弯头测点，因为直头伸出较长，易被扰动破坏。桥墩沉降观测点布置在立柱底部系梁(承台)处(如系梁被掩埋较深，则埋设于立柱上)。每个墩柱左右两侧各布设一个，每个承台布设4个。桥塔结构观测点布置在顶部，桥塔施工结束后每个桥塔左右两侧各布设一个。测点采用冲击钻造孔，植入$\phi$8 mm不锈钢标芯，外露5 mm左右。标芯顶部为半圆形，可保证每次监测时尺体与测点接触面为同一点。

③拱轴线观测点的设置：小跨径的拱圈在拱顶、拱脚、$L/4$设置即可。如果拱圈半径较大，为正确反映拱轴线的实际变形，应该在拱圈上加密观测点的设置，观测点设在拱圈侧面拱轴线上，利于观测并且方便与原设计拱轴线进行对比，装置方法与桥面观测点一致。

④拱脚观测点的设置：每个拱脚左右两侧各布设一个。

(3)结构变形观测。

①桥面观测点观测：桥面垂直位移观测将严格按照《工程测量规范》国家二等水准测量要求进行。用精密水准仪提供水平视线，通过水准尺前、后视读数计算出桥面板上各观测点高程，与各测点原始高程值进行比较，以此判断桥面沉降与梁体挠度程度。

②桥墩基础观测点观测：桥墩沉降观测按《工程测量规范》(GB 50026—2007)国家二等水准测量要求进行。首期观测进行两次独立的测量，取两次测量的均值作为监测点的原始基准值，通常用水准仪和全站仪相结合来测定观测点高程和坐标，以此判断桥梁墩台沉降与偏移。

③桥塔结构、拱轴线、拱脚观测点观测：按《工程测量规范》(GB 50026—2007)国家三等平面控制测量要求进行。在拱轴线上设置观测螺钉，监测时，采用边长交会计算观测点坐标，采用精密水准仪测量高程。

(4)水准测量数据处理。

①计算校核。

后视读数总和与前视读数总和之差为高差代数和。

$$H_{AB} = h_1 + h_2 + h_3 + h_4 + \cdots + h_n = \sum a - \sum b \tag{4-1}$$

$$\sum h = \sum a - \sum b \tag{4-2}$$

式中：$H_{AB}$——后视读数与前视读数之差；

$h$——高差，mm；

$\sum a$——后视读数总和，mm；

$\sum b$——前视读数总和，mm。

②测站检核。

在连续水准测量中，只进行计算检核，还无法保证每一个测站的高差没问题，因此，对每一站的高差，还要进行相应的校核，保证每个测站高差的正确性，通常采用双仪高法和双面尺法。

③成果检核。

计算检核只能发现计算是否错误，而测站检核只能检核每个测站上的错误，不能发现立尺点变动的错误，更不能评测成果精度。同时受观测条件的影响，随着测站增多，误差积累，因此对成果进行检核，通常用闭合水准路线、附合水准路线进行校核。

④闭合差调整。

若产生闭合差可将其按长度或测站数成正比反符号按下式进行分配。

$$V_i = \frac{f_h}{\sum L \times L_i} = v \times L_i \tag{4-3}$$

$$V_i = \frac{f_h}{\sum n \times n_i} = v \times n_i \tag{4-4}$$

式中：$V_i$——第 $i$ 段闭合差改正数；

$f_h$——高差闭合差；

$v$——闭合差按长度/测站数的平均值；

$\sum L$——以千米为单位的导线长度；

$L_i$——相邻水准点间的导线长；

$\sum n$——总测站数；

$n_i$——相邻水准点间的测站数。

(5)平面控制测量数据处理。

①角度闭合差调整。

闭合导线理论上为一个 $n$ 边形，其内角和理论值为：

$$\text{多边形内解和} \sum \beta = (n-2) \times 180° \tag{4-5}$$

而实际中不可避免存在误差，使得所测内角和不等于理论值，两者差值即闭合差为 $f_\beta$。

$$f_\beta = \sum \beta_{测} - \sum \beta_{理} = \sum \beta_{测} - (n-2) \times 180° \tag{4-6}$$

式中：$\sum\beta_{测}$——闭合导线内角测量值之和；

$\sum\beta_{理}$——闭合导线内角理论值之和。

若闭合差大于容许值 $f_{\beta容测}$ 说明角度闭合差超限，需重新测量。反之角度满足精度要求。将 $f_\beta$ 以相反符号平均分配到各观测角中，将余数分配给短边的夹角，改正数为 $\beta = \beta_{测} + \nu\beta$（$\nu$ 为角度闭合差除以角度的个数剩下的余数）。

②导线边坐标方位角推算。

根据起始边的已知坐标方位角及调整后的各内角值，可得出前一边的坐标方位角和后一边的坐标方位角的关系式：

$$\alpha_{前} = \alpha_{后} + \beta - 180° \tag{4-7}$$

$$\alpha_{前} = \alpha_{后} - \beta + 180° \tag{4-8}$$

式中：$\alpha_{前}$——前一边的坐标方位角；

$\alpha_{后}$——后一边的坐标方位角。

若 $\alpha_{前}$ 大于360°，则应减去360°使得导线边的坐标方位角为0°～360°。

③坐标增量计算。

坐标增量闭合差计算和调整：

闭合导线坐标增量之和理论值应为零。

$$\sum \Delta x_{ij理} = 0 \tag{4-9}$$

$$\sum \Delta y_{ij理} = 0 \tag{4-10}$$

式中：$\sum \Delta x_{ij理}$、$\sum \Delta y_{ij理}$——闭合导线 $x$、$y$ 方向坐标增量之和理论值。

但是从实际理论可知，闭合导线由边长和坐标方位角计算得出，尽管角度闭合差的调整以后能闭合，但是边长还是存在误差，以至于坐标增量之和不等于零，即

$$f_x = \sum \Delta x_{ij测} \tag{4-11}$$

$$f_y = \sum \Delta y_{ij测} \tag{4-12}$$

式中：$f_x$、$f_y$——$x$、$y$ 方向坐标增量闭合差；

$\sum \Delta x_{ij测}$、$\sum \Delta y_{ij测}$——$x$、$y$ 方向坐标增量之和实测值。

测导线全长闭合差 $f_D$ 是随着导线的长度增大而增大的，所以导线相对闭合差是用 $f_D / \sum_D$ 来衡量的。即：

$$K = \frac{f_D}{\sum D} \tag{4-13}$$

式中：$K$——导线相对闭合差；

$f_D$——导线全长闭合差；

$\sum D$——导线边总长度。

若 $K$ 大于小容许值表明精度满足要求，则可将坐标增量反符号按与边长的比例分配到各坐标增量上，得到纵、横坐标改正数：

$$\Delta x_{ij} = \Delta x_{ij测} + v\,\Delta x_{ij测} \tag{4-14}$$

$$\Delta y_{ij} = \sum \Delta y_{ij测} + v\,\Delta y_{ij测} \tag{4-15}$$

式中：$\Delta x_{ij}$、$\Delta y_{ij}$——$x$、$y$ 坐标增量闭合差改正数；

$\Delta x_{ij测}$、$\Delta y_{ij测}$——$x$、$y$ 坐标增量闭合差实测值。

④坐标增量闭合差计算和调整。

根据起始点的已知坐标和改正后的坐标值 $\Delta x_{ij}$ 和 $\Delta y_{ij}$，即可按下列公式依次计算各导线点的坐标：

$$x_j = x_i + \Delta x_{ij} \tag{4-16}$$

$$y_j = y_i + \Delta y_{ij} \tag{4-17}$$

式中：$x_i$、$y_i$、$x_j$、$y_i$——导线点 $i$、$j$ 的 $x$、$y$ 坐标；

$\Delta x_{ij}$、$\Delta y_{ij}$——$j$ 点的坐标改正值。

用式(4－17)推算起始点的坐标，推算值与已知值相等，依次可检核整个计算过程是否有误。

2. 裂缝观测

(1)桥梁裂缝观测可用以下方法进行：

①用读数放大镜或裂缝观测仪直接测量裂缝宽度。

②设置两块金属板相接触，测量并记下裂缝变化的尺寸。

③利用水泥浆或石膏作成薄片标记贴在裂缝处，或用玻璃片糊在裂缝上，观察其是否继续开裂。

（2）数据处理与分析：根据经验，综合设计、施工资料的调查，分析裂缝产生的时间，判断裂缝的成因、性质及对结构工作状况、承载能力和耐久性的影响程度。

## 4.6 质量标准

（1）基准点控制网测量控制标准如表4－2所示。

**表4－2 控制网测量控制标准**

| 序号 | 项目 | 数值 |
|---|---|---|
| 1 | 视线长度/m | ≤50 |
| 2 | 环线闭合差/mm | $\pm 0.6\sqrt{n}$ |
| 3 | 相邻基准点高差中误差/mm | ±1 |
| 4 | 测站高差中误差/mm | ±0.3 |
| 5 | 导线点闭合差/mm | $\pm 0.6\sqrt{n}$ |

注：$n$ 为测站数。

（2）平面控制测量控制标准如表4－3所示。

**表4－3 平面控制测量控制标准**

| 序号 | 项目 | 控制标准 |
|---|---|---|
| 1 | 桥轴线偏差/cm | <1 |
| 2 | 测距精度/mm | $\pm(1+1\times10^{-6})$ |
| 3 | 测角精度/s | ±1 |
| 4 | 变形测量精度/mm | ±1 |

## 4.7 成品保护

（1）施工过程中妥善保护好各基准点和观测点。

（2）对处理与分析数据成果进行备份。

## 4.8 安全环保措施

### 4.8.1 安全措施

（1）开始测量前，应先将脚架放稳，然后开箱取仪器，注意操作的规范性；仪器架设后，不得离人；仪器迁站时注意仪器搬运和运输过程中的安全。

(2)输电线下测量注意水准塔尺等工具与之保持规定的安全高度。

### 4.8.2 环保措施

(1)废弃材料(如油漆、墨汁、铁钉、钢筋)不得随意丢弃，应回收后处理。

(2)观测过程中，不得随意踩踏、砍伐农作物、绿化用的草木，不得随意破坏建筑、文物、管线设施等。

## 4.9 质量记录

(1)变形观测所需基准网观测数据。

(2)基准网点位平面分布图。

(3)观测点位置分布图。

(4)沉降变化数据。

(5)位移变化数据。

(6)数据变化、时间曲线图。

(7)裂缝观测记录。

(8)观测成果分析资料。

# 5　钢筋电渣压力焊焊接施工工艺标准

## 5.1　总则

### 5.1.1　适用范围

本标准适用于砼结构中钢筋直径为14～40 mm的Ⅰ～Ⅱ级竖向或斜向(倾斜度4∶1范围内)钢筋的连接。主要用于柱、墙等现浇砼结构中竖向受力钢筋的连接；但不得在竖向焊接之后，再横置于梁、板等构件中作水平钢筋之用，这是由其工艺特点和接头性能所决定的。

### 5.1.2　编制参考标准及规范

(1)《钢筋焊接及验收规程》(JGJ 18—2012)。
(2)《混凝土结构工程施工质量验收规范》(GB 50204—2015)。
(3)《公路桥涵施工技术规范》(JTG/T F50—2011)。

## 5.2　术语

钢筋电渣压力焊：将钢筋安装成竖向对接形式，利用焊接电流通过两钢筋端面间隙，在焊剂层下形成电弧过程和电渣过程，产生电弧热和电阻热，熔化钢筋并加压完成的一种压焊方法。

## 5.3　施工准备

### 5.3.1　技术准备

通过焊接试验选定焊接参数，编写焊接工艺，向焊工进行技术、安全交底。在工程正式焊接之前，参与该施工的焊工，应进行现场条件下的焊接工艺试验，验收合格后方可正式生产。试验结果应符合质量检验与验收要求。

### 5.3.2　材料准备

钢筋、焊剂等。

### 5.3.3 主要机具

(1)手工电渣压力焊设备包括：焊接电源、控制箱、焊接夹具、焊剂罐、焊接工作平台等。

(2)自动电渣压力焊设备包括：焊接电源、控制箱、操作箱、焊接工作平台、焊接机头等。

(3)焊接电源：钢筋电渣压力焊宜采用次级空载电压较高(TSV 以上)的交流或直流焊接电源(一般直径 32 mm 及以下的钢筋焊接时，可采用容量为600 A 的焊接电源；直径 32 mm 及以上的钢筋焊接时，应采用容量为1000 A 的焊接电源)。

### 5.3.4 作业条件

(1)设备应符合要求：焊接夹具应有足够的刚度，在最大允许荷载下应移动灵活，操作方便。焊剂罐的直径与所焊钢筋直径相适应，不致在焊接过程中烧坏。电压表、电流表、时间显示器应配备齐全，以便操作者掌握各项焊接参数。

(2)电源应符合要求：当电源电压下降大于5%时，则不宜进行焊接。

(3)作业场地应有安全防护措施，制订技术、安全操作规程，焊工持有效的焊工合格证书。

(4)电焊作业现场周围 10 m 范围内不得堆放易燃易爆物。

(5)焊钳和焊接电缆确保绝缘。

### 5.3.5 劳动力组织

钢筋电渣压力焊施工劳动力组织如表 5－1 所示。

**表 5－1 钢筋电渣压力焊施工劳动力组织**

| 工种 | 人数/人 | 工作地点 | 职责范围 |
|---|---|---|---|
| 施工队长 | 1 | 整个施工现场 | 负责跟班组织施工管理工作、协助总指挥工作等 |
| 工班长 | 1 | 施工现场 | 负责钢筋制作、焊接施工等 |
| 技术员 | 1 | 整个施工现场 | 负责跟班解决施工中的技术问题，编写技术措施等 |
| 安全员 | 1 | 整个施工现场 | 负责跟班检查安全措施、安全措施的执行情况及安全教育工作，对安全生产负责 |
| 质量检查员 | 1 | 整个施工现场 | 负责跟班检查钢筋焊接质量及质量保证措施的执行情况 |
| 钢筋制作工 | 2～4 | 钢筋制作现场 | 负责钢筋下料等 |
| 钢筋焊接操作工 | 4 | 钢筋焊接现场 | 负责钢筋焊接施工等 |
| 电工 | 1 | 整个施工现场 | 负责现场动力、照明、通信等电器系统的维修保护 |
| 材料员 | 1 | 材料仓库 | 负责施工材料供应及管理 |
| 杂工 | 4 | 整个施工现场 | 负责钢筋搬运及现场清理等 |
| 总计 | 17～19 | | |

注：此表为一个作业班施工配备人员，未计后勤、行政等人员。

## 5.4 工艺设计和控制要求

### 5.4.1 技术要求

电渣压力焊焊接前应针对不同直径的钢筋确定焊接参数(包括焊接电流、电压和通电时间),不同直径钢筋焊接时,应按照较小直径钢筋选择参数,焊接时间可延长,对焊工要进行焊接参数的详细交底。注意接头位置,同一连接区段内,纵向受力钢筋的接头面积百分率应符合设计要求。当设计无具体要求时应符合在受拉区不宜大于50%的规定。

### 5.4.2 材料质量要求

(1)钢筋的级别、直径必须符合设计要求,有出厂证明及复试报告单。进口钢筋还应有化学复试单,其化学成分应满足焊接要求,并应进行过可焊性试验。

(2)焊剂的性能应符合《埋弧焊用碳钢焊丝和焊剂》(GBT 5293—2018)碳素钢埋弧焊用焊剂的规定并有出厂合格证。

(3)焊剂应存放在干燥的库房内,防止受潮。如受潮,使用前须经250~300℃烘焙2 h。

(4)使用中回收的焊剂,应除去熔渣和杂物,并应与新焊剂混合均匀后使用。

### 5.4.3 职业健康安全要求

焊工必须持有有效的焊工考试合格证。焊工操作时应穿电焊工作服、绝缘鞋和戴电焊手套、防护面罩等安全防护用品,高处作业时系安全带。

### 5.4.4 环境要求

(1)雨、雪、风力六级以上(含六级)天气不得露天作业。雨雪后应清除积水、积雪后方可作业。

(2)环境温度低于-20℃时,不宜进行施焊。

(3)严禁在易燃易爆气体或液体扩散区域内进行焊接作业。

## 5.5 施工工艺

### 5.5.1 工艺流程

钢筋电渣压力焊焊接施工工艺流程如图5-1所示。

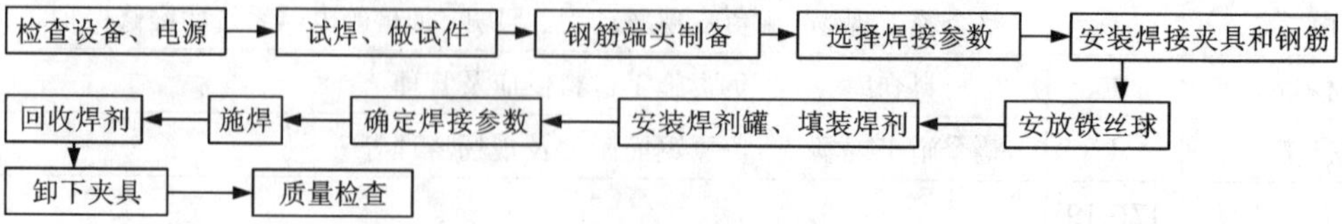


图5-1 钢筋电渣压力焊焊接工艺流程图

### 5.5.2 操作工艺

(1)检查设备、电源，确保随时处于正常状态、严禁超负荷工作。

(2)钢筋端头制备：钢筋安装前，焊接部位和电极钳口接触(150 mm 区段内)钢筋表面的锈斑、油污、杂物等应清除干净，钢筋端部若有弯折、扭曲，应予以矫直或切除，但不得用锤击矫直。

(3)钢筋电渣压力焊的焊接参数主要包括：焊接电流、焊接电压和焊接通电时间，参见表5－2。采用 HJ431 焊剂时，应符合表5－2 的规定。采用专业焊剂或自动电渣压力焊机时，应根据焊剂或焊机使用说明书中推荐的数据，并通过试验确定。

不同直径钢筋焊接时，上下钢筋轴线在同一线上。

表5－2 钢筋电渣压力焊焊接参数

| 钢筋直径/mm | 焊接电流/A | 焊接电压/V | | 焊接通电时间/s | |
|---|---|---|---|---|---|
| | | 电弧过程 $U_{2.1}$ | 电渣过程 $U_{2.2}$ | 电弧过程 $I_1$ | 电渣过程 $I_2$ |
| 14 | 200～220 | 35～45 | 18～27 | 12 | 3 |
| 16 | 200～250 | | | 14 | 4 |
| 18 | 250～300 | | | 15 | 5 |
| 20 | 300～350 | | | 17 | 5 |
| 22 | 350～400 | | | 18 | 6 |
| 25 | 400～450 | | | 21 | 6 |
| 28 | 500～550 | | | 24 | 6 |
| 32 | 600～650 | | | 27 | 7 |

(4)安装焊接夹具和钢筋：夹具的下钳口应夹紧于下钢筋端部的适当位置，一般为 1/2 焊剂罐高度偏下 5～10 mm，以确保焊接处的焊剂有足够的掩埋深度。上钢筋放入夹紧钳口后，调准动夹头的起始点，使上、下钢筋的焊接部位位于同轴状态，方可夹紧钢筋。钢筋一经夹紧，严防晃动，以免上、下钢筋错位和夹具变形。

(5)安放引弧用的钢丝球(也可省去)。

(6)安放引气罐、填装焊剂。

(7)试焊、做试件、确定焊接参数：在正式进行钢筋电渣压力焊之前，必须按照选择的焊接参数进行试焊并做试件送检，以便确定合理的焊接参数。合格后，方可正式生产。当采用半自动、自动控制焊接设备时，应按照确定的参数设定设备的各项控制数据，确保焊接接头质量可靠。

(8)施焊操作要点：

① 闭合回路、引弧：通过操纵杆或操纵盒上的开关，先后接通焊机的焊接电流回路和电源的输入回路，在钢筋端面之间引燃电弧，开始焊接。

②电弧过程：引燃电弧后，应控制电压值。借助操纵杆使上下钢筋端面之间保持一定的

间距，进行电弧的延时，使焊剂不断熔化而形成必要深度的渣池。

③电渣过程：随后逐渐下送钢筋，使上钢筋端部插入渣池，电弧熄灭，进入电渣过程的延时，使钢筋全断面加速熔化。

④挤压断电：电渣过程结束，迅速下送上钢筋，使其断面与下钢筋端面相互接触，趁热排除熔渣和熔化金属，同时切断焊接电源。

⑤接头焊毕，应停歇20～30 s后(在寒冷地区施焊时，停歇时间应适当延长)，才可回收焊剂和卸下焊接夹具。

(9)质量检查：在钢筋电渣压力焊的焊接生产中，焊工应认真进行自检，若发现偏心、弯折、烧伤、焊包不饱满等焊接缺陷，应切除接头重焊，并查找原因，及时消除。切除接头时，应切除热影响区的钢筋，即离焊缝中心约1.1倍钢筋直径的长度范围内的部分应切除。

## 5.6 质量标准

### 5.6.1 主控项目

(1)钢筋的牌号和质量必须符合设计要求和有关标准的规定。进口钢筋须先经过化学成分检验和焊接试验，符合有关规定后方可焊接。

检验方法：检查出厂质量证明书和试验报告单。

(2)钢筋的规格，焊接接头的位置，同一区段内接头钢筋面积的百分比，必须符合设计要求和施工规范的规定。

检验方法：观察或尺量检查。

(3)电渣压力焊接头的质量检验应分批进行外观检查和力学性能检验，在现浇钢筋混凝土结构中，应以300个同牌号钢筋接头作为一批，当不足300个接头时，仍应作为一批。每批随机切取3个接头做拉伸试验，其结果应符合下列要求：

①3个热轧钢筋接头试件的抗拉强度均不得小于该牌号钢筋规定的抗拉强度。

②至少应有2个试件断于焊缝之外，并应呈延性断裂。

③当达到上述两项要求时，应评定该批接头为抗拉强度合格：当试验结果有2个试件抗拉强度小于钢筋规定的抗拉强度，或3个试件均在焊缝或热影响区发生脆性断裂时，则一次判定该批接头为不合格品。

当试验结果有1个试件的抗拉强度小于规定值，或2个试件在焊缝或热影响区发生脆性断裂，其抗拉强度均小于钢筋规定抗拉强度的1.1倍时，应进行复验：复验时应切取6个试件。复验结果，当仍有1个试件的抗拉强度小于规定值，或有3个试件断于焊缝或热影响区，呈脆性断裂，其抗拉强度小于钢筋规定抗拉强度的1.1倍时，应判定该批接头为不合格品。

检验方法：检查焊接试件试验报告单。

### 5.6.2 一般项目

钢筋电渣压力焊接头应逐个进行外观检查，结果应符合下列要求：

(1)四周焊包，凸出钢筋表面的高度不得小于4 mm。

(2)钢筋与电极接触处，应无烧伤缺陷。

(3)接头处的弯折角不大于3°。

(4)接头处的轴线偏移不得大于钢筋直径0.1倍，且不大于2 mm。

检测方法：目测或量测。

## 5.7 成品保护

接头焊毕，应停歇20～30 s后才能卸下夹具，以免接头弯折。焊后未冷却的接头，应避免碰到冰雪。

## 5.8 安全环保措施

(1)焊工必须持有效的焊工考试合格证。操作时应穿电焊工作服、绝缘鞋和戴电焊手套、防护面罩等安全防护用品，高处作业时系安全带。

(2)检查设备、电源，确保随时处于正常状态，严禁超负荷工作。

(3)操作前应先检查焊机和工具，如焊钳和焊接电缆的绝缘、焊机外壳的保护接地和焊机的各接线点等，确认安全合格。

(4)焊接时二次线必须双线到位，严禁借用金属管道、金属脚手架、轨道及结构钢筋作回路线。

(5)施工现场保持整洁卫生，施焊过程中焊渣、杂物集中处理。

## 5.9 质量记录

(1)钢筋出厂质量证明文件。

(2)焊剂合格证。

(3)钢筋机械性能复试报告。

(4)钢筋原材料复试报告。

(5)钢筋连接试验报告。

# 6　钢筋滚轧直螺纹连接施工工艺标准

## 6.1　总则

### 6.1.1　适用范围

本标准适用于砼结构中，钢筋直径为16～40 mm的HRB335、HRB400水平、竖向钢筋的连接。

### 6.1.2　编制参考标准及规范

(1)《钢筋混凝土用热轧带肋钢筋》(GB 1499.2—2018)。
(2)《优质碳素结构钢》(GB/T 699—2015)。
(3)《钢筋机械连接技术规程》(JGJ 107—2016)。
(4)《混凝土结构工程施工质量验收规范》(GB 50204—2011)。
(5)《公路桥涵施工技术规范》(JTG/T F50—2011)。

## 6.2　术语

(1)钢筋滚轧直螺纹接头：通过钢筋端头直接滚轧或剥肋后滚轧制作的直螺纹和连接件螺纹咬合形成的接头。
(2)丝头：钢筋端部的螺纹区段。
(3)套筒：连接钢筋用的带内螺纹的连接件。
(4)有效丝扣：螺纹的螺牙中径尺寸达到合格几何尺寸的部位。
(5)锁母：固定套筒与钢筋丝扣相对位置的螺母。

## 6.3　施工准备

### 6.3.1　技术准备

(1)凡参与接头施工的操作工人，技术管理和质量管理人员，均应参加技术培训；操作工人应经考核合格后持证上岗。

(2)做好技术交底。

### 6.3.2 材料准备

钢筋、套筒、液压油、砂轮片、水溶性切削液、亚硝酸钠、脚手架等。

### 6.3.3 主要机具

钢筋直接滚丝机或钢筋剥肋滚丝机、限位挡铁、螺纹环规(通规、止规)、力矩扳手及管钳、砂轮切割机、直尺、卡具、钢丝刷、钢筋支架等。

### 6.3.4 作业条件

(1)参加作业人员已经过培训，并考核合格。
(2)滚丝机经检查和空车调试合格，其技术参数满足使用要求。
(3)技术提供单位已经提交有效检验报告及基本技术参数。
(4)现场施工条件、气候条件满足施工要求。

### 6.3.5 劳动力组织

钢筋滚轧直螺纹连接施工劳动力组织如表6－1所示。

**表6－1 钢筋滚轧直螺纹连接施工劳动力组织**

| 工种 | 人数/人 | 工作地点 | 职责范围 |
|---|---|---|---|
| 施工队长 | 1 | 整个施工现场 | 负责跟班组织施工管理工作、协助总指挥工作等 |
| 工班长 | 1 | 施工现场 | 负责钢筋制作、接头施工等 |
| 技术员 | 1 | 整个施工现场 | 负责跟班解决施工中的技术问题，编写技术措施等 |
| 安全员 | 1 | 整个施工现场 | 负责跟班检查安全措施、安全措施的执行情况及安全教育工作，对安全生产负责 |
| 质量检查员 | 1 | 整个施工现场 | 负责跟班检查钢筋滚轧接头质量及质量保证措施的执行情况 |
| 钢筋制作工 | 4 | 钢筋滚轧现场 | 负责钢筋下料等 |
| 钢筋滚轧操作工 | 4 | 钢筋滚轧现场 | 负责钢筋滚轧施工等 |
| 钢筋连接工 | 4 | 钢筋连接现场 | 负责钢筋连接施工等 |
| 电工 | 1 | 整个施工现场 | 负责现场动力、照明、通信等电器系统的维修保护 |
| 材料员 | 1 | 材料仓库 | 负责施工材料供应及管理 |
| 杂工 | 4 | 整个施工现场 | 负责钢筋搬运及现场清理等 |
| 总计 | 23 | | |

注：此表为一个作业班施工配备人员，未计后勤、行政等人员。

# 6.4 工艺设计和控制要求

## 6.4.1 技术要求

(1)加工钢筋接头的操作工人，应经专业人员培训合格后才能上岗，人员应相对稳定。

(2)钢筋接头加工应经工艺检验合格后方可进行。

(3)钢筋连接工程开始前，应对不同钢筋生产厂的进场钢筋进行接头工艺试验；施工过程中，更换钢筋生产厂时，应补充进行工艺试验。

(4)为了保证钢筋连接的质量稳定，必须使用同一单位生产的滚丝设备和套筒。

(5)接头安装前应检查连接件产品合格证及套筒生产批号标识；产品合格证应包括适用钢筋直径和接头性能等级、套筒类型、生产单位、生产日期以及可追溯产品原材料力学性能和加工质量的生产批号。

(6)当混凝土结构中钢筋接头部位的温度低于 -10℃时，应进行专门的试验。

(7)技术设计的丝头参数(如丝扣数、深度、剥除后钢筋最小直径等)如表 6-2 所示。

**表 6-2 技术设计的丝头参数**

| 钢筋规格/mm | φ16 | φ18 | φ20 | φ22 | φ25 | φ28 | φ32 | φ36 | φ40 |
|---|---|---|---|---|---|---|---|---|---|
| 套筒长度/mm | 40 | 45 | 50 | 55 | 60 | 66 | 75 | 90 | 99 |
| 公称直径×螺距/(mm×mm) | M17×2.5 | M19×2.5 | M21×2.5 | M23×2.5 | M26×2.5 | M29×3.0 | M33×3.0 | M37×3.0 | M41×3.0 |
| 剥肋直径/mm | $15.2_{-0.1}$ | $17.1_{-0.1}$ | $19.1_{-0.1}$ | $21.1_{-0.1}$ | $23.9_{-0.1}$ | $26.9_{-0.1}$ | $30.6_{-0.1}$ | $34.5_{-0.1}$ | $38.1_{-0.1}$ |
| 剥肋长度/mm | $20_{-1.0}$ | $22.5_{-1.0}$ | $25_{-1.0}$ | $27.5_{-1.0}$ | $30_{-1.0}$ | $33_{-1.0}$ | $37.5_{-1.0}$ | $45_{-1.0}$ | $49.5_{-1.0}$ |
| 丝头长度/mm | $20^{+2.5}$ | $22.5^{+2.5}$ | $25^{+2.5}$ | $27.5^{+2.5}$ | $30^{+2.5}$ | $33^{+2.5}$ | $37.5^{+2.5}$ | $45^{+2.5}$ | $49.5^{+2.5}$ |
| 丝头扣数/扣 | 8~9 | 9~10 | 10~11 | 11~12 | 12~13 | 11~12 | 12.5~13.5 | 15~16 | 16.5~17.5 |

## 6.4.2 材料质量要求

(1)钢筋：直径为 16~40 mm 的 HRB335(Ⅱ级)、HRB400(Ⅲ级)热轧带肋钢筋，符合《钢筋混凝土用热轧带肋钢筋》(GB 1499.2—2007)标准的要求。钢筋应平直、无损伤；表面没有裂纹、颗粒状或片状老锈。

(2)钢套筒：原材料选用优质碳素结构钢，符合《优质碳素结构钢》(GB/T 699—1999)标准的要求。钢套筒表面宜有纵肋，以利于旋转安装，宜采用锻压生产件，以保证套筒材质不夹碴，不裂开。

(3)钢套筒材料、尺寸、螺纹规格、公差及精度等级必须符合产品设计图纸的要求。

(4)钢筋端面平整、与轴线垂直、没有马蹄形或挠曲现象。

(5)钢套筒和钢筋端部清理干净、钢套筒和钢筋规格配套。

### 6.4.3 职业健康安全要求

(1)操作人员需持证上岗，并在机械旁挂牌注明安全操作规定。

(2)机械必须接地，操作工必须穿戴防护用品，以保证操作人员安全。设备试运转合格后方可作业。

(3)钢筋加工机械要设专人维护维修，定期检查各种机械的零部件，特别是易损部件，出现有磨损的必须更换。严格按用电安全规程操作。

### 6.4.4 环境要求

(1)钢筋机械必须设置在平整、坚实的场地上，设置机棚和排水沟，防雨雪、防砸、防水浸泡。

(2)要保证操作人员在光线较好的环境下操作。

(3)施工现场空中操作时，要有稳固、安全、满足操作空间的操作平台。

## 6.5 施工工艺

### 6.5.1 工艺流程

钢筋滚轧直螺纹连接工艺流程如图6－1所示。

**图6－1 钢筋滚轧直螺纹连接工艺流程图**

### 6.5.2 操作工艺

(1)加工场地设置：加工场地设置在平整、坚实的场地上，临近钢筋材料堆放场地，并设置机棚和排水沟，有满足现场作业的空间和足够的照明。每两台滚丝机组成一个加工班组，滚丝机机头相向布置。滚丝机必须平稳坐落在坚实的地面上，保证工作时稳固可靠。滚丝机机头前方搭设支架，支架长度为钢筋长加0.5～1.0 m，待加工钢筋放在支架上，钢筋轴线与机头中心在同一平面上。

(2)钢筋头处理：采用砂轮切割机或其他专用切断设备对钢筋端面进行平头处理，平头应保证钢筋端面与母材轴线垂直，其目的是避免因丝头端面不平造成接触面相互卡位而消耗大部分拧紧扭矩和减少螺纹扣数。

(3)钢筋(直接或剥肋)滚丝：

①夹持钢筋，利用滚丝机上的设备台钳夹持钢筋，夹持时设备必须停止转动，并已在最后端。

②加工丝头时，应采用水溶性切削液，操作前切削液应已开始循环充分，在滚丝头出水口未出水时严禁进行加工。

③若采用直接滚轧直螺纹工艺时，应使用钢筋直接滚丝机。可在台钳夹紧，切削液已充分循环后，开始扳动进给手柄，使滚丝头进入滚丝位置。刚开始，进给要舒缓平稳，在滚丝

头进入钢筋端部后，滚丝头自动进给滚丝，即可松开手柄，由设备自行完成操作。滚压到设定长度后，限位开关断电，设备自动停机并延时反转，将螺纹钢筋退出滚丝头，扳动进给手柄后退，减速机退到极限位置，停机。然后移开台钳，取出钢筋，完成螺纹加工。

④若采用剥肋滚轧直螺纹工艺时，应采用钢筋剥肋滚丝机。先剥肋，后滚丝。在台钳夹紧，切削液已循环充分后，开始扳动进给手柄，剥肋刀片在刚接触钢筋时要舒缓，当刀片全部咬住钢筋后可以加力向前，扳动手柄，待5～10 s，滚丝头自行前进时，即可松开手柄，由设备自行完成操作，待滚丝头自行反转并向后运动，不再轴向移动时，扳动手柄复位，则完成剥肋。剥肋完成后，再次扳动手柄，减速机向前移动到调整长度，涨刀推动左右拉环后移，刀体与涨刀环脱离后涨开，减速机继续向前进合，涨刀触头缩回，滚丝刀开始滚压螺纹，滚压到设定长度后，进行挡铁与限位开关断电，设备自动停机并延时反转，将螺纹钢筋退出滚丝头，扳动进给手柄后退，减速机退到极限位置，停机，然后移开台钳，取出钢筋，完成螺纹的加工。

⑤钢筋在剥肋或滚轧螺纹过程中，如发现台钳移动应立即夹紧。若在滚轧螺纹过程发现没有停机反转的迹象应立即关闭面板开关，使设备停止转动，然后按下点动按钮（红色），使滚丝头退出钢筋，并立即修理。

⑥丝头滚扎的有效长度应依据技术单位提供的技术参数。一般标准型钢筋丝头螺纹的有效丝扣长度应为1/2 套筒长度，其公差为 $+2P$（$P$ 为螺距）。对于加锁母型钢筋丝头，有效丝扣长度应为套筒长度加锁母厚度，公差为 $0\sim2P$，详见表6－3。

（4）戴帽保护：加工完成的丝头应加以保护，在其端头加带保护帽或用套筒拧紧，按规格分类堆放整齐，钢筋有效丝扣，应用不掉色漆笔画环形标示在丝头上。

（5）安装：

①钢筋就位：将丝头检验合格的钢筋搬运至待连接处。

②接头拧紧：连接接头应使用管钳和力矩扳手将两个钢筋丝头在套筒中间顶紧，接头拧紧力矩应符合表6－4 的规定。当使用加锁母型钢筋丝头时（连接不便转动的钢筋），先将锁母和标准套筒按顺序全部拧入加长丝头钢筋一侧，然后将待连接钢筋的标准丝头靠紧，再将套筒拧到标准丝头一侧，用扳手拧紧，将锁母与套筒拧紧锁定，则钢筋连接完成。

③做标记：对已经检查拧紧的接头做标记，与未拧紧的接头区分开。

④钢筋连接应根据工程实际部位选用合适的连接方法。

⑤结构构件中纵向受力钢筋的接头宜相互错开，钢筋连接的连接区段长度应按 $35d$ 计算（$d$ 为被连接钢筋中的较大直径），应符合《钢筋机械连接技术规程》（JGJ 107—2016）的要求。

**表6－3　加锁母型钢筋丝头的螺纹有效丝扣长度**

| 规格/mm | 套筒长度/mm | 锁母厚度/mm | 螺纹有效丝扣长度/mm | 连接完毕后，有锁母端外露有效丝扣长度/mm |
|---|---|---|---|---|
| $\phi16$ | 45 | 11 | ≥56（+6，0） | 22.5 |
| $\phi18$ | 50 | 11 | ≥61（+6，0） | 25 |
| $\phi20$ | 55 | 11 | ≥66（+6，0） | 27.5 |
| $\phi22$ | 60 | 11 | ≥71（+6，0） | 30 |
| $\phi25$ | 65 | 11 | ≥76（+6，0） | 32.5 |
| $\phi28$ | 70 | 11 | ≥81（+6，0） | 35 |

续表 6-3

| 规格/mm | 套筒长度/mm | 锁母厚度/mm | 螺纹有效丝扣长度/mm | 连接完毕后，有锁母端外露有效丝扣长度/mm |
|---|---|---|---|---|
| $\phi$32 | 80 | 11 | ≥91(+6, 0) | 40 |
| $\phi$36 | 90 | 11 | ≥101(+6, 0) | 45 |
| $\phi$40 | 95 | 11 | ≥106(+6, 0) | 47.5 |

表 6-4 直螺纹接头安装时的最小拧紧力矩值

| 钢筋直径/mm | ≤16 | 18~20 | 22~25 | 28~32 | 36~40 |
|---|---|---|---|---|---|
| 拧紧力矩/(N·m) | 100 | 200 | 260 | 320 | 360 |

## 6.6 质量标准

### 6.6.1 主控项目

(1)型式检验。工程中应用直接或剥肋滚轧直螺纹钢筋接头时，技术提供单位应提交有效的型式检验报告，其连接性能应符合《钢筋机械连接通用技术规程》(JGJ 107—2010)中Ⅰ级或Ⅱ级标准。

(2)工艺检验。钢筋连接作业开始前及施工过程中，应对每批进场钢筋进行连接工艺检验，检验应符合下列要求：

①每种规格钢筋的接头试件不少于3根。

②钢筋母材抗拉强度试件不少于3根，且取自接头试件的同一根钢筋。

③接头试件的抗拉强度均应符合规范的规定：对于Ⅰ级接头，试件的抗拉强度尚应大于或等于钢筋抗拉强度的1.1倍；对于Ⅱ级接头，应大于1.0倍。

检验方法：检查产品合格证和接头力学性能试验报告。

(3)钢筋的品种和质量必须符合设计要求和《混凝土结构工程施工质量验收规范》(GB 50204—2002)标准的规定。

检验方法：检查产品合格证、出厂检验报告和进场复验报告。

(4)套筒的材质应符合《优质碳素结构钢》(GB/T 699—1999)标准的规定。

检验方法：检查产品合格证和出厂检验报告。

(5)丝头尺寸应符合技术提供单位提供的技术参数。操作人员应逐个检查丝头的质量，每加工10个丝头应用环规的同规、止规检查一次，并剔除不合格丝头。

(6)用力矩扳手按表6-4的接头拧紧力矩数对接头进行抽检。梁、柱构件按接头数的15%；基础及其他构件，每100个接头为一个验收批(不足100个也为一个验收批)，每批抽检3个接头。抽检的接头应全部合格，如有一个不合格，该批应逐个检查并拧紧。

(7)接头的现场检验按验收批进行。在同一施工条件下采用同一批材料的同等级、同形式、同规格接头，以500个为一个验收批，不足500个也作为一个验收批。对接头的每一个验收批，必须在工程结构中截取3个试件做抗拉强度试验，按设计要求的接头等级进行评定。

当3个接头试件的抗拉强度均符合《钢筋机械连接技术规程》(JGJ 107—2016)中相应等

级的要求时，该验收批评为合格。

如有一个试件的强度不符合要求，应再截取6个试件进行复验，复验中如仍有一个试件的强度不符合要求，则该验收批为不合格。

### 6.6.2 一般项目

(1)钢筋的外观检查。钢筋应平直、无损伤，表面没有裂纹、颗粒状或片状老锈。

检验方法：使用前观察检查。

(2)套筒的检验以500个为一个检验批，每批按10%抽检，检验结果应符合表6－5的要求，其抽检合格率大于或等于95%，否则应抽取双倍数量重新检验，若复检合格率仍小于95%，则该检验批应逐个检查，合格后方可使用。

**表6－5 连接套筒质量检验要求**

| 序号 | 检验项目 | 量具名称 | 检验要求 |
|---|---|---|---|
| 1 | 外观质量 | 目测 | 螺纹牙形饱满，表面无裂纹或影响接头质量的其他缺陷 |
| 2 | 外形尺寸 | 卡尺或专用量规 | 长度和外径应满足图纸要求 |
| 3 | 螺纹尺寸 | 通端螺纹塞规 | 能顺利旋入套筒并达到旋合长度 |
| | | 止端螺纹塞规 | 允许环规与端部螺纹部分旋合，旋入量不超过3$P$($P$为螺距) |

(3)经自检合格的丝头，由质检员随机抽样进行检验，以一个工作班内生产的丝头为一个验收批，随机抽检10%且不少于10个，检验结果应符合表6－6的要求，其抽检合格率应大于95%。否则应抽取双倍数量重新检验，若复检合格率仍小于95%，则该验收批应逐个检查，并切除不合格丝头。

**表6－6 钢筋丝头质量检验的要求**

| 序号 | 检验项目 | 量具名称 | 检验要求 |
|---|---|---|---|
| 1 | 螺纹牙型 | 目测、卡尺 | 牙型完整，螺纹大径低于中径的不完整丝扣累计长度不得超过两个螺纹周长 |
| 2 | 丝头长度 | 卡尺或专用量规 | 为标准型套筒长度的1/2，其公差为+2$P$ |
| 3 | 螺纹直径 | 通端螺纹环规 | 能顺利旋入螺纹 |
| | | 止端螺纹环规 | 允许环规与端部螺纹部分旋合，旋入量不超过3$P$ |

(4)受力钢筋的接头位置应相互错开。在任一接头中心至中心长度为钢筋直径35倍，且不小于500 mm的区段范围内，有接头的受力钢筋截面面积占受力钢筋截面面积的百分率不宜超过50%。

检查数量：在同一验收批内，梁柱和独立基础，应抽查构件数量的10%，且不少于3件。

检查方法：观察，钢尺检查。

(5)钢筋接头处两根钢筋的丝头应在套筒中间位置相互顶紧，单边外露丝扣不得超过一个完整丝扣。

(6)钢筋连接件的混凝土保护层厚度宜满足国家现行标准《混凝土结构设计规范》(GB 50010—2002)中受力钢筋混凝土保护层最小厚度的要求，且不得小于15 mm，连接件之间的横向净距不宜小于25 mm。

### 6.6.3 质量控制

(1)操作人员必须经技术培训、考核合格后持证上岗。

(2)切断钢筋宜用砂轮切割机或其他专用切断设备，严禁采用气割方法。

(3)加工丝头时，应采用水溶性切削液，当气温低于0℃时，应掺入15%～20%亚硝酸钠，严禁用机油作切削液或不加入切削液加工丝头。

(4)操作前应对设备进行试运行，一切正常后方可开始操作。

(5)钢筋的剥肋过程只允许进行一次，不允许对已加工的丝头进行二次剥肋。

(6)连接钢筋时，套筒规格与钢筋规格必须一致，钢筋与套筒应先试套，套筒和钢筋的丝扣应干净、且完好无损。

(7)现场截取抽样试件后，原接头位置的钢筋允许采用同等规格的钢筋进行焊接，或采用机械连接方法补接。

## 6.7 成品保护

(1)锁母与套筒在运输和储存时应防止锈蚀和污染，套筒应有保护盖。

(2)对加工好的丝头，应用专用的钢筋头保护帽或连接套筒将钢筋丝头进行保护，防止螺纹被磕碰或被污染，如图6-2所示。

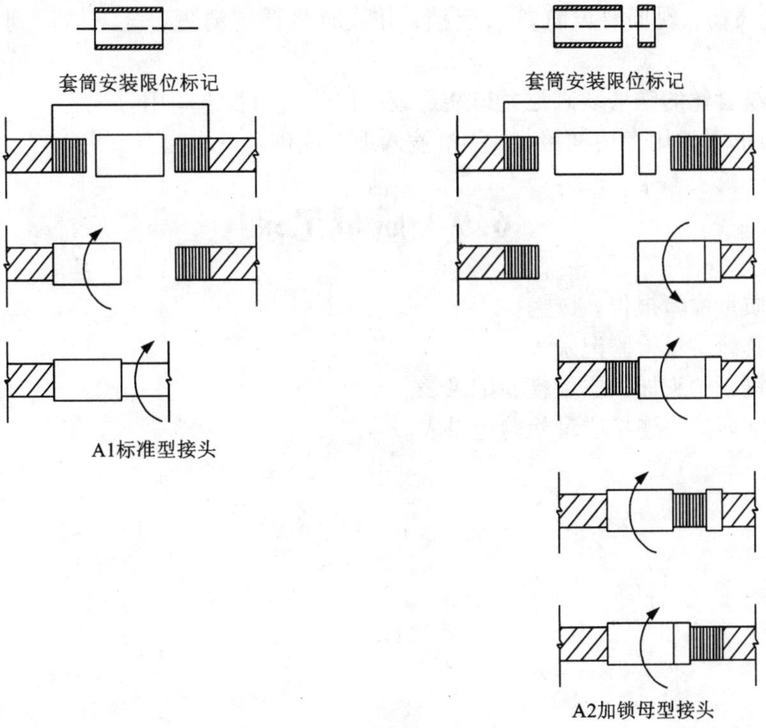


图6-2 钢筋接头保护图

(3)滚轧好丝头的钢筋应按规格分别堆放，底部用木方垫好，在雨季要采取防雨、防锈措施。

(4)施工作业时，要搭设临时架子，不得随意蹬踩接头或连接钢筋。

## 6.8 安全环保措施

(1)进入现场的钢筋机械在使用前，必须经项目工程部、安全部检查验收合格后方可使用。操作人员需持证上岗，并在机械旁挂牌注明安全操作规定。

(2)钢筋机械必须设置在平整、坚实的场地上，设置机棚和排水沟，防雨雪、防砸、防水浸泡。机械必须接地，操作工必须穿戴防护衣具，以保证操作人员安全。

(3)钢筋加工机械要设专人维护维修，定期检查各种机械的零部件，特别是易损部件，出现有磨损的必须更换。现场加工的成品、半成品堆放整齐。

(4)钢筋加工机械处必须设置足够的照明，保证操作人员在光线较好的环境下操作。在进行加工材料时，弯曲机、切断机等严禁一次超量上机作业。

(5)打磨钢筋的砂轮机在使用前应经安全部门检验合格后，方可投入使用。开机前检查砂轮罩、砂轮片是否完好，旋转方向是否正确。对有裂纹的砂轮严禁使用。

(6)操作人员必须站在砂轮片运转切线方向的旁侧。

(7)现场在进行钢筋加工及成形时，要控制各种机械的噪声。将机械安放在平整度较高的平台上，下垫木板。并定期检查各种零部件，如发现零部件有松动、磨损，及时紧固或更换，以降低噪声。浇筑混凝土时不要振动钢筋，降低噪声排放强度。

(8)钢筋原材、加工后的产品或半产品堆放时要注意遮盖(用苫布或塑料)，防止因雨雪造成钢筋的锈蚀。如果钢筋已生片状老锈，在使用前必须用铁丝刷或砂盘进行除锈。为了减少除锈时灰尘飞扬，现场要设置苫布遮挡，并及时将锈屑清理，统一清运到规定的垃圾集中地。

(9)直螺纹套丝的铁屑装入尼龙口袋送废品回收站回收再利用。

(10)机械润滑油用专用桶接收，不准滴入地下或排入下水道。

## 6.9 质量记录

(1)材料质量检验报告。

(2)连接套筒质量检验记录表。

(3)现场钢筋丝头加工质量检验记录表。

(4)现场钢筋接头连接质量检验记录表。

# 7 钢筋挤压接头连接施工工艺标准

## 7.1 总则

### 7.1.1 适用范围

本标准适用于各类结构物的钢筋混凝土结构中直径为 16 ~ 40 mm 的带肋 HRB355 ~ HRB400 级(Ⅱ ~ Ⅲ级)钢筋以及与上述国产钢筋相当的进口钢筋接头径向挤压连接施工。挤压接头按抗拉强度及高应力和大变形条件下反复拉压性能的差异划分为Ⅰ、Ⅱ两个性能等级。

### 7.1.2 编制参考标准及规范

(1)《公路桥涵施工枝术规范》(JTG/T F50—2011)。

(2)《公路工程质量检验评定标准》(土建工程)(JTG F80/1—2017)。

(3)《钢筋机械连接技术规程》(JGJ 107—2016)。

(4)《钢筋混凝土用热轧带肋钢筋》(GB 1499—2018)。

(5)《带肋钢筋挤压连接技术及验收规程》(YB 9250 - 1993)。

(6)《建筑施工高处作业安全技术规范》(JGJ 80—2016)。

(7)《超高机具用液压缸试验方法》(JB/JQ 20303 - 90)。

## 7.2 术语

(1)带肋钢筋挤压连接：将两根需要连接的钢筋插入钢套筒，利用压钳沿径向压缩钢套筒，使之产生塑性变形，靠变形后的钢套筒与被连接的钢筋紧密结合为整体的连接方法。

(2)接头抗拉强度：接头试件在拉伸试验过程中所达到的最大拉应力值。

(3)挤压接头Ⅰ级：接头抗拉强度不小于被连接钢筋实际抗拉强度或 1.1 倍钢筋抗拉强度标准值并具有高延性及反复拉压性能。

(4)挤压接头Ⅱ级：接头抗拉强度不小于被连接钢筋抗拉强度标准值，并具有高延性及反复拉压性能。

(5)压接标志：钢套筒上表示挤压位置的标志。

(6)定位标志：钢筋上表示压接前钢套筒安装位置的标志。

(7)检查标志：检查钢筋上接头位置的标志。
(8)压痕最小直径：挤压连接接头压痕径向截面的最小尺寸。
(9)压痕总宽度：接头一侧每道压痕底部平直部分宽度的总和。

## 7.3 施工准备

### 7.3.1 技术准备

(1)操作工人必须持证上岗。
(2)准备工程所需的图纸、规范、标准等技术资料，并确定其是否有效。
(3)做好施工技术交底。
(4)确定连接钢筋的型号、数量、规格，施工的顺序，接头位置的安排。

### 7.3.2 材料准备

(1)HRB335、HRB400级(Ⅱ、Ⅲ级)带肋钢筋。
(2)挤压接头所用套筒。
(3)垫木、油漆、液压油、脚手架等。

### 7.3.3 主要机具准备

高压油泵、压钳、钢筋挤压压模、吊挂小车、平衡器、角向砂轮、画标志工具及检查压痕卡板卡尺等工具。

(1)压钳的性能试验、可靠性和耐久性试验应符合《超高机具用液压缸试验方法》(JB/JQ 20303—90)的有关规定。

(2)超高压泵站与超高压油管应符合相关标准的规定。

### 7.3.4 作业条件

(1)挤压作业前，检查挤压设备是否正常，并试压，符合要求后方可作业。
(2)作业现场具备380 V施工电源，具备现场操作的施工平台、上下楼梯等。
(3)气候条件满足施工要求。

### 7.3.5 劳动力组织

钢筋挤压接头连接施工劳动力组织如表7－1所示。

表7－1 钢筋挤压接头连接施工劳动力组织

| 工种 | 人数/人 | 工作地点 | 职责范围 |
|---|---|---|---|
| 施工队长 | 1 | 整个施工现场 | 负责跟班组织施工管理工作、协助总指挥工作等 |
| 工班长 | 1 | 钢筋挤压接头现场 | 负责钢筋制作、挤压接头施工等 |

续表 7－1

| 工种 | 人数/人 | 工作地点 | 职责范围 |
|---|---|---|---|
| 技术员 | 1 | 整个施工现场 | 负责跟班解决施工中的技术问题，编写技术措施等 |
| 安全员 | 1 | 整个施工现场 | 负责跟班检查安全措施、安全措施的执行情况及安全教育工作，对安全生产负责 |
| 质量检查员 | 1 | 整个施工现场 | 负责跟班检查钢筋挤压接头质量及质量保证措施的执行情况 |
| 钢筋制作工 | 4 | 施工现场 | 负责钢筋下料等 |
| 钢筋挤压操作工 | 4 | 钢筋挤压接头现场 | 负责钢筋制作、挤压接头施工等 |
| 电工 | 1 | 整个施工现场 | 负责现场动力、照明、通信等电器系统的维修保护 |
| 材料员 | 1 | 材料仓库 | 负责施工材料供应及管理 |
| 杂工 | 4 | 整个施工现场 | 负责钢筋搬运及现场清理等 |
| 总计 | 19 | | |

注：此表为一个作业班施工配备人员，未计后勤、行政等人员。

## 7.4 工艺设计和控制要求

### 7.4.1 技术要求

(1)按连接钢筋规格和钢套筒型号选配压模，对不同直径钢筋的套筒不得相互串用。连接相同直径钢筋的压模型号应符合表 7－2 的规定，连接不同直径钢筋的压模型号应按表 7－3的规定采用。

表 7－2 相同规格钢筋连接时参数表

| 连接钢筋规格/mm | 钢套筒型号 | 压模型号 | 压痕最小直径允许范围/mm | 压痕总宽度/mm |
|---|---|---|---|---|
| $\phi40\sim\phi40$ | G40 | M40 | 60～63 | ≥80 |
| $\phi36\sim\phi36$ | G36 | M36 | 54～57 | ≥70 |
| $\phi32\sim\phi32$ | G32 | M32 | 48～51 | ≥60 |
| $\phi28\sim\phi28$ | G28 | M28 | 41～44 | ≥55 |
| $\phi25\sim\phi25$ | G25 | M25 | 37～39 | ≥50 |
| $\phi22\sim\phi22$ | G22 | M22 | 32～34 | ≥45 |
| $\phi20\sim\phi20$ | G20 | M20 | 29～31 | ≥45 |
| $\phi18\sim\phi18$ | G18 | M18 | 27～29 | ≥40 |

表 7-3 不同规格钢筋连接时参数表

| 连接钢筋规格/mm | 钢套筒型号 | 压模型号 | 压痕最小直径允许范围/mm | 压痕总宽度/mm |
|---|---|---|---|---|
| $\phi$40 ~ $\phi$36 | G40 | $\phi$40 端 M40 | 60 ~ 63 | ≥80 |
| | | $\phi$36 端 M36 | 57 ~ 60 | ≥80 |
| $\phi$36 ~ $\phi$32 | G36 | $\phi$36 端 M36 | 54 ~ 57 | ≥70 |
| | | $\phi$32 端 M32 | 51 ~ 54 | ≥70 |
| $\phi$32 ~ $\phi$28 | G32 | $\phi$32 端 M32 | 48 ~ 51 | ≥60 |
| | | $\phi$28 端 28 | 45 ~ 48 | ≥60 |
| $\phi$28 ~ $\phi$25 | G28 | $\phi$28 端 M28 | 41 ~ 44 | ≥55 |
| | | $\phi$25 端 M25 | 38 ~ 41 | ≥55 |
| $\phi$25 ~ $\phi$22 | G25 | $\phi$25 端 M25 | 37 ~ 39 | ≥50 |
| | | $\phi$22 端 M22 | 35 ~ 37 | ≥50 |
| $\phi$25 ~ $\phi$20 | G25 | $\phi$20 端 M20 | 33 ~ 35 | ≥50 |
| | | $\phi$22 端 M22 | 32 ~ 34 | ≥45 |
| $\phi$22 - $\phi$20 | G22 | $\phi$20 端 M20 | 31 ~ 33 | ≥45 |
| | | $\phi$22 端 M22 | 32 ~ 34 | ≥45 |
| $\phi$22 ~ $\phi$18 | G22 | $\phi$18 端 M18 | 29 ~ 31 | ≥45 |
| | | $\phi$20 端 M20 | 29 ~ 31 | ≥45 |
| $\phi$20 ~ $\phi$18 | G20 | $\phi$18 端 M18 | 28 ~ 30 | ≥45 |

(2)施工技术要求：

①参加挤压接头作业的人员必须培训，考核合格后方可持证上岗。

②钢筋端头的锈皮、泥砂、油污等杂物应清理干净。

③应对套筒做外观尺寸检查，对不同直径钢筋的套筒不得相互串用。

④钢筋与钢套筒试套，如钢筋有马蹄、飞边、弯折或纵肋尺寸超大者，应先矫正或用手砂轮修磨，超大部分禁止用电气焊切割。

⑤钢筋端头应有定位标志和检查标志，以确保钢筋伸入套筒的长度。定位标志距钢筋端部的距离为钢套筒长度的1/2。

⑥按标记检查钢筋插入套筒内深度，钢筋端头离套筒长度中心不宜超过 10 mm。

### 7.4.2 材料质量要求

(1)钢筋具有质量证明书，其表面形状尺寸和性能等应符合《钢筋混凝土用热轧带肋钢筋》(GB 1499—2018)或《钢筋混凝土用余热处理钢筋》(GB 13014—2013)标准的要求。钢筋外形满足挤压要求的外形特征。

(2)钢套筒的材质为低碳素镇静钢，必须由定点工厂严格按设计要求进行生产，其实测力学性能应符合表 7-4 的要求，规格尺寸符合表 7-5 的要求；有试验检验报告和出厂合格证，运输和储存时应防止锈蚀和污染，分批验收，按不同规格分别堆放。

表 7-4 钢套筒的力学性能

| 性能项目 | 力学性能指标 |
|---|---|
| 屈服强度/MPa | 225~350 |
| 抗拉强度/MPa | 375~500 |
| 延伸率 $\delta_5$/% | ≥20 |
| 硬度(HRB) | 60~80 |
| 硬度(HB) | 102~133 |

表 7-5 钢套筒的规格和尺寸

| 钢套筒型号 | 钢套筒尺寸/mm | | | 理论重量/kg |
|---|---|---|---|---|
| | 外 径 | 壁 厚 | 长 度 | |
| G40 | 70 | 12 | 250 | 4.37 |
| G36 | 63.5 | 11 | 220 | 3.14 |
| G32 | 57 | 10 | 200 | 2.31 |
| G28 | 50 | 8 | 190 | 1.58 |
| G25 | 45 | 7.5 | 170 | 1.18 |
| G22 | 40 | 6.45 | 140 | 0.75 |
| G20 | 36 | 6 | 130 | 0.58 |

### 7.4.3 职业健康安全要求

(1)进行钢筋接头施工时，要求正确佩戴和使用个人防护用品。

(2)在高空进行挤压操作，必须遵守国家现行标准《建筑施工高处作业安全技术规范》(JGJ 80—2016)的规定。

(3)施工现场用电必须符合国家现行标准《施工现场临时用电安全技术规范》(JGJ 46—2005)的规定。

(4)高压胶管应防止负重拖拉、弯折和尖利物体的刻划。操作人员应尽可能避开高压胶管反弹方向，以防伤人。

### 7.4.4 环境要求

(1)6 级以上大风天气不宜作业。

(2)温度低于 0℃的天气应采取保温措施，防止操作工人被冻伤。

(3)夜间施工应有良好的照明条件。

# 7.5 施工工艺

## 7.5.1 工艺流程

钢筋挤压接头连接施工工艺流程如图 7－1 所示。

钢筋下料、清杂物、试套 → 地面挤压半接头 → 施工区完成钢筋挤压

**图 7－1 钢筋挤压接头连接工艺流程图**

## 7.5.2 操作工艺

(1)钢筋制作、钢筋下料、清杂物、试套：钢筋下料切断要无齿锯，钢筋端面应与它的轴线相垂直，不得用钢筋切断机或气割下料，钢筋端部要平直，如有弯折，必须予以矫直。挤压连接应首先清除钢套筒和钢筋压接部位的铁锈、油污、泥砂等，同时将钢筋与钢套筒进行试套，如钢筋端头呈现马蹄型或鼓胀套不上时，用手动砂轮修磨矫正。

(2)挤压接头操作：钢筋应按标记要求插入钢套筒内，钢筋端头离套筒长度中点不宜超过 10 mm。被连接钢筋的轴心与钢套筒轴心应保持同一轴线，防止偏心和弯折。挤压时，压钳的压接应对准套筒压痕标识，并垂直于被压钢筋的横肋。挤压应从套筒中央隧道向端部压接，不应由端部向中部挤压或隔标记来回挤压。挤压操作时采用的挤压力、压模宽度、压痕直径或挤压后套筒长度的规定范围、挤压道数、最小直径及压痕总宽度须符合规定要求，挤压接头示意如图 7－2 所示。

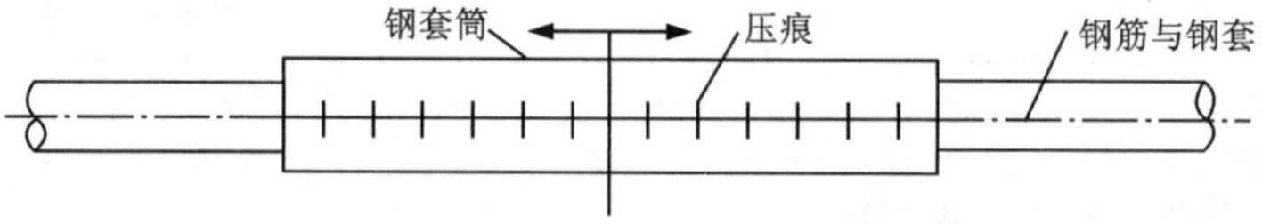


**图 7－2 钢套筒示意图**

(3)地面挤压半接头：为了减少高处作业并加快施工进度，可先在地面挤压半个挤压接头，即把每根待连接的钢筋一端按要求与套管的一半压好，其具体步骤：

①装好高压油管和钢筋配用限位器、套管压模，并且在压模内也涂上润滑油。

②按手控上开关，使套管对正压模内孔，再按手控 OFF 开关。

③插入钢筋顶到限位器上扶正。

④按手控上开关，进行挤压。

⑤当听到液压油发出溢流声，再按手控下开关，退回柱塞，取下压模。

⑥取出半套管接头，结束半接头挤压作业。

(4)施工区完成钢筋挤压，其具体步骤：

①将半接头套管插入结构待连接的钢筋上，挤压机就位。

②放置与钢筋配用的压模和垫块。

③按下手控上开关，进行挤压，当听到液压油发出溢流声，按下手控下开关。

④退回柱塞及导向板，装上垫块。

⑤按下手控上开关，进行挤压。

⑥按下手控上开关，退回柱塞再加垫块。

⑦按手控上开关，进行挤压，再按手控下开关退回柱塞。

⑧取下垫块、压模、卸下挤压机，钢筋连接完毕。

## 7.6　质量标准

### 7.6.1　主控项目

(1)钢筋品种和质量必须符合设计要求和有关标准的规定。

(2)钢套筒的材质、机械性能必须符合钢套筒标准的规定，表面不得有裂缝、折叠等缺陷。钢套筒表面应标有清晰均匀的挤压标志，中部两条标志的距离应不小于20 mm。钢套筒性能应符合表7－4的要求，规格和尺寸应符合表7－5的要求，尺寸允许偏差应符合表7－6的要求。

**表7－6　钢套筒尺寸允许偏差**

| 套筒外径/mm | 外径允许偏差 | | 壁厚允许偏差 | | 长度允许偏差 | |
|---|---|---|---|---|---|---|
| | 规范、标准 | 企业标准 | 规范、标准 | 企业标准 | 规范、标准 | 企业标准 |
| ≤50 | ±0.50 mm | ±0.30 mm | +12%<br>－10% | +10%<br>－10% | ±2.0 mm | ±1.0 mm |
| >50 | ±0.01D | ±0.01D | +12%<br>－10% | +10%<br>－10% | ±2.0 mm | ±1.0 mm |

(3)在正式施工前应进行现场条件下的挤压连接工艺检验，接头数量应不少于3个，按质量验收规定检验合格后，方可进行施工。

(4)挤压接头的现场检验按验收批次进行。同一施工条件下采用同一批材料的同等级、同形式、同规格接头，以500个为一个验收批，进行检验与验收，不足500个也作为一个验收批。

(5)对每一验收批，均应按设计要求的接头性能等级，在工程中随机抽取3个接头试件做抗拉强度试验。需填写记录，并做出评定，其抗拉强度均不得低于被压接钢筋抗拉强度标准值的1.05倍，若其中有一个试件不符合要求时，应再抽取6个试件进行复检，复检中仍有1个试件的强度不符合要求，则该验收批次评为不合格。

### 7.6.2　一般项目

(1)钢筋接头压痕深度不够时应补压。超压者应切除重新挤压。钢套筒压痕的最小直径和总宽度，应符合钢套筒供应厂家提供的技术要求。

(2)挤压接头的外观质量检验应符合下列要求：

①外形尺寸：挤压后套筒长度应为原套筒长度的1.10～1.15倍；或压痕处套筒的外径波

动范围为原套筒外径的0.80~0.90倍。

②挤压接头的压痕道数应符合形式检验确定的道数。

③接头处弯折不得大于3°。

④挤压后的套筒不得有肉眼可见裂缝。

(3)每一验收批中应随机抽取10%的挤压接头作外观质量检验，如外观质量不合格数超过抽检数的10%时，应对该批挤压接头逐个进行复检，对外观不合格的接头采取补救措施；不能补救的挤压接头应做标记，在外观不合格的接头中抽取6个试件作抗拉强度试验，若有一个试件的抗拉强度低于规定值，则该批外质量观不合格的挤压接头，应会同设计单位商定处理，并记录存档。

(4)在现场连续检验10个验收批次，抽样试件抗拉强度试验1次合格率为100%时，验收批接头数量可扩大1倍。

(5)有下列情况之一时，应对挤压机的挤压力进行标定：

①新挤压设备使用前。

②旧挤压设备大修后。

③油压表受损或强烈振动后。

④套筒压痕异常且查不出其他原因时。

⑤挤压设备使用超过一年。

⑥挤压的接头数超过5000个。

⑦超高压泵站检修后，应重新标定压力，确保压接精度。

⑧超高压油管严禁硬性弯折和重物砸压。

⑨ 检测卡尺的测量精度应达到±0.1 mm。

## 7.7 成品保护

(1)在地面预制好的接头要用垫木垫好，分规格码放整齐。

(2)套筒内不得有砂浆等杂物。套筒在运输和储存中，应按不同规格分别堆放整齐，不得露天堆放，防止锈蚀和沾污。

(3)在高处挤压接头时，要搭好临时工作平台，不得蹬踩接头。

## 7.8 安全环保措施

(1)对从事钢筋挤压连接施工的相关人员应经常进行安全教育，防止发生人身和设备安全事故。进行钢筋接头施工时，要求正确佩戴和使用个人防护用品。

(2)在高处进行挤压操作，必须遵守国家现行标准《建筑施工高处作业安全技术规范》(JGJ 80—2016)的规定。

(3)高压泵应采用液压油。油液应过滤，保持清洁，油箱应密封，防止渗漏，防止雨水灰尘混入油箱。

(4)高压胶管应防止负重拖拉、弯折和尖利物体的刻划。操作人员应尽可能避开高压胶管反弹方向，以防伤人。

(5)油泵与挤压机的使用应严格按操作规程进行。挤压连接施工必须严格遵守操作规程，工作油压不得超过额定压力。

(6)施工现场用电必须符合国家现行标准《施工现场临时用电安全技术规范》(JGJ 46—2005)的规定。

(7)高压胶管是挤压设备中的易损部件，由于油压高，油管损坏还易引起喷油伤人，故应妥善使用。

(8)废旧钢筋头应及时收集清理，保持工完场清；高压油泵使用或更换液压油时，防止污染钢筋。

## 7.9　质量记录

(1)钢筋出厂质量证明书和钢套筒出厂合格证。

(2)钢筋机械性能试验报告。

(3)钢套筒质量检验报告。

(4)施工现场的单向拉伸检验记录和挤压接头单向拉伸性能试验报告。

(5)施工现场挤压接头外观检查记录。

(6)钢筋挤压连接操作工上岗证。

# 8 钢筋手工电弧焊施工工艺标准

## 8.1 总则

### 8.1.1 适用范围

本标准适用于公路桥涵工程钢筋及埋件的手工电弧焊。

### 8.1.2 编制参考标准及规范

(1)《公路桥涵施工技术规范》(JTG/T F50—2011)。
(2)《混凝土结构工程施工质量验收规范》(GB 50204—2015)。
(3)《钢筋焊接及验收规程》(JGJ 18—2012)。

## 8.2 术语

钢筋电弧焊：以焊条作为一极，钢筋作为另一极，利用焊接电流通过产生的电弧进行焊接的一种熔焊方法。

## 8.3 施工准备

### 8.3.1 技术准备

(1)编写焊接工艺，通过焊接试验选定焊接参数，对焊工进行技术、安全交底。
(2)熟悉设计文件，明确焊接工艺和要求。

### 8.3.2 材料准备

钢筋、焊条。

### 8.3.3 主要机具

弧焊机、焊接电缆、电焊钳、面罩、錾子、钢丝刷、锉刀、榔头、钢字码等。

### 8.3.4 作业条件

(1)焊工必须持有考试合格证。

(2)电源应符合要求。

(3)作业场地要有安全防护设施、防火和必要的通风措施，防止发生烧伤、触电、中毒及火灾等事故。

### 8.3.5 劳动力组织

钢筋手工电弧焊施工劳动力组织如表8－1所示。

**表8－1 钢筋手工电弧焊施工劳动力组织**

| 工种 | 人数/人 | 工作地点 | 职责范围 |
|---|---|---|---|
| 施工队长 | 1 | 整个施工现场 | 负责跟班组织施工管理工作、协助总指挥工作等 |
| 工班长 | 1 | 施工现场 | 负责钢筋制作、钢筋焊接等 |
| 技术员 | 1 | 整个施工现场 | 负责跟班解决施工中的技术问题，编写技术措施等 |
| 安全员 | 1 | 整个施工现场 | 负责跟班检查安全措施、安全措施的执行情况及安全教育工作，对安全生产负责 |
| 质量检查员 | 1 | 整个施工现场 | 负责跟班检查钢筋焊接质量及质量保证措施的执行情况 |
| 钢筋制作工 | 4 | 施工现场 | 负责钢筋下料等 |
| 钢筋焊接工 | 4 | 钢筋焊接施工现场 | 负责钢筋焊接等 |
| 电工 | 1 | 整个施工现场 | 负责现场动力、照明、通信等电器系统的维修保护 |
| 材料员 | 1 | 材料仓库 | 负责施工材料供应及管理 |
| 杂工 | 4 | 整个施工现场 | 负责钢筋搬运及现场清理等 |
| 总计 | 19 | | |

注：此表为一个作业班施工配备人员，未计后勤、行政等人员。

## 8.4 工艺设计和控制要求

### 8.4.1 技术要求

钢筋电弧焊焊接前应针对不同级别的钢筋、钢板确定焊接参数。对焊工要进行焊接参数的详细交底。钢筋焊接的质量与焊工的技术水平关系极大，焊工需持有合格证书。

### 8.4.2 材料质量要求

钢筋的级别、直径必须符合设计要求，有出厂证明书及复试报告单。进口钢筋还应有化学复试单，其化学成分应满足焊接要求，并应有可焊性试验。

焊条的牌号应符合设计规定。如设计无规定时，应符合表8－2的要求，焊条质量应符合以下要求：

表 8-2　钢筋电弧焊使用的焊条牌号

| 钢筋级别 | 搭接焊 | 帮条焊 | 坡口焊 |
| --- | --- | --- | --- |
| Ⅰ级 | E4303 | E4303 | E4303 |
| Ⅱ级 | E4303 | E4303 | E5003 |
| Ⅲ级 | E5003 | E5003 | E5503 |
| Ⅰ、Ⅱ级与钢板焊接 | E4303 | E4303 | — |

注：不含 25MnSi 钢筋。

(1)电弧焊条选用的主要原则是焊条溶解后形成的金属强度与被焊接钢筋强度相同。

(2)药皮应无裂缝、气孔、凹凸不平等缺陷，不能有肉眼看得出的偏心度。

(3)焊接过程中，电弧应燃烧稳定，药皮熔化均匀，无成块脱落现象。

(4)表 8-2 中焊条是钛钙型焊条，是一种常用的焊条，在生产实际中可选用熔敷金属抗拉强度的其他药皮类型焊条。当采用低氢型焊条时，必须根据焊条说明书的要求烘干后才能使用，且宜放入保险箱内保温使用。酸性焊条若在运输或存放中受潮亦应烘干后使用。

(5)焊条必须有出厂合格证。

### 8.4.3　职业健康安全要求

(1)焊工操作时应穿电焊工作服、绝缘鞋和戴电焊手套、防护面罩等安全防护用品。

(2)电焊作业现场周围 10 m 范围内不得堆放易燃易爆物品。

(3)操作前应先检查焊机和工具，如焊钳和焊接电缆的绝缘、焊机外壳保护。

(4)地面和焊机的各接线点，确认安全合格后方可作业。在触电危险环境中进行电焊时，可以安装空载自停装置。

(5)固定使用的弧焊机的电源线与普通配电线路同样要求；移动使用的弧焊机的电源线应按临时线处理。弧焊机的二次线路最好采用两条绝缘线。

(6)弧焊机的电源线上应装设有隔离电器、主开关和短路保护电器。

(7)电焊机外露导电部分应采取保护接零(或接地)、措施。为了防止高压窜入低压造成的危险和危害，交流弧焊机二次侧应当接零(或接地)。但必须注意二次侧接焊钳的一端是不允许接零或接地的，二次侧的另一条线也只能一点接零(或接地)，以防止部分焊接电流经其他导体构成回路。

(8)弧焊机一次绝缘电阻不应低于 1 MΩ，二次绝缘电阻不应低于 0.5 MΩ。

(9)移动焊机时必须停电。

### 8.4.4　环境要求

(1)弧焊机应安装在干燥、通风良好处，不应安装在潮湿、易燃易爆、有腐蚀性气体、有严重尘垢的环境和剧烈振动的环境。

(2)遇有雨天时一般停止焊接施工，若因进度要求需要赶工时，除局部加热和防风外，必须在采取有效的防雨措施后才能施工。

(3)工作地在风速超过 8 m/s，应采取良好的防风措施，防止焊缝产生气孔或裂纹。

(4)温度低于 -5℃时要有保温措施。

## 8.5　施工工艺

### 8.5.1　工艺流程

钢筋手工电弧焊施工工艺流程如图 8 -1 所示。

检查设备 → 选择焊接参数 → 试焊制作试件 → 送试 → 确定焊接参数 → 施焊 → 质量检验

**图 8 -1　钢筋手工电弧焊工艺流程图**

### 8.5.2　操作工艺

(1)引弧：带有垫板或帮条的接头，引弧应在钢板或帮条上进行。无钢筋垫板或无帮条的接头，引弧应在形成焊缝的部位，防止烧伤主筋。

(2)定位：焊接时应先焊定位点再施焊。

(3)运条：运条时的直线前进、横向摆动和送进焊条三个动作要协调平稳。

(4)收弧：收弧时应将熔池填满，拉灭电弧时应将熔池填满，注意不要将工作表面电弧擦伤。

(5)多层焊：如钢筋直径较大，需要进行多层施焊时，应分层间断施焊，每焊一层后，应清渣再焊接下一层。应保证焊缝的高度和长度。

(6)熔合：焊接过程中应有足够的熔深。主焊缝与定位焊缝应结合良好，避免气孔、夹渣和烧伤缺陷，并防止产生裂缝。

(7)平焊：平焊时要注意熔渣和铁水混合不清的现象，防止熔渣流到铁水前面。熔池也应控制成椭圆形，一般采用右焊法，焊条与工作表面成 70°。

(8)立焊：立焊时，铁水与熔渣易分离。要防止熔池温度过高，铁水下坠形成焊瘤，操作时焊条与垂直面形成 60°~80°。使电弧略向上，吹向熔池中心。焊第一道时，应压住电弧向上运条，同时作较小的横向摆动，其余各层用半圆形横向摆动加挑弧法向上焊接。

(9)横焊；焊条倾斜 70°~80°，防止铁水受自重作用坠到厂坡口上。运条到上坡口处不做运弧停顿，迅速带到下坡口根部作微小横拉稳弧动作，依次匀速进行焊接。

(10)仰焊：仰焊时宜用小电流短弧焊接，熔池宜薄，且应确保与母材熔合良好。第一层焊缝用短电弧作前后推拉动作，焊条与焊接方向成 80°~90°。其余各层焊条横摆，并在坡口侧略停顿稳弧，保证两侧熔合。

(11)钢筋帮条焊：

①钢筋帮条焊适用于Ⅰ、Ⅱ、Ⅲ级钢筋。钢筋帮条焊宜采用双面焊，见图 8 -2(a)，仅在双面焊无法施焊时，方可采用单面焊，见图 8 -2(b)。

②帮条宜采用与主筋同级别、同直径的钢筋制作，其总截面面积不应小于被焊钢筋的截面面积。其帮条长度 $L$ 见表 8 -3。如采用异种钢筋时，应进行试验。帮条的中心线应与接头钢筋的中心线处于同一平面内。

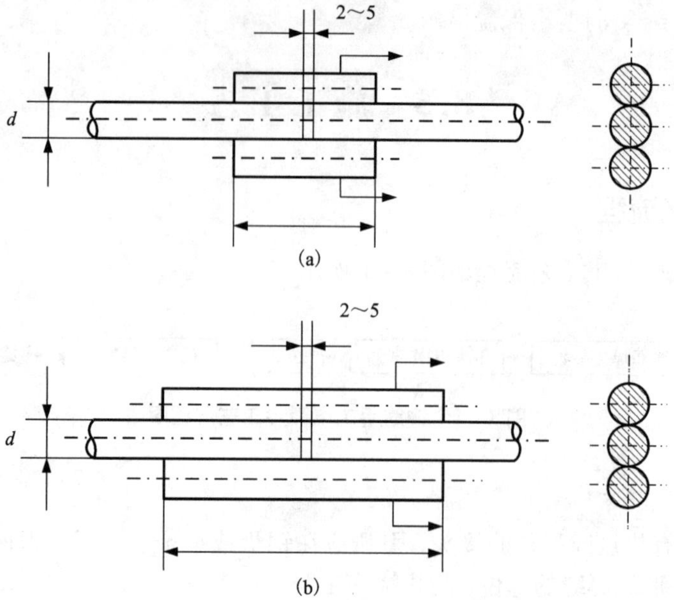


图 8－2　钢筋帮焊接头

表 8－3　钢筋帮条长度

| 项次 | 钢筋级别 | 焊缝形式 | 帮条长度 *L* |
|---|---|---|---|
| 1 | Ⅰ级 | 单面焊<br>双面焊 | ≥8*d*<br>≥4*d* |
| 2 | Ⅱ、Ⅲ级 | 单面焊<br>双面焊 | ≥10*d*<br>≥5*d* |

注：*d* 为主筋直径。

③钢筋帮条接头的焊缝厚度 $h$ 应不小于 $0.3d$，焊缝宽度 $b$ 不小于 $0.7d$，见图 8－3。

④钢筋帮条焊时，钢筋的装配和焊接应符合下列要求：

(A)两主筋端头之间，应留 2～5 mm 的间隙。

(B)帮条与主筋之间用四点定位固定，定位焊缝应离帮条端部 20 mm 以上。

(C)焊接时，引弧应在帮条的一端开始，收弧应在帮条钢筋端头上，弧坑应填满。第一层焊缝应有足够的熔深，主焊缝与定位焊缝，特别是在定位焊缝的始端与终端，应熔合良好。

(12)钢筋搭接焊：

①钢筋搭接焊：适用于Ⅰ、Ⅱ、Ⅲ级钢筋。焊接时，宜采用双面焊，见图 8－4(a)。仅在双面焊缝无法施焊时，方可采用单面焊，见图 8－4(b)。搭接长度 $L$ 应与帮条长度相同，见表 8－3。

②搭接接头的焊缝厚度 $h$ 应不小于 $0.3d$，焊缝宽度 $b$ 不小于 $0.7d$。

③搭接焊时，钢筋的装配和焊接应符合下列要求：

(A)搭接焊时，钢筋应预弯，以保证两钢筋的轴线在一轴线上。

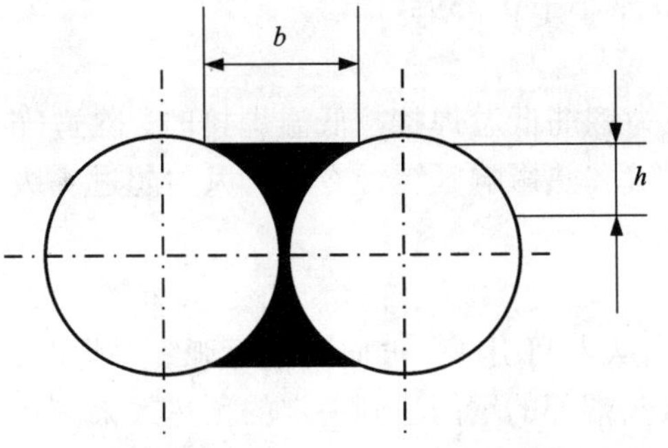


图 8-3 焊缝尺寸示意图

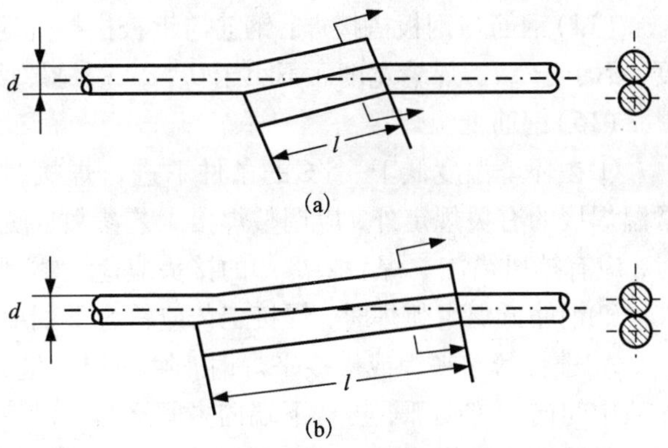


图 8-4 钢筋搭接焊接头

在现场预制构件安装条件下，节点处钢筋进行搭接焊时，如钢筋预弯确有困难，可适当预弯。

(B)搭接焊时，用两点固定，定位焊缝应离搭接端部 20 mm 以上。

(C)焊接时，引弧应在搭接钢筋的一端开始，收弧应在搭接钢筋端头上，弧坑应填满。第一层焊缝应有足够的熔深，主焊缝与定位焊缝，特别是在定位焊缝的始端与终端，应熔合良好。

(13)预埋件 T 形接头电弧焊：预埋件 T 形接头电弧焊的接头形式分贴角焊和穿孔塞焊两种，如图 8-5 所示。

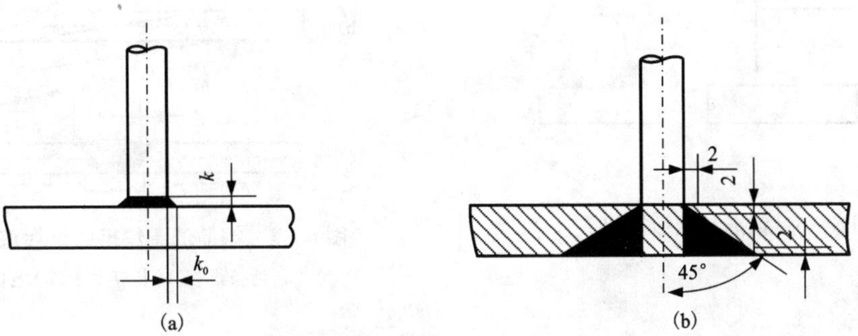


图 8-5 预埋件 T 形接头

(a)贴角焊；(b)穿孔塞焊

焊接时，应符合下列要求：

①钢板厚度 $\delta$ 不小于 $0.6d$，并不宜小于 6 mm。

②钢筋应采用Ⅰ、Ⅱ级。受力锚固钢筋直径不宜小于 8 mm，构造锚固钢筋直径不宜小于 6 mm。锚固钢筋直径为 6 ~ 25 mm 时，可采用贴角焊；锚固钢筋直径为 20 ~ 32 mm 时，宜采用穿孔塞焊。

③采用Ⅰ级钢筋时，贴角焊缝焊脚 $k$ 不小于 $0.5d$；采用Ⅱ级钢筋时，焊缝焊脚 $k$ 不小于 $0.6d$。

④焊接电流不宜过大，严禁烧伤钢筋。

(14)钢筋与钢板搭接焊：钢筋与钢板搭接焊时，接头形式见图8－6。Ⅰ级钢筋的搭接长度$l$不小于$5d$。焊缝宽度$b$不小于$0.5d$，焊缝厚度$h$不小于$0.35d$。

(15)钢筋低温焊接：

①在环境温度低于－5℃的条件下进行焊接时，为钢筋低温焊接。低温焊接时，除遵守常温焊接的有关规定外，应调整焊接工艺参数，使焊缝和热影响区缓慢冷却。风力超过4级时，应有挡风措施。焊后未冷却的接头应避免碰到冰雪。

②钢筋低温电弧焊时，焊接工艺应符合下列要求：

A. 进行帮条平焊或搭接平焊时，第一层焊缝，先从中间引弧，再向两端运弧；立焊时，先从中间向上方运弧，再从下端向中间运弧，以使接头端部的钢筋达到一定的预热效果。在以后各层焊缝的焊接时，采取分层控温施焊。层间温度控制在150～350℃，以起到缓冷的作用。

B. Ⅱ、Ⅲ级钢筋电弧焊接头进行多层施焊时，采用"回火焊道施焊法"，即最后回火焊道的长度比前层焊道在两端各缩短4～6 mm，见图8－7，以消除或减少前层焊道及过热区的淬硬组织，改善接头的性能。

C. 焊接电流略微增大，焊接速度适当减慢。

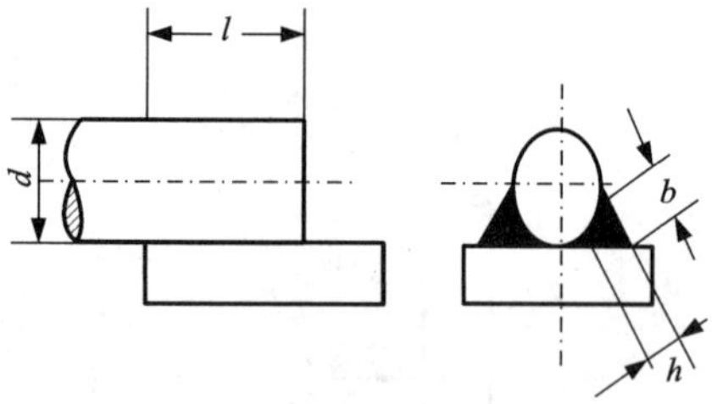


**图8－6 钢筋与钢板搭接头**

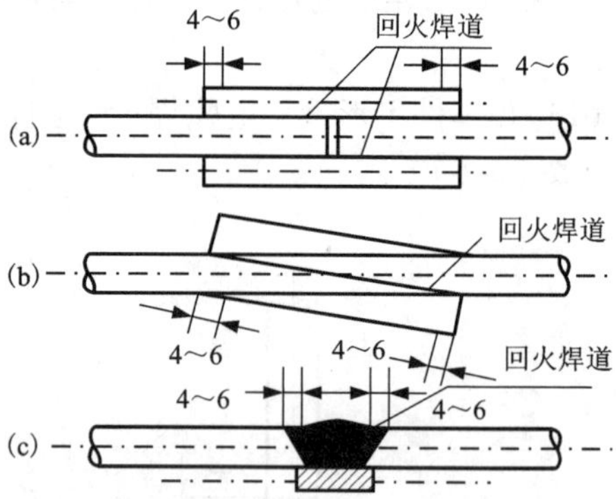


**图8－7 钢筋低温焊接回火焊道示意图**

(a)帮条焊；(b)搭接焊；(c)坡口焊

# 8.6 质量标准

## 8.6.1 主控项目

(1)钢筋的品种和质量，焊条的牌号、性能及接头中使用的钢板和型钢，均必须符合设计要求和有关标准的规定。进口钢筋需先经过化学成分检验和焊接试验，符合有关规定后方可焊接。

检验方法：检查出厂证明书和试验报告单。

(2)钢筋的规格、焊接接头的位置，同一截面内接头的百分比必须符合设计要求和施工规范的规定。

检验方法：观察或尺量检查。

(3)弧焊接头的强度检验必须合格。

同一焊工，同一钢筋级别、规格，同一类型接头，每300个接头为一验收批，不足300个接头时，按一批计算。

每一验收批取样一组(3个试件)进行拉力试验。

取样方法：

①试件应从每批成品中切取。

②对于不可切取的结构钢筋焊接接头，可按生产条件制作模拟试件。

③模拟试验结果不符合要求时，复验应从成品中切取试件，其数量与初试时相同。

检验方法：检查焊接试件试验报告单。

### 8.6.2 一般项目

操作人员应在接头清渣后逐个检查焊件的外观质量，其检查结果应符合下列要求：

(1)焊接表面平整，不得有凹陷、焊瘤。

(2)接头处不得有裂纹。

(3)咬边深度、气孔、夹渣的数量和大小，以及接头尺寸偏差，不得超过表8-4所规定的数值。

**表8-4 钢筋电弧接头尺寸偏差及缺陷允许值**

| 项次 | 项目 | 允许偏差/mm | 检验方法 |
|---|---|---|---|
| 1 | 帮条沿接头中心线的纵向偏移 | $0.5d$ | 尺量 |
| 2 | 接头弯折<br>预埋件T形接头钢筋间距 | 4°<br>不大于10 | 用刻槽直尺 |
| 3 | 接头处钢筋轴线的偏移 | $0.1d$且不大于3 | 尺量 |
| 4 | 焊缝厚度 | $+0.05d/0$ | 用卡尺或尺 |
| 5 | 焊缝宽度 | $0.1d/0$ | 尺量 |
| 6 | 焊缝长度 | $-0.5d$ | |
| 7 | 横向咬边深度 | 0.5 | 目测 |
| 8 | 焊缝气孔及夹渣的数量和大小在长$2d$的<br>焊缝表面上预埋件T形接头气孔 | 2个、6 $mm^2$ 3个，<br>直径不大于1.5 | 尺量、目测 |

注：1. $d$为钢筋直径；2. 负温下，咬边深度不大于0.2 mm。

外观检查不合格的接头，经修整或补强后可提交二次验收。

检验方法：目测或量测。

### 8.6.3 应注意的质量问题

(1)检查帮条尺寸、坡口角度、钢筋端头间隙、钢筋轴线偏移，以及钢材表面质量情况，不符合要求时不得焊接。

(2)搭接线应与钢筋接触良好，不得随意乱搭，防止意外打弧。

(3)带有钢板或帮条的接头，引弧应在钢板或帮条上进行。无钢板或无帮条的接头，引弧应在形成焊缝部位，不得随意引弧，防止烧伤主筋。

(4)根据钢筋级别、直径、接头形式和焊接位置，选择适宜的焊条和焊接电流，保证焊缝与钢筋熔合良好。

(5)焊接过程中及时清渣，焊缝表面光滑平整，焊缝美观；加强焊缝应平缓过渡，弧坑应填满。

## 8.7 成品保护

验收合格的焊接钢筋或钢筋骨架，应妥善防护，防止泥土、油污和重压。

## 8.8 安全环保措施

(1)焊工操作时应穿电焊工作服、绝缘鞋和戴电焊手套、防护面罩等安全防护用品，高处作业时系安全带。

(2)电焊作业现场周围10 m范围内不得堆放易燃易爆物品。

(3)操作前应首先检查焊机和工具，如焊钳和焊接电缆的绝缘、焊机外壳保护接地和焊机的各接线点等，确认安全合格后方可作业。

(4)雨雪、大风、大雾天气无有效措施不得野外作业。

## 8.9 质量记录

(1)钢筋出厂质量证明书或试验报告单。

(2)钢筋机械性能试验报告。

(3)进口钢筋应有化学成分检验报告和可焊性试验报告。国产钢筋在加工过程中发生脆断、焊接性能不良和机械性能显著不正常的，应有化学成分检验报告。

(4)钢筋接头拉伸试验报告。

(5)预埋件钢筋T形接头拉伸试验报告。

(6)焊条出厂合格证。

# 9　扩大基础无支护加固开挖施工工艺标准

## 9.1　总则

### 9.1.1　适用范围

本标准适用于公路桥梁的桥墩、桥台、涵洞等扩大基础无支护开挖的施工作业，在下列条件下：基坑位置的地下水位低于基底，或渗透量小，不影响坑壁的稳定；基础埋置深度浅，地质稳定性较好，开挖时边坡稳定。

### 9.1.2　编制参考标准及规范

(1)《公路桥涵施工技术规范》(JTG TF50—2011)。

(2)《建筑地基基础工程施工质量验收规范》(GB 50202—2018)。

(3)《公路工程质量检验评定标准》(土建工程)(JTG F80/1—2017)。

(4)《公路工程土工试验规程》(JTG E40—2007)。

## 9.2　术语

无支护加固开挖：埋置深度5 m以内(地质条件好或放坡开挖不受周围条件限制时，深度可以大于5 m)浅基础的基坑开挖施工方法。

## 9.3　施工准备

### 9.3.1　技术准备

(1)基础开挖前宜详细勘探调查施工区域内的地下、地上构筑物、地下管线等，以便采取必要的措施。

(2)熟悉和分析施工图纸、施工现场的地质、水文资料、环保要求，根据结构物进行施工设计，确定基坑大小、开挖坡度、弃土位置和防、排水措施。编制单项施工组织设计，确定施工技术方案和安全方案。

(3)进行施工放样，测定基坑纵横中心线及高程水准点，按边坡的放样率放出上口开挖边线桩，用木桩挂线或白灰线标示开挖范围，报驻地监理工程师复核、签认手续。

(4)开挖前，对施工作业人员进行全面的技术操作、安全交底，确保施工过程的工程质量和人身安全。

### 9.3.2 材料准备

油料、钢管、围栏用安全带。

### 9.3.3 主要机具

(1)挖掘机具：铁镐、铁锹、风钻、钢钎、梯子、手推车、扒杆、装载机、手持内燃凿岩机、挖掘机、大小翻斗车等。

(2)排水机械：抽水机、离心式潜水泵、塑料管、胶皮管、井点排水设施。

(3)安全设备：鼓风机、有害气体检测仪、低压防破电线、防水照明灯、竹梯或软梯、警戒绳、安全帽、安全带等。

### 9.3.4 作业条件

(1)机械设备和劳动力能满足施工组织设计要求，并经培训、技术安全交底，持相关证件上岗。

(2)应完成三通一平。清除坡面危石、浮土、障碍物，出渣道路顺畅、弃渣场准备工作就绪，四周排水系统完善，临时电力线路、通风、安全设施准备就绪。设立工程标牌和安全警示牌。

(3)基坑顶面应设置防止地面水流入基坑的设施，基坑顶有动荷载时，坑顶边与动荷载间应留有 1 m 以上宽的护道。基坑内四周设置排水沟、集水坑，及时将积水排走，确保坑内无积水。

(4)根据施工组织设计，合理安排不间断连续施工和安全值班制度。

### 9.3.5 劳动力组织

基坑无支护开挖施工劳动力组织如表 9 – 1 所示。

**表 9 – 1 基坑无支护开挖施工劳动力组织**

| 工种 | 人数/人 | 工作地点 | 职责范围 |
| --- | --- | --- | --- |
| 施工队长 | 1 | 整个施工现场 | 负责跟班组织施工管理工作、协助总指挥工作等 |
| 工班长 | 1 | 开挖施工现场 | 负责跟班组织施工等 |
| 技术员 | 1 | 整个施工现场 | 负责跟班解决施工中的技术问题，编写技术措施等 |
| 安全员 | 1 | 整个施工现场 | 负责跟班检查安全措施、安全措施的执行情况及安全教育工作，对安全生产负责 |
| 测量工 | 2 | 施工现场 | 负责基坑开挖放样，控制基底高程等 |

续表 9－1

| 工种 | 人数/人 | 工作地点 | 职责范围 |
|---|---|---|---|
| 挖掘机操作工 | 1 | 开挖施工现场 | 负责基坑的土方开挖 |
| 铲车司机 | 1 |  | 负责基坑土石方弃渣装车 |
| 自卸卡车司机 | 5 | 弃渣场地至隧道洞口 | 负责基坑土石方弃渣运输 |
| 电工 | 1 | 整个施工现场 | 负责现场动力、照明、通信等电器系统的维修保护 |
| 杂工 | 12 | 整个施工现场 | 负责基坑开挖及现场清理等 |
| 总计 | 26 |  |  |

注：此表为一个作业班施工配备人员，未计后勤、行政等人员。

## 9.4 工艺设计和控制要求

### 9.4.1 技术要求

(1)开挖前安排测量人员进行基坑放样和标高测量，并根据测量人员提供的数据以及现场土质情况确定开挖范围、开挖深度、放坡坡度及台阶级数。

(2)开挖过程中严防地面水流入基坑内，其基坑外截、排水设施要保持到基坑回填后。

(3)挖土施工中，应注意保护定位桩、水准点，并定期检查复核其准确性。

### 9.4.2 职业健康安全要求

(1)基坑顶周边设置连续封闭的安全护栏，防止人、畜坠落入基坑中。

(2)及时做好抽排水工作，随时注意基坑壁变化防止坍塌事故发生。

(3)装卸作业专人指挥。

### 9.4.3 环境要求

(1)宜在枯水或少雨季节开挖，大风、大雾、雨及冰冻天气不适合作业。

(2)夜间施工，施工场地应安装照明设施。

## 9.5 施工工艺

### 9.5.1 工艺流程

扩大基础无支护开挖施工工艺及质量控制流程如图 9－1 所示。

### 9.5.2 操作工艺

(1)测量放线：按照施工设计图测设，基础尺寸应满足施工需要。无水土质基坑底面，宜按基础平面尺寸每边放宽不小于 50 cm，以便安装基础模板。当设计适宜垂直开挖且不立模板的基础，基底尺寸应按基础轮廓确定，可直接利用垂直坑壁作外模施工基础。

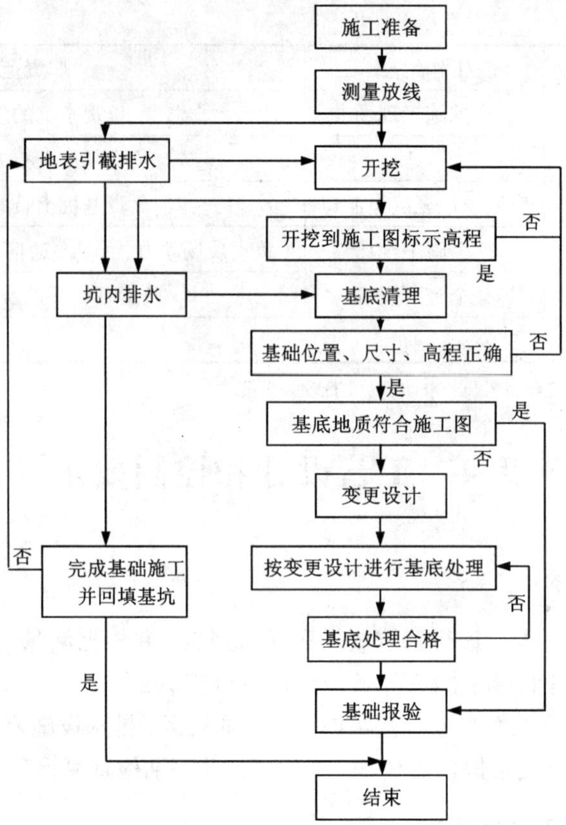


**图9-1　扩大基础无支护开挖施工工艺及质量控制流程图**

(2)地表引截排水：

①基础开挖前应先做好地面排水，在基坑顶缘四周应设向外排水坡，并在适当距离设截水沟，且应防止截水沟渗漏入基坑内，避免集水和影响坑壁稳定。

②有地面水淹没的基坑，可修筑围堰、改河、改沟、筑坝排开地面水后再开挖基坑。

(3)基础开挖：

①无水基础开挖方法如表9-2所示。

**表9-2　无水基础开挖方法**

| 地质及支撑状况 | 挖掘方法 | 提升方法 | 运输方法 | 附注 |
|---|---|---|---|---|
| 土质、无支撑 | 挖掘机 | 挖掘机(正铲) | 挖掘机直接装车 | 挖掘机在坑缘上 |
| 土质、无支撑 | 挖掘机 | 挖掘机(反铲) | 挖掘机回旋弃土 | 挖掘机在坑缘上 |
| 土质或石质、无支撑 | 人力开挖、机械钻爆开挖 | 吊车、动臂吊机或摇头扒杆，配带活底吊斗 | 回旋弃土或直接装车 | 吊升机具设在坑缘或坑下。必要时可在坑上脚手平台接运 |
| 土质、无撑 | 人力开挖 | 用锹向上翻弃($H<2$ m)或人工接力上翻 | 弃土或装车 | |

②根据基础开挖工作量、基础深度、土质种类及现场施工条件确定开挖方法。使用机械开挖时应配备一定人力，开挖机械无法挖到的部位、修整边坡和清理基底面。

③基础及边坡检查：开挖过程中应检查基坑平面位置、高程、边坡坡度、排水系统，并随时观测基础边坡和地面的变化。

(4)开挖坡度选择：

①无支护扩大基础可根据地质、水文和施工条件采用垂直开挖的方法施工。

②对于天然湿度接近最佳含水量、构造均匀、不致发生坍滑、移动、松散或不均匀下沉的基土，基坑可采取垂直开挖方法。不同土质基坑无支护垂直开挖容许深度可按式(9－1)和表9－3确定。

黏质土无支护垂直开挖最大深度计算：

$$H_{max}=\frac{2c}{k\gamma\tan^{2}\left(45^{\circ}-\dfrac{\varphi}{2}\right)}-\frac{q}{\gamma} \tag{9-1}$$

$$H_{max}=\{2c/[k\cdot\gamma\cdot tg2(45-\varphi/2)]\}-q/\gamma$$

式中：$H_{max}$——无支护垂直开挖最大深度，m；

$k$——安全系数，一般可采用1.25；

$\gamma$——土的容重，$t/m^3$；

$q$——坑顶边缘均布静荷载，kPa；

$\varphi$——土的内摩擦角，(°)；

$c$——土的黏聚力，kPa。

**表9－3　土质容许无支护垂直开挖深度**

| 土类 | 容许无支护垂直开挖深度/m |
|---|---|
| 密实、中密的砂类土和砾类土(充填物为砂类土) | 1.00 |
| 硬塑、软塑的低液限粉土、低液限黏土 | 1.25 |
| 硬塑、软塑的高液限黏土、高液限黏质土或砂砾土 | 1.50 |
| 坚硬的高液限黏土 | 2.00 |

在天然土层上挖地基，如深度在5 m以内，施工期较短，基础底处于地下水位以上，土的含水量适宜、土层构造均匀时，则基础坑壁坡度可参照表9－4选定。基础深度大于5 m或有其他不利条件时，应将坑壁坡度适当放缓，或设置工作平台。如土的含水量过大，易引起坑壁坍塌时，坑壁坡度应采用该含水量下土的休止角(表9－5)。边坡应随时修整，应每隔5 m设坡度尺，随时检测基坑顶缘无载重时坡度是否正确。

表 9－4 基础坑壁坡度

| 坑壁土 | 坑壁坡度 | | |
|---|---|---|---|
| | 基坑顶无荷载 | 基础顶有静载 | 基坑顶有动载 |
| 砂类土 | 1:1 | 1:1.25 | 1:1.5 |
| 碎石类土 | 1:0.75 | 1:1 | 1:1.25 |
| 黏性土、粉土 | 1:0.33 | 1:0.5 | 1:0.75 |
| 极软岩、软岩 | 1:0.25 | 1:0.33 | 1:0.67 |
| 较软岩 | 1:0 | 1:0.1 | 1:0.25 |
| 硬质岩 | 1:0 | 1:0 | 1:0 |

表 9－5 各类土质的休止角及自然坡度

| 土的名称 | 干燥的土 | | 湿润的土 | | 潮湿的土 | |
|---|---|---|---|---|---|---|
| | 休止角/(°) | 自然坡度 | 休止角/(°) | 自然坡度 | 休止角/(°) | 自然坡度 |
| 砾石 | 40 | 1:1.25 | 40 | 1:1.25 | 35 | 1:1.50 |
| 卵石 | 35 | 1:1.50 | 45 | 1:1.00 | 25 | 1:2.75 |
| 粗砂 | 30 | 1:1.75 | 32 | 1:1.50 | 27 | 1:2.00 |
| 中砂 | 28 | 1:2.00 | 35 | 1:1.50 | 25 | 1:2.25 |
| 细砂 | 25 | 1:2.25 | 30 | 1:1.75 | 20 | 1:2.75 |
| 重黏土 | 45 | 1:1.00 | 35 | 1:1.50 | 15 | 1:3.75 |
| 轻黏土 | 50 | 1:1.75 | 40 | 1:1.25 | 30 | 1:1.75 |
| 腐植土 | 40 | 1:1.25 | 35 | 1:1.50 | 25 | 1:2.25 |
| 一般填土 | 35 | 1:1.50 | 45 | 1:1.00 | 27 | 1:2.00 |

(5)人工开挖的分层深度：不宜超过0.5 m，多作业面分段开挖时，施工层面间应留出一定的安全距离。

(6)开挖出土方式：挖深小于1.5 m时可采用人工出土；挖深在1.5～3 m时在基坑内搭设平台，用人工二次倒运出土；挖深大于3 m时应采用机械出土。

(7)基坑顶护道：基坑顶有动载时，坑顶与动载间应留有大于1 m的护道，如地质、水文条件不良，或动载过大，应进行基坑边坡稳定性检算，根据检算结果确定采用增宽护道的措施。

(8)岩石开挖：开挖过程中遇石方可采用风镐开挖；需要爆破作业时可采用内燃凿岩机钻孔，装药起爆。

(9)雨季施工：应注意边坡稳定，必要时可适当放缓边坡，基坑边应设拦水坎和排水沟防止雨水流入基坑，土质较差的边坡宜采用防水布覆盖，防止雨水冲刷边坡。雨季开挖工作面不宜过大，应分段进行开挖和基础圬工施工。

(10)超挖控制：基坑应避免超挖，松动部分应清除。使用机械开挖时，不得破坏基底土结构，可在施工图标示高程以上保留一定厚度由人工开挖。

(11)不间断施工：基坑开挖不宜间断，达到施工图标示高程经检验合格后，应立即进行基础施工。如基坑底暴露过久，则应重新检验。

(12)弃土：基坑开挖应在指定位置弃土，不得随意堆放。一般应符合下列要求：

①不得妨碍施工。

②弃土堆坡脚距坑顶缘的距离不宜小于基坑的深度。

③宜弃在地面水流方向的下游。

④不得淤塞河道，影响泄洪。

⑤不得使地面水流冲刷农田、建筑物等设施。

### 9.5.4　坑内排水

地下水位应低于基底，严禁带水作业。如基坑汇水量较大，可在基坑内设排水沟和积水坑，采用抽水机排水。

### 9.5.5　基础清理

(1)基础土接近基底高程后，应预留 100 ~ 300 mm 由人工开挖，以防止基底原状土被破坏。

(2)岩石基底清除岩面松碎石块、泥土、杂质，凿出新鲜岩面，并清洗干净；倾斜岩面应凿平或凿成台阶；易风化的岩石基底应按基础尺寸凿干净已风化岩层。

(3)碎石类及砂类土层基底承重面应修理平整。

(4)黏性土层基底整修时，应在天然状态下铲平，不得用回填土夯平。必要时，可向基底夯入 10 cm 以上厚度的碎石，碎石层顶面不得高于基底高程。

(5)泉眼可用堵塞或排引的方法处理。

### 9.5.6　基底处理

基底不得长期暴露，不得受扰动或浸泡，应及时检查基坑尺寸、高程、基底土承载力，符合要求后及时办理基坑隐蔽检查手续，尽快进行后续施工。若地基承载力不符合施工图要求时应办理变更设计。

基底处理方法有：换填地基、重锤夯实、强夯、挤密桩、砂桩或扩大基础等。

## 9.6　质量标准

扩大基础质量标准及检验方法如表 9 - 6 所示。

表 9-6　扩大基础质量标准及检验方法

| 序号 | 检验项目 | | 质量标准及允许偏差 | 检验数量及方法 |
|---|---|---|---|---|
| 1 | 基坑平面位置、坑底尺寸、平面周线位置 | | 不小于设计要求 | 全检。观察和尺量 |
| 2 | 轴线偏位 | | 25 mm | 测量 |
| 3 | 基底高程 | 土质 | ±50 mm | 测量 |
| | | 石质 | +50 mm，-200 mm | |
| 4 | 检查基底处理和排水系统 | | 符合本标准 | 观察 |
| 5 | 基底地质条件和承载力 | | 符合施工图要求 | 全检。观察或触探检测 |
| 6 | 检查施工记录及有关试验资料 | | | 检查 |

## 9.7　成品保护

(1)严防地面水流入基坑内。基坑外截、排水设施要保持到基坑回填后。

(2)挖土施工中，应注意保护定位桩、水准点，并定期检查复核其准确性。

## 9.8　安全环保措施

### 9.8.1　安全操作要求

(1)在人口密集地区、交通要道、行人过路地点开挖基坑，宜采用封闭管理，施工区域设置安全标志，基坑位置设围栏或防护栏，防止非施工人员进入，夜间设红色标志灯。

(2)基坑施工期间指定专人负责基坑周围地面变化情况的巡查，如发现裂缝或坍落，应及时加以分析和处理。

(3)开挖人员之间必须保持足够的安全距离：横向间距不小于 2 m，纵向间距不小于 5 m。

(4)挖土作业时应注意使施工机械和架空输电线路间保持安全距离。

(5)基坑开挖时应按施工工艺要求放坡、堆土，严禁在机身下方掏挖，履带或轮胎应与坑顶缘边保持 1.5 m 以上的安全距离。

(6)装车作业时，应待运输车辆停稳后进行，铲斗应尽量放低，并不得砸撞车辆，严禁车厢有人。当铲斗需从汽车驾驶室顶上越过时，驾驶室内严禁有人。

(7)机械开挖装卸作业必须设专人指挥。

(8)现场照明线路、设备要符合安全用电的有关规定。

(9)配合机械作业的清底、修坡等人员，应在机械回转半径范围以外工作。当必须在回转半径以内工作时，应停机并制动好后，方可作业。

(10)施工中如遇土体不稳，发生坍塌危险时，立即停工，人、机撤至安全地点。

(11)下雨、河道涨水或工作面受外部因素影响不足以保证安全作业时，应暂停施工，待恢复正常后方可继续施工。

(12)土方开挖必须自上而下顺序进行，严禁采用挖空底脚的操作方法。

(13)采用爆破开挖岩石地基时，应设置安全警示牌和爆破时间公告牌。

### 9.8.2 环保措施

(1)在施工区出入口应设车辆清洁装置，防止进出场车辆污染交通道路。

(2)清洗施工机械、设备及工具的废水、废油等不得直接排放，应集中处理以防污染水质和土壤。

(3)在城市和居民区施工时应有防噪声措施。

(4)现场的施工道路应设专人洒水，堆土应有防尘措施。

(5)开挖渣土清运到规划的弃土点，不得倾卸于河道、农田和可能诱发地质灾害的区域。

## 9.9 质量记录

(1)基坑开挖施工记录。

(2)施工现场质量管理检查记录表。

(3)基坑检验报告。

# 10 井点降水施工工艺标准

## 10.1 总则

### 10.1.1 适用范围

井点降水具有排水量大、降水深、不受土质限制等特点，适用于地下水丰富，在地下水位以下，开挖大面积基坑，在粉细砂、粉土地层中开挖基坑的工程地下降水。

### 10.1.2 编制参考标准及规范

(1)《建筑工程施工质量验收统一标准》(GB 50300—2013 )。

(2)《建筑地基基础工程施工质量验收规范》(GB 50202—2018)。

## 10.2 术语

(1)井点降水法：在基坑开挖前，四周埋设一定数量的滤水管(井)，利用抽水设备抽水使位于天然地下水以下的地基与基础工程施工能避免地下水影响的方法。

(2)基坑：为进行基础施工所开挖的地面以下空间。

(3)基坑周边环境：基坑开挖影响范围内包括既有建(构)筑物、道路、地下设施、地下管线、岩土体及地下水体等的统称。

## 10.3 施工准备

### 10.3.1 技术准备

(1)详细查阅工程地质勘察报告，了解工程地质情况，分析地下水的形成、渗流量、渗流路径、流水动力、降水过程中可能出现的技术问题和采取的对策。

(2)进行井点降水施工组织设计，绘制降水施工平面布置图，降水设施结构、降水水位预测曲线和剖面图，确定降水井的数量、深度、井径和施工安排及材料、机具计划、安全生产要求等，并且调查工程环境、现场条件、现有建筑物、地下构筑物和管线及施工场地，预测降水深度等。。

(3)对凿孔设备与抽水设备进行检查。

(4)向施工队(班组)作技术安全交底。

### 10.3.2 材料准备

(1)滤管：$\phi$38~55 mm，壁厚3.0 mm无缝钢管或镀锌管，长2.0 m。

(2)井点管：$\phi$38~55 mm，壁厚3.0 mm无缝钢管或镀锌管。

(3)连接管：透明管或胶皮管与井点管和总管连接。

(4)总管：$\phi$75~102 mm，壁厚4 mm钢管，用法兰盘加橡胶垫圈连接，防止漏气、漏水。

(5)滤料采用豆石、碎石。

### 10.3.3 主要机具

(1)抽水设备：根据设计配备离心泵、真空泵或射流泵及机组配件和水箱。

(2)移动机具：自制移动式井架(采用振冲机架旧设备)、牵引力为6 t的绞车。

(3)凿孔冲击管：$\phi$219 mm×8 mm钢管，长度为10 m。

(4)水枪：$\phi$50 mm×5 mm无缝钢管，下端焊接一个$\phi$16 mm的枪头喷嘴，上端弯成约直角，且伸出冲击管外，与高压胶管连接。

(5)高压胶管：压力应达到1.50 MPa以上。

(6)高压水泵：100TSW－7高压离心泵，配备一个压力表，用作下井管。

### 10.3.4 作业条件

(1)所需资料齐全，主要资料包括：施工场地平面图、水文地质勘察资料、基坑的设计资料等。

(2)井点设备、动力、水源及必要的材料准备完毕。

(3)施工现场三通一平，排水沟开挖(或接排水管)，附近建筑物的标高观测及防止附近建筑物沉降措施。

(4)夜间施工作业时，施工场地安装照明设施，在基坑(槽)上部危险地段设置明显的安全标志。

### 10.3.5 劳动力组织

井点降水施工劳动力组织如表10－1所示。

**表10－1 井点降水施工劳动力组织**

| 工种 | 人数/人 | 工作地点 | 职责范围 |
|---|---|---|---|
| 施工队长 | 1 | 整个施工现场 | 负责跟班组织施工管理工作等 |
| 工班长 | 2 | 整个施工现场 | 负责跟班及各施工现场管理等 |
| 技术员 | 1 | 整个施工现场 | 负责跟班解决施工中的技术问题，编写技术措施等 |

续表 10-1

| 工种 | 人数/人 | 工作地点 | 职责范围 |
| --- | --- | --- | --- |
| 安全员 | 1 | 整个施工现场 | 负责跟班检查安全措施、安全措施的执行情况及安全教育工作，对安全生产负责 |
| 测量工 | 2 | 施工现场 | 负责井点位置放样、高程等测量 |
| 钻井机械操作工 | 10 | 施工现场 | 负责水泵安装、钻孔、吊放井管、回填砾石、管路安装、井点运转、井点拆除等 |
| 电工 | 2 | 整个施工现场 | 负责现场动力、照明、通信等电器系统的维修保护 |
| 材料员 | 1 | 材料仓库 | 负责施工材料供应及管理 |
| 总计 | 20 | | |

注：此表为一个作业班施工配备人员，未计后勤、行政等人员。

## 10.4 工艺设计和控制要求

### 10.4.1 技术要求

(1)降水深度6 m以内采用轻型井点，6～30 m采用相应的喷射井点，特殊情况下可选用大口径井点。间距根据地质和降水要求由施工组织设计确定，一般轻型井点管间距为1.2 m；喷射井点管间距为2.5 m；大口径井点管间距为10 m。

(2)井管的成孔可根据土质分别用射水成孔、冲击钻机成孔、旋转钻机成孔及水压钻探机成孔。井点降水曲线至少应深于基底设计标高的0.5 m。

(3)井点的布置应随基坑形状与大小、土质、地下水位高低与流向、降水深度等要求而定。

(4)降水过程中应加强井点降水系统的维护和检修，保证降水效果，确保基坑表面无集水。

### 10.4.2 材料质量要求

(1)井点管用直径38～55 mm的钢管，长度5～7 m，井点管的下端装有滤管，滤管直径与井点管直径相同，长度2 m，管壁上钻直径12～18 mm的孔，呈梅花形分布，管壁外包两层滤网，内层为细滤网，采用30～50孔/$cm^2$的黄铜丝布或生丝布；外层为粗滤网，采用8～10孔/$cm^2$的铁丝布或尼龙丝布。

(2)连接管与集水管：连接管用胶皮管、塑料透明管或钢管弯头制成，直径为38～55 mm，每个连接管均宜装设阀门，以便检修井点。集水总管一般用直径为75～100 mm的钢管分节连接，每节长4 m，每隔0.81～6 m设一个连接开点管的接头。

(3)滤料：粒径0.5～3.0 cm石子，含泥量小于1%，不得采用中砂、细砂，以防堵塞滤管网眼。

### 10.4.3 职业健康安全要求

(1)冲、钻孔机操作时应安放平稳，防止机具突然倾倒或钻具下落，造成人员伤亡或设备损坏。

(2)各机电设备应由专人看管，电气必须一机一闸，严格接地、接零和安装漏电保护器，水泵和部件检修时必须切断电源，严禁带电作业。

(3)井点降水施工过程中，注重对施工区域观测，井点布置尽量避开边坡位置，不能避开时要采取有效的防护措施以防止坍塌事故。

(4)进入施工区域的人员，必须按工种规定配发和正确穿戴安全防护用品。

### 10.4.4 环境要求

(1)当气温低于0℃时不宜降水，或冻胀线以上全部管道均采取保温防冻措施，防止水管冻坏，管道中水结冰。

(2)当降水引起周围建筑或地质、水质出现不正常时不能再继续降水。

## 10.5 施工工艺

### 10.5.1 工艺流程

井点降水施工工艺流程如图 10－1 所示。

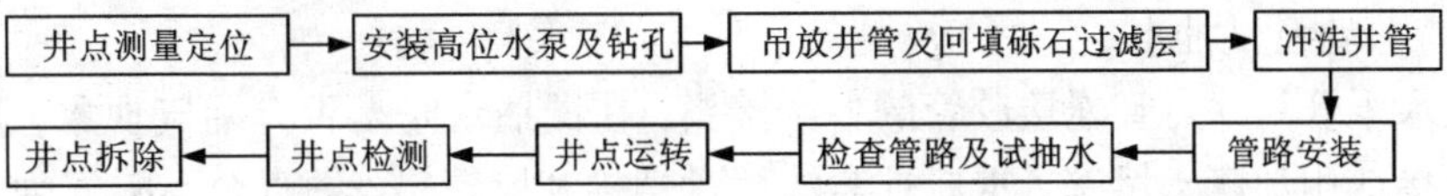


**图 10－1 井点降水工艺流程图**

### 10.5.2 操作工艺

(1)井点测量定位。

根据建设单位提供测量控制点，测量放线确定井点位置，然后在井位先挖一个小土坑，深约 500 mm，以便于冲击孔时集水，埋管时灌砂，并用水沟将小坑与集水坑连接，以便于排泄多余水。

(2)安装高位水泵及钻孔。

用绞车将简易井架移到井点位置，将套管水枪对准井点位置，启动高压水泵，水压控制在0.4～0.8 MPa，在水枪高压水射流冲击下套管开始下沉，并不断地升降套管与水枪。一般含砂的黏土，按经验套管落距在1000 mm 之内。在射水与套管冲切作用下，在 10～15 min，井点管可下沉 10 m 左右，若遇到较厚的纯黏土时，沉管时间要延长，此时可采取增加高压水泵的压力，以达到加速沉管的速度。冲击孔的成孔直径为 300～350 mm，保证管壁与井点管之间有一定间隙，以便于填充砂石，冲孔深度应比滤管设计安置深度低500 mm 以上，以防止冲击套管提升拔出部分土塌落，并使滤管底部存有足够的砂石。凿孔冲击管上下移动时应保持垂直，这样才能使井点降水井壁保持垂直，若在凿孔时遇到较大的石块和砖块，会出现倾斜现象，此时成孔的直径也应尽量保持上下一致。

(3)吊放井管及回填砾石过滤层。

井孔冲击成型后，应拔出冲击管，通过单滑轮，用绳索拉起井点管插入，井点管的上端用木塞塞住，以防砂石或其他杂物进入，并在井点管与孔壁之间填灌砂石滤层，该砂石滤层的填充质量直接影响井点降水效果，应注意以下几点：

①砂石必须采用粗砂，以防止堵塞滤管的网眼。

②滤管应放置在井孔的中间，砂石滤层厚度为 60 ~ 100 mm，以提高透水性，并防止土粒渗入滤管堵塞滤管的网眼，填砂厚度要均匀，速度要快，填砂中途不得中断，以防孔壁塌土。

③滤砂层的填充高度，至少要超过滤管顶以上 1000 mm，一般应填至原地下水位线以上，以保证土层水流上下畅通。

⑤井点填砂后，井口以下 1.0 m 用黏土封口压实，防止漏气而降低降水效果。

(4)冲洗井管。

将 $\phi$15 ~ 30 mm 的胶管插入井点管底部进行注水清洗，直到流出清水为止，应逐根进行清洗，避免出现“死井“。

(5)管路安装。

首先沿井点管线外侧，铺设集水毛管，并用胶垫螺栓把干管连接起来，主干管连接水箱水泵，然后拔掉井点管上端的木塞，用胶管与主管连接好，最后用 10# 铅丝绑好，防止管路不严、漏气，而降低整个管路的真空度。主管路的流水坡度按坡向泵房 5‰的坡度并用砖将主干管垫好，并作好冬季降水防冻、保温。

(6)检查管路及试抽水。

检查集水干管与井点管连接胶管的各个接头，在试抽水时是否有漏气现象，发现这种情况应重新连接或用油腻子堵塞，重新拧紧法兰盘螺栓和胶管铅丝，直至不漏气为止。在正式运转抽水之前必须进行试抽，以检查抽水设备运转是否正常，管路是否存在漏气现象。在水泵进水管上安装一个真空表；出水管上安装一个压力表。

(7)井点运转。

井点运转后要求连续工作，应准备双电源以保证连续抽水。真空度是判断井点系统是否良好的尺度，应通过真空表经常观测，一般真空度应不低于 55.3 ~ 66.7 kPa，如真空度不够，通常是由于管路漏气，应及时修复，除测定真空度外，还可通过听、摸、看等方法来检查。

(8)井点检测。

在重要工程中，或者降水工地的周围有较重要的并需要保护的建筑物或地下管线时，还需要布置进行井点检测。

①流量观测：一般可用流量表或堰箱，若发现流量过大而水位降低缓慢甚至降不下水时，可考虑改用流量较大的离心水泵；若是流量较小而水位降低较快则改用小型水泵以免离心泵无水发热，并可节约用电。

②地下水位观测：地下水位观测井的位置和间距可按设计需要布置，可用井点管作为观测井，在开始抽水时，每隔 4 ~ 8 h 测一次，以观测整个系统的降水机能，3 d 后或降水达到预定标高前，每日观测 1 ~ 2 次，地下水位降到预期标高后，可数日或一周测一次。

③沉降观测：对于抽水影响范围以内的建筑物和地下管线应进行建筑物的沉降和地下水管线处地层沉降的观测，沉降观测基准点设在井点影响范围之外。

④孔隙水压力的观测：通过降水期间观测地层中孔隙水压力的变化，可预测地基强度、

变形以及边坡的稳定性，孔隙水压力的观测每天一次。

(9)井点拆除：地下结构物竣工后并进行基坑回填后，方可拆除井点系统，拔出井点管，借助于倒链、起重机等。所留孔洞用砂或土填塞，对地基有防渗要求时，地面下 2 m 可用黏土填塞密实。

## 10.6 质量标准

(1)井点管间距埋设深度应符合设计要求：一组井点管和接头中心应保持在一条直线上。

(2)井点埋设应无严重漏气、淤塞、出气不畅或死井等情况。

(3)埋入地下的井点连接总管均应除锈并刷一遍防锈漆，各焊接部位必须保证质量，不得有渗漏、砂眼，接口处焊渣应凿掉，并刷防锈漆一道。

(4)各组井点系统的真空度应保持在 55.3 ~ 66.7 kPa，压力应保持在 0.16 MPa。若需向井点管内加真空，则井点管上口必须密封，真空管路也必须密封不漏气。

(5)降水质量检验标准如表 10 - 2 所示。

**表 10 - 2 降水质量检验标准**

| 序号 | 检查项目 | 允许值或允许偏差 | | 检查方法 |
|---|---|---|---|---|
| | | 单位 | 数值 | |
| 1 | 井管点垂直度 | % | 1 | 插管时目测 |
| 2 | 井管点间距与设计相比 | % | ≤150 | 用钢尺量 |
| 3 | 井管点插入深度与设计相比 | mm | ≤200 | 水准仪 |
| 4 | 真空度 | kPa | > 60 | 真空度表 |

## 10.7 成品保护

(1)在基坑开挖时把井点管插上标志防止开挖至井管点破坏降水。

(2)降水时应有专人值班定期或不定期巡察防止停电或其他外界因素破坏降水。

(3)井点成孔后，应立即下井点管并填入豆石滤料，以防塌孔。不能及时下井点管时，孔口应盖盖板，防止物件掉入井孔内堵孔。

(4)井点管埋设后，管口要用木塞堵住，以防异物掉入管内堵塞。

(5)井点使用应保持连续抽水，并设备用电源，以避免泥渣沉淀淤管。

(6)冬期施工，井点联结总管上要覆盖保温材料，或回填 30 cm 厚以上干松土，以防冻坏管道。

## 10.8 安全环保措施

### 10.8.1 安全保证措施

(1)施工人员必须进行安全、技术培训，持证上岗；各种机械设备由专人负责使用及保养。

(2)进入施工现场的作业人员，必须正确佩戴安全帽及穿戴好劳动防护用品。

(3)如有交叉作业应设专人监护或有防护措施，否则严禁施工，以免发生物体打击及碰撞事故。

(4)如在夜间施工安全照明必须充足。

(5)施工用机械、设备完好、清洁，安全操作规程齐全，操作人员持证上岗，并熟悉机械性能和工作条件。

(6)施工现场在施工过程中出现的各种坑、沟、孔洞根据实际情况，设置标准的与地平行的安全沟道盖板或可靠的围栏、挡脚板或警告标识。

(7)抽水设备的电器部分必须做好防止漏电的保护措施，严格执行接地接零和使用漏电开关三项要求，施工现场电线应架空布设，用三相五线制。

(8)基础施工完成后应及时拆除或回填井点，防止人、畜坠入。

### 10.8.2 环境保护措施

(1)清洗施工机械、设备及机具废水、废油等有害物质及生活用水不得随意排放，以防止污染水质和土壤；井点施工产生的泥浆、弃土应及时清运。

(2)排出的地下水应经过沉淀处理后方可排入专用管道。

(3)施工现场应遵守现行国家标准《建筑施工场界环境噪声排放标准》(GB 12523—2011)规定的噪声限值，发现超标应及时采取措施纠正。

(4)临时用地使用完毕后及时复耕，防止水土流失。

## 10.9 质量记录

(1)所选机械设备性能合格证。

(2)井点平面布置图。

(3)井点设计计算书。

(4)《井点降水记录》《井点施工记录》。

(5)井点降水监测记录。

# 11 浆砌工程施工工艺标准

## 11.1 总则

### 11.1.1 适用范围

浆砌工程所用石料有片石、块石、料石、混凝土预制块，一般采用铺浆法、抹浆法、挤浆法和灌浆法，使之成为整体的人工构筑物。本标准适用于路基排水系统、涵洞工程、路基坡面防护、路基挡土墙等支挡工程、桥梁墩台。

### 11.1.2 主要应用标准和规范

(1)《公路路基施工技术规范》(JTG F10—2006)。

(2)《公路工程施工安全技术规范》(JTG F90—2015)。

(3)《公路工程质量检验评定标准》(土建工程)(JTG F80/1—2017)。

(4)《砌体结构工程施工质量验收规范》(GB 50203—2011)。

## 11.2 术语

浆砌工程：在公路工程中使用片石、块石、料石、混凝土预制块等主材料和水泥砂浆胶凝材料，采用铺浆、抹浆、挤浆和灌浆方法进行砌筑的工程。

## 11.3 施工准备

### 11.3.1 技术准备

(1)在施工前应熟悉设计图纸，了解设计意图，并调查施工区域地上、地下构筑物情况，编制施工组织设计，确定施工技术和安全方案，并向施工队做技术、安全交底。

(2)选择合适的砂浆及石料、预制块运输方式，推荐的运输方式有：搭设梯步人工背运、抬运、手推车运，设置简易滑道或人字扒杆吊运等。

(3)编制基坑地基承载力检测方案及验收标准。

### 11.3.2 材料准备

水泥、河砂、机制砂、片石、块石、料石、混凝土预制块等必须经过试验合格并符合规范要求方可进场。照明用电和清场用水符合要求。

### 11.3.3 主要机具

(1)砂浆拌合设备：砂浆搅拌机或滚筒式搅拌机、原材料称重器具。
(2)石料提升设备：钢管、扣件、木板、慢速卷扬机、手推车等。
(3)安全设备：工作平台材料、安全警示牌、安全绳、安全防护栏等。
(4)砌筑工具：锤、钢钎、砌刀、铲、水平尺、吊锤、钢卷尺等。

### 11.3.4 作业条件

(1)基坑验收合格，水、电到位，场地具备。
(2)石料、砂浆在坡面上运输的设施已完成。
(3)一般情况下，砌筑前应使石料表面湿润。
(4)砂浆的和易性、保水性能满足要求。

### 11.3.5 劳动力组织

浆砌工程施工劳动力组织如表 11－1 所示。

**表 11－1 浆砌工程施工劳动力组织**

| 工种 | 人数/人 | 工作地点 | 职责范围 |
|---|---|---|---|
| 施工队长 | 1 | 整个施工现场 | 负责跟班组织施工管理工作、协助总指挥工作等 |
| 工班长 | 1 | 整个施工现场 | 负责跟班组织施工，协调各工种交叉作业等 |
| 技术员 | 1 | 整个施工现场 | 负责跟班解决施工中的技术问题，质量检查，编写技术措施等 |
| 安全员 | 1 | 整个施工现场 | 负责跟班检查安全措施、安全措施的执行情况及安全教育工作，对安全生产负责 |
| 质量检查员 | 1 | 整个施工现场 | 负责跟班检查工程质量，组织各工种交接及质量保证措施的执行情况，对工程质量负责 |
| 测量工 | 2 | 施工现场 | 负责浆砌段位置放样等测量 |
| 挖掘机操作工 | 1 | 浆砌段施工现场 | 负责浆砌段的土方开挖 |
| 铲车司机 | 1 | 施工现场 | 负责浆砌段土石方弃渣装车 |
| 自卸卡车司机 | 2 | 弃渣场地至浆砌段 | 负责浆砌段土石方弃渣运输 |
| 砌筑工 | 10 | 浆砌施工现场 | 负责砌筑施工 |
| 混凝土与砂浆搅拌上料工 | 4 | 浆砌施工现场 | 负责砂浆的搅拌操作砌筑材料的搬运与上料 |
| 电工 | 1 | 整个施工现场 | 负责现场动力、照明、通信等电器系统的维修保护 |

续表 11－1

| 工种 | 人数/人 | 工作地点 | 职责范围 |
|---|---|---|---|
| 材料员 | 1 | 材料仓库 | 负责施工材料供应及管理 |
| 杂工 | 4 | 整个施工现场 | 负责开挖及混凝土浇筑、钢筋绑扎、搬运及现场清理等 |
| 总计 | 31 | | |

注：此表为一个作业班施工配备人员，未计后勤、行政等人员。具体人数可根据浆砌工程规模大小另行确定。

# 11.4 工艺设计和控制要求

## 11.4.1 技术要求

(1)根据地质、水文、环保要求和结构物尺寸，进行施工设计，确定基坑大小、开挖坡度、弃土位置和防排措施。

(2)在开挖过程中，如地质变差则应减少开挖长度或分段开挖，必要时设置支撑开挖，确保安全。

(3)路堤、路肩下挡墙以及桥梁涵洞基础等有地基承载力要求的，基坑开挖到设计高程必须进行地基承载力检验；对于排水沟、截水沟、护坡、护面墙等浆砌片石工程，没有地基承载力要求的，可不检测，但应对基底进行拍实。

(4)砂浆强度符合设计要求，砌体砂浆应饱满密实。

## 11.4.2 材料质量要求

(1)砂浆应严格按配合比拌制，拌合好后的砂浆色泽均匀、和易性好，现场应做到“捏手成团、落地开花”的效果，砂浆随拌随用，在 2 h 时内用完。

(2)石材：质地均匀，强度高，完整性好，无裂缝，不易风化。

(3)片石：经(爆破开采后)选择所得的形状不规则的、边长及厚度一般不小于150 cm 的石块，卵形片石不得使用。

(4)块石：经加工而成的形状大致方正的石块，具有两个大致平行的面，其厚度为 20 ~ 30 cm，宽度为厚度的 1.0 ~1.5 倍，长度为厚度的 1.5 ~3.0 倍。

(5)料石：经凿探加工而成的形状规则的石块，外形方正，成六面体，其厚度为 20 ~ 30 cm，宽度为厚度的 1.0 ~1.5 倍，长度为厚度的 2.5 ~4.0 倍，表面凹陷深度不大于 2 cm。

(6)片石、块石、料石、混凝土预制块在砌筑前需洗净和湿润。

## 11.4.3 职业健康安全要求

(1)施工现场用电，严格执行有关规定，加强电源管理，防止发生电器火灾。

(2)在作业区边缘应设置护栏或防护网。

(3)施工人员必须戴好安全帽，并按规定佩戴口罩和其他劳动保护用品，防止粉尘造成的健康伤害。

(4)施工现场应挂配醒目的安全警示牌，穿拖鞋、硬底易滑鞋，无关人员严禁入内。

(5)机械设备要设专人维护维修，并设专人指挥、监护。

### 11.4.4 环境要求

作业过程“三废”处理做到达标排放。对施工现场的扬尘、施工垃圾、生活垃圾、废弃物等必须及时清理，避免作业环境和自然生态环境受到破坏。

## 11.5 施工工艺

### 11.5.1 工艺流程

浆砌工程施工工艺流程如图 11－1 所示。

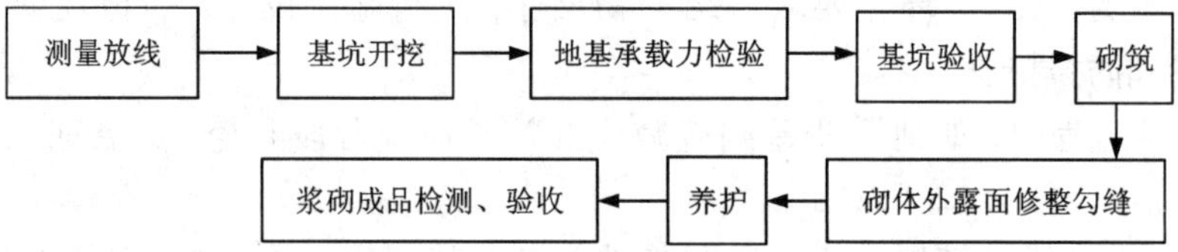


图 11－1 浆砌工程工艺流程图

### 11.5.2 操作工艺

(1)测量放样。

根据施工设计，测定基坑纵横中心线及高程水准点，按边坡的放坡率放上口开挖边线桩和基础轮廓桩，上口边线用木桩挂线或白灰线示出开挖范围。基础轮廓桩作为开挖基本到位时复核用。

(2)基坑开挖。

开挖前，需根据不同地质选择不同的施工方法及其相关要求，在开挖过程中，选择合适的基坑开挖边坡，如地质情况较差则应减少开挖长度或分段跳槽开挖或设置适当的支护，确保工人人身安全。开挖土及时运到指定的弃土场，不得四周乱堆乱放，如为准备回填则应堆放在安全、合适的地点。为避免超挖，最后以人工清理基坑为主。

(3)地基承载力检测。

路堤、路肩下挡墙以及涵洞基础等有地基承载力要求的，基坑开挖到设计高程必须进行地基承载力检验，地基承载力要求在 0.3 MPa 以下的可采用轻型触探仪；在 0.3 MPa 以上的需采用重型触探仪，地基承载力不能满足要求的，报监理工程师和设计单位进行变更处理。

对于排水沟、截水沟、护坡、护面墙等浆砌片石工程，没有地基承载力要求的，可不检测，但应对基底进行拍实。

(4)基坑验收。

地基承载力、基坑底面高程、轴线自检合格后，报请监理工程师验收，验收合格签证后，方可进行浆砌工程。

(5)砌筑。

①砌体砌筑方法。

一般砌筑方法有：铺浆法、抹浆法、挤浆法和灌浆法。

(A)铺浆法：又称坐浆法，砌筑时先在下层砌体面上铺一层厚薄均匀的砂浆，压下砌块，借助砌块自重将砂浆压紧，并在灰缝上加以插捣和用力敲击，使砌块完全稳定在砂浆层上，直至灰缝表面出现水膜。

(B)抹浆法：用抹灰板在砌块面上用力涂一层砂浆，尽量使之贴紧，然后将砌块压上，辅以人工插捣或用力敲击，通过挤压砂浆使灰缝平实。

(C)挤浆法：综合坐浆法和抹浆法。除基底为土质的第一层砌块外，每砌一块，均应先铺底浆，再放砌块，经左右轻轻揉动几下后，再轻击砌块，使灰缝砂浆被压实。在已砌筑好的砌块侧面安砌时，应在相邻侧面先抹砂浆，后砌石，并向下及侧面用力挤压砂浆，使灰缝挤实，砌体被贴紧。

(D)灌浆法：把砌体分层水平铺放，每层高度均匀，空隙间填塞碎石，在其中灌以流动性较大的砂浆，边灌边捣实直至砂浆不能渗入砌体空隙为止。

当基底为岩石时，应先将基底表面清理、湿润，再坐浆砌筑；当基底为土质时，可直接坐浆砌筑。如基底为斜坡，应做成防滑台阶。

②浆砌片石。

(A)浆砌片石的一般砌石顺序为先砌角石，再砌面石，最后砌腹石。角石应选择比较方正、大小适宜的石块，否则应稍加修凿。角石砌好后即可将线移挂到角石上，再砌筑面石(即定位石)。面石应留一运送填腹石料缺口，砌完腹石后再封砌缺口。腹石宜采取往运送石料方向倒退砌筑的方法，先远后近。腹石应与面石一样按规定层次和灰缝砌筑整齐、砂浆饱满。

(B)砌体外侧定位行列与转角石应选择表面较平、尺寸较大的石块，浆砌时，长短相间并与里层石块咬紧，分层砌筑应将大块石料用于下层，每处石块形状及尺寸搭配合适。定位砌体砌完后，应先在圈内底部铺一层砂浆，其厚度应使石料在挤压安砌时能够紧密连接，且砌缝砂浆密实、饱满。砌筑腹石时，石料间的砌缝应互相交错、咬搭，砂浆密实。挤浆时可用小锤敲打石料，将砌缝挤紧，不得留有空隙。竖缝较宽者塞以小石子，但不能在石块下用高于砂浆层的小石块支垫。排列时，石块应交错，坐实挤紧，尖锐凸出部分应敲除。

(C)浆砌片石一般采用挤浆法和灌浆法。采用挤浆法应分层、分段砌筑，一般 2 ~3 层组成一个工作层，每一工作层应大致找平。分层内的每层石块，不必铺通层找平砂浆，而可按石块高低不平形状，逐块或逐段铺砌。分段位置应设在沉降缝或伸缩缝处，两相临段的砌筑高差不得大于 1200 mm，分层水平砌缝大致水平。各砌体的砌缝应互相错开，砌缝应饱满。分层与分层间的砌缝则必须错开，不得贯通。采用铺浆法，每层石块应选择高度大致相同的石块，每一层应用砂浆砌平整理，而不是砌 2 ~3 层石块再找平。具体砌法是：先铺一层坐浆，将石块安放在砂浆上，用手推紧。每层高度视石料尺寸确定，一般不超过 400 mm，并随时选择厚度适宜的石块，用作砌平整理，空隙处先填满较稠的砂浆，用灰刀或捣棒插实，再用适当的小石块卡填紧实。然后再铺上层坐浆，以同样方法继续砌上层石块。

(D)浆砌片石时，除按挤浆法和灌浆法砌筑外，还需注意利用片石的自然形状，使其相互交错地衔接在一起。因此，除最下一层石块应大面朝下外，上面的石块不一定必须大面朝下，做到犬牙交错、搭接紧密即可。同时在砌下层石块时，即应考虑上层石块如何接砌；石块应大小搭配、相互错叠、咬接紧密，并备有各种尺寸的小石块，作挤浆填缝用；石料不得无砂浆直接接触，也不得干填石料后铺灌砂浆；片石砌筑时，应设置拉结石，并应均匀分布，相互错开。

(E)砌筑片石时定位砌块表面砌缝的宽度不得大于40 mm。砌体表面与三块相邻石料相切的内切圆直径不得大于70 mm，两层间的错缝不得小于80 mm，没砌筑1200 mm高度以内应找平一次。填缝部分砌缝应减小，在较宽的砌缝中可用小石块塞填。

(F)角石、面石应采用比较方正的石块，选出备用。砌体下层应选用较大石块，向上逐渐选用尺寸较小石块。

G. 考虑砂浆强度增长速度，要求一天内完成的砌体高度不超过1 m。在冬天气温较低时，当天的砌筑高度还应减少。

③块石砌筑施工。

(A)浆砌块石亦多用铺浆法和挤浆法。先铺底层砂浆并打湿石块，安砌底层。分层平砌大面向下，先砌角石，再砌面石，后砌腹石，上下竖缝错开，错缝距离不应小于80 mm，镶面石的垂直缝应用砂浆填实饱满，不能稀浆灌注。填腹石采用挤浆法，先铺浆，再将石块放入挤紧，垂直缝中应挤入(1/3) ~ (1/2)的砂浆，不满部分再分层插入砂浆。厚大砌体，若不易按石料厚度砌成水平时，可设法搭配成较平的水平层。为使面石与腹石连接紧密可采用丁顺相间，一丁一顺排列，有时也可采用两丁一顺排列。

(B)块石应平砌，应根据墙高进行层次配料，每层石料高度大致齐平。

(C)块石应分层、分段砌筑，分段位置应设在沉降缝或伸缩缝处。

(D)用作镶面的块石，表面四周应加以整修，尾部略小，以利于安砌，镶面石应丁顺排列。镶面石灰缝为20 ~ 30 mm，不得有干缝和瞎缝。上、下层竖缝应错开不小于80 mm。

(E)填腹块石水平灰缝的宽度不应大于30 mm，垂直灰缝的宽度不应大于40 mm，灰缝也应错开，灰缝中可以填塞小石块，以节省砂浆。

④浆砌粗料石与预制块施工。

浆砌粗料石与预制块的大小尺寸及排列、水平和垂直砌缝应事先进行设计，严格控制，避免出现竖向通缝。

(A)每层镶面料石均应按规定的灰缝宽度及错缝要求配好石料，再用铺浆法顺序砌筑，随砌随填立缝，并应先砌角石。

(B)按砌体高度确定砌石层数，砌筑粗料石时按石块厚薄次序，将厚的砌在下层，薄的砌在上层。

(C)当一层镶面料石砌筑完毕后，方可砌填腹石，其高度与镶面石齐平。如用水泥混凝土填芯，则可先砌2 ~ 3层后再浇注混凝土。

(D)每层料石或预制块均应采用一丁一顺砌置，砌缝宽度均匀，当为粗料石时缝宽不应大于20 mm，混凝土预制块时缝宽不应大于10 mm。相邻两层的竖缝应错开不小于100 mm，在丁石的上层和下层不得有竖缝。水平缝为通缝，但严禁出现竖向通缝。

(E)竖缝应垂直，砌筑时须用水平尺及铅垂线校核。

⑤沉降缝、伸缩缝。

沉降缝、伸缩缝的宽度一般为 20 ~ 30 mm。为保证接缝的作用，两种接缝均须垂直，并且缝两侧砌体表面需要平整，不得搭接，必要时缝两侧的石料须加以凿修。

根据设计规定的接缝位置或在地质条件变化处设置，采用跳段砌筑的方法，使相邻两段砌块高度错开，并在接缝处作为一个外露面，挂线砌筑，达到又直又平。

⑥砌体泄水孔设置。

若设计无明确规定，必须在适当的位置和高度设置泄水孔：最下一排泄水孔出水口应高出地面、边沟水位或常水位 300 mm；在每米高度上横向间隔 2 m 左右设置一个泄水孔，上下排错开布置。泄水孔尺寸一般为 10 cm × 10 cm，在实际施工中可埋设 PVC 管作为泄水孔，泄水孔在墙身断面方向应有 3% ~ 5% 向外的坡度。砌体（挡墙）背面按规定设置隔水层和反滤层，在严寒地区，应设置一层 300 mm 厚的竖向连续排水层，防水、排水设施应与墙体施工同步进行，同时完成。

(6) 砌体外露面修整勾缝。

砌体表面应勾缝，以防雨水渗透，并增加结构物的美观。

勾缝一般采用水泥砂浆，其强度等级比砌筑砂浆提高一个等级。勾缝的形式一般有平缝、凹缝及凸缝三种，其形状有方形、圆形、三角形等，一般砌体宜采用平缝或凸缝，料石及预制块宜采用凹缝。

设计有勾缝时，最好在安砌石料时预留 20 mm 深的凹槽，以备勾缝之用；未留凹槽时，应在勾缝前用扒钉或凿子开缝，开出凹槽，并以钢丝刷沾水刷去砌石面上流浆和湿润凹槽。如原有的底浆不足，应先用砂浆填满，然后再勾缝，使勾缝均匀一致。勾缝完全后应注意养护。如未设计勾缝时，应随砌随用灰刀将灰缝刮平、压实。当勾凸缝时，其宽度、厚度应基本一致。

(7) 砌体养护。

对浆砌砌体应加强养护，以便砌体砂浆强度的形成和提高。一般气温条件下，在砌完后的 10 ~ 12 h 以内，炎热天气在砌完后 2 ~ 3 h 以内即洒水养护。养护时间一般不少于 7 ~ 14 d；养护时须使覆盖物经常保持湿润，在一般条件下（气温在 15℃及以上），最初的 3 d 内，昼夜至少每隔 3 h 浇水一次，夜间至少浇水一次，以后每昼夜至少浇水 3 次。

新砌圬工的砂浆，在硬化期间不应使其受雨水冲刷或水流浸淹；在养护期间，除抗冻砂浆外，一般砂浆在强度未达到设计强度的 70% 以前，不可使其受力。

如所砌石块在砂浆凝结后有松动现象，应予拆除，刮净砂浆，清洗干净后，重新安砌。拆除和重砌时，不得撞动邻近石块。

砌体的砂浆未达到设计强度前不得承受全部设计荷载。

(8) 重要注意事项。

①新砌圬工告一段落或在收工时，须用浸湿的草帘、麻袋等覆盖物将砌体盖好。

②路堤边坡上采用浆砌片石护坡，应在路堤沉降稳定、边坡坡面拍实后才能进行。

③在冻胀变形比较大的土质边坡上，护坡底面应设置 0.10 ~ 0.15 m 厚的碎石或者砂砾垫层。

④不可在砌体上抛掷或凿打石块。

⑤基坑超挖部分必须用砌体填充，不得用其他材料回填。

⑥砌块砌筑前，应将表面清除干净、用水湿润。

⑦块石砌体：每层石料高度基本一致，水平砌缝宽度一般不大于 3 cm，竖缝不大于 4 cm，应相互错开，不得贯通。

⑧料石砌体：外观整齐、美观，砌缝宽度一般不大于 2 cm，应相互错开，错开距离不小于 10 cm。

⑨ 预制块砌体：砌缝宽度一般不大于 1 cm，应相互错开，错开距离不小于 10 cm。

## 11.6 质量标准

(1)施工前应对原材料进行检查，并有合格证。对施工程序、工艺流程、检测手段进行检查。

(2)施工过程中应对地基承载力、砂浆拌合、砌筑等全过程进行检查和监控。

(3)砌体砌筑质量标准必须符合《公路工程质量检验评定标准》(土建工程)(JTG F80/1—2017)的有关要求，即表 11 - 2 ~ 表 11 - 10 的实测质量要求。包括：浆砌排水沟、砌体挡土墙、锥坡和护坡、浆砌砌体、导流工程、基础砌体、墩台砌体、拱圈砌体、侧墙砌体等分项工程。

**表 11 - 2　浆砌排水沟实测项目**

| 项次 | 检查项目 | 规定值或允许偏差 | 检查方法和频率 | 权值 |
|---|---|---|---|---|
| 1 | 砂浆强度/MPa | 在合格标准内 | 按 JTG F80/1 - 2017 附录 F 检查 | 3 |
| 2 | 轴线偏位/mm | 50 | 经纬仪或尺量：每 200 m 测 5 处 | 1 |
| 3 | 沟底高程/mm | ±15 | 水准仪：每 200 m 测 5 处 | 2 |
| 4 | 墙面直顺度/mm | 30 | 20 m 拉线、坡度尺：每 200 m 测 2 处 | 1 |
| 5 | 断面尺寸 | ±30 | 尺量：每 200 m 测 2 处 | 2 |
| 6 | 铺砌厚度/mm | 不小于设计 | 尺量：每 200 m 测 2 处 | 1 |
| 7 | 基础垫层宽、厚/mm | 不小于设计 | 尺量：每 200 m 测 2 处 | 1 |

**表 11 - 3　砌体挡土墙实测项目**

| 项次 | 检查项目 | 规定值或允许偏差 | 检查方法和频率 | 权值 |
|---|---|---|---|---|
| 1 | 砂浆强度/MPa | 在合格标准内 | 按 JTG F80/1 - 2017 附录 F 检查 | 3 |
| 2 | 平面位置/mm | 50 | 全站仪：每 20 m 检查墙顶外边线 3 点 | 1 |
| 3 | 顶面高程/mm | ±20 | 水准仪：每 20 m 测 1 点 | 2 |
| 4 | 竖直度或坡度/% | 0.5 | 吊垂线：每 20 m 检查 2 点 | 1 |

**续表 11－3**

| 项次 | 检查项目 | | 规定值或允许偏差 | 检查方法和频率 | 权值 |
|---|---|---|---|---|---|
| 5 | 断面尺寸 | | 不小于设计 | 尺量：每 20 m 量 2 个断面 | 2 |
| 6 | 底面高程/mm | | ±50 | 水准仪：每 20 m 检查 1 点 | 1 |
| 7 | 表面平整度/mm | 块石 | 20 | 2 m 直尺：每 20 m 检查 3 处。每处检查竖直和墙长两个方向 | 1 |
| | | 片石 | 30 | | |
| | | 混凝土块、料石 | 10 | | |

**表 11－4　锥、护坡实测项目**

| 项次 | 检查项目 | 规定值或允许偏差 | 检查方法和频率 | 权值 |
|---|---|---|---|---|
| 1 | 砂浆强度/MPa | 在合格标准内 | 按 JTG F80/1－2017 附录 F 检查 | 3 |
| 2 | 顶面高程/mm | ±50 | 水准仪：每 50 m 检查 3 点，不足 50 m 至少 2 点 | 1 |
| 3 | 表面平整度/mm | 30 | 2 m 直尺：锥坡检查 3 处，护坡每 50 m 检查 3 处 | 1 |
| 4 | 坡度 | 不陡于设计 | 坡度尺量：每 50 m 量 3 处 | 1 |
| 5 | 厚度/mm | 不小于设计 | 尺量：每 100 m 检查 3 处 | 2 |
| 6 | 底面高程/mm | ±50 | 水准仪：每 50 m 检查 3 点 | 1 |

**表 11－5　浆砌砌体实测项目**

| 项次 | 检查项目 | | 规定值或允许偏差 | 检查方法和频率 | 权值 |
|---|---|---|---|---|---|
| 1 | 砂浆强度/MPa | | 在合格标准内 | 按 JTG F80/1－2017 附录 F 检查 | 3 |
| 2 | 顶面高程/mm | 料、块石 | ±15 | 水准仪：每 20 m 检查 3 点 | 1 |
| | | 片石 | ±20 | | |
| 3 | 竖直度或坡度 | 料、块石 | 0.3% | 吊垂线：每 20 m 检查 3 点 | 2 |
| | | 片石 | 0.5% | | |
| 4 | 断面尺寸/mm | 料石 | ±20 | 尺量：每 20 m 检查 2 处 | 2 |
| | | 块石 | ±30 | | |
| | | 片石 | ±50 | | |
| 5 | 表面平整度/mm | 料石 | 10 | 2 m 直尺：每 20 m 检查 5 处×3 尺 | 2 |
| | | 块石 | 20 | | |
| | | 片石 | 30 | | |

**表 11－6　导流工程实测项目**

| 项次 | 检查项目 | | 规定值或允许偏差 | 检查方法和频率 | 权值 |
|---|---|---|---|---|---|
| 1 | 砂浆强度/MPa | | 在合格标准内 | 按 JTG F80/1－2017 附录 F 检查 | 3 |
| 2 | 平面位置/mm | | 30 | 经纬仪：按设计图控制坐标检查 | 2 |
| 3 | 长度/mm | | 不小于设计长度－100 | 尺量：每个检查 | 1 |
| 4 | 断面尺寸/mm | | 不小于设计 | 尺量：检查 5 处 | 2 |
| 5 | 高程/mm | 基底 | 不大于设计 | 水准仪：检查 5 点 | 2 |
| | | 顶面 | ±30 | | |

**表 11－7　基础砌体**

| 项次 | 检查项目 | | 规定值或允许偏差 | 检查方法和频率 | 权值 |
|---|---|---|---|---|---|
| 1 | 砂浆强度/MPa | | 在合格标准内 | 按 JTG F80/1－2017 附录 F 检查 | 3 |
| 2 | 轴线偏位/mm | | 25 | 经纬仪：纵、横各测量 2 点 | 2 |
| 3 | 平面尺寸/mm | | ±50 | 尺量：长、宽各 3 处 | 2 |
| 4 | 顶面高程/mm | | ±30 | 水准仪：测 5～8 点 | 1 |
| 5 | 基底高程/mm | 土质 | ±50 | 水准仪：测 5～8 点 | 2 |
| | | 石质 | +50，－200 | | |

**表 11－8　墩、台身砌体实测项目**

| 项次 | 检查项目 | | 规定值或允许偏差 | 检查方法和频率 | 权值 |
|---|---|---|---|---|---|
| 1 | 砂浆强度/MPa | | 在合格标准内 | 按 JTG F80/1－2017 附录 F 检查 | 3 |
| 2 | 轴线偏位/mm | | 20 | 全站仪或经纬仪：纵、横各测量 2 点 | 1 |
| 3 | 墩台长、宽/mm | 料石 | +20，－10 | 尺量：检查 3 个断面 | 1 |
| | | 块石 | +30，－10 | | |
| | | 片石 | +40，－10 | | |
| 4 | 竖直度或坡度/% | 料石、块石 | 0.3 | 垂线或经纬仪：纵、横各测量 2 处 | 1 |
| | | 片石 | 0.5 | | |
| 5 | 墩、台顶面高程/mm | | ±10 | 水准仪：测量 3 点 | 2 |
| 6 | 大面积平整度/mm | 料石 | 10 | 2 m 直尺：检查竖直、水平两个方向，每 20 $m^2$ 测 1 处 | 1 |
| | | 块石 | 20 | | |
| | | 片石 | 30 | | |

**表 11-9 拱圈砌体实测项目**

| 项次 | 检查项目 | | 规定值或允许偏差 | 检查方法和频率 | 权值 |
|---|---|---|---|---|---|
| 1 | 砂浆强度/MPa | | 在合格标准内 | 按 JTG F80/1-2017 附录 F 检查 | 3 |
| 2 | 砌体外侧平面偏位/mm | 无镶面 | +30，-10 | 经纬仪：检查拱脚、拱顶、1/4 跨共 5 处 | 1 |
| | | 有镶面 | +20，-10 | | |
| 3 | 拱圈厚度/mm | | +30，-0 | 尺量：检查拱脚、拱顶、1/4 跨共 5 处 | 2 |
| 4 | 相邻镶面石砌块表层错位/mm | 料石、混凝土预制块 | 3 | 拉线用尺量：检查 3~5 处 | 1 |
| | | 块石 | 5 | | |
| 5 | 内弧线偏离设计弧线/mm | 跨径≤30 m | ±20 | 水准仪或尺量：检查拱脚、拱顶、1/4 跨共 5 处高程 | 2 |
| | | 跨径>30 m | ±1/1500 跨径 | | |
| | | 极值 | 拱腹四分点：允许偏差的 2 倍且反向 | | |

**表 11-10 侧墙砌体实测项目**

| 项次 | 检查项目 | | 规定值或允许偏差 | 检查方法和频率 | 权值 |
|---|---|---|---|---|---|
| 1 | 砂浆强度/MPa | | 在合格标准内 | 按 JTG F80/1-2017 附录 F 检查 | 3 |
| 2 | 外侧平面偏位/mm | 无镶面 | +30，-10 | 经纬仪：抽查 5 处 | 1 |
| | | 有镶面 | +20，-10 | | |
| 3 | 宽度/mm | | +40，-10 | 尺量：检查 5 处 | 2 |
| 4 | 顶面高程/mm | | ±10 | 水准仪：检查 5 点 | 2 |
| 5 | 竖直度或坡度/% | 片石砌体 | 0.5 | 吊垂线：每侧墙面检查 1~2 处 | 1 |
| | | 块石、粗料石、混凝土块镶面 | 0.3 | | |

## 11.7 成品保护

(1)施工过程中要妥善保护好场地原始放样的水准点。

(2)保护好已砌筑好的砌体，砌筑上层时，不得振动下层，不得在已砌筑好的砌体上抛掷、滚动、翻转和敲击片石。

(3)在旧的砌体上砌筑时，应清扫洒水湿润。砌筑完成后及时洒水养护。

(4)冬季施工时，砂浆强度未达到 70% 的设计强度前，不得使其受冻。

## 11.8 安全环保措施

### 11.8.1 安全措施

（1）砌体基坑开挖时，随时掌握土体情况，采用分段跳槽方式开挖，或砌筑工作紧随开挖工作面，不留间隙空隙，避免基坑或坑壁坍塌。

（2）检查好电路，设置漏电保护开关，谨防触电，施工现场的电工必须持证上岗。

（3）基坑较深或砌筑高度较高时，设置好砂浆和片石运料安全通道，在行人通道上应设置好安全围护栏。

### 11.8.2 环保措施

（1）施工现场应制定洒水防尘措施，指定专人负责及时清运废渣土。

（2）及时回填基坑，平整场地，绿化、恢复场地。

（3）落地砂浆应在初凝前及时回收，并运至拌合地点，可掺入到新砂浆中拌合使用。

## 11.9 质量记录

（1）原材料（水泥、砂、石）进场检验报告。

（2）测量放样及复核记录。

（3）浆砌排水工程质检表。

（4）砂浆强度试验报告。

（5）砌体、悬臂式和扶臂式挡土墙质检表。

（6）浆砌砌体质检表。

（7）干砌片石质检表。

（8）拱圈砌体质检表。

（9）侧墙砌体质检表。

（10）浆砌（块）片石/砼基础质检表。

# 12 地下连续墙施工工艺标准

## 12.1 总则

### 12.1.1 适用范围

本标准适用于多种地质条件，包括淤泥、黏性土、冲积土、砂性土及粒径 50 mm 以下的砂砾层中施工，深度可达 70 m。不适用于熔岩地段、含承压水很高的细砂、粉砂地层以及很软的黏性土层。

本标准适用于建筑物的地下室、地下商场、停车场、地下油库、挡土墙、高层建筑的深基础、逆作法施工围护结构；工业建筑的深池、坑、竖井；邻近建筑物基础的支护以及水工结构的堤坝防渗墙、护岸、码头、船坞；桥梁基坑临时支护结构和永久基础的现浇混凝土、地下铁道、地下车站、通道、或临时围堰工程等，特别适用作地下挡土、防渗结构。

### 12.1.2 编制参考标准及规范

(1)《公路桥涵施工技术规范》(JTG/T F50—2011)。
(2)《公路工程质量检验评定标准》(JTG/T F80/1—2017)。
(3)《建筑工程施工质量验收统一标准》(GB 50300—2013)。
(4)《建筑地基基础工程施工质量验收规范》(GB 50202—2018)。
(5)《钢筋焊接及验收规程》(JGJ 18—2012)。
(6)《钢筋机械连接通用技术规程》(JGJ 107—2016)。
(7)《混凝土结构工程施工验收规范》(GB 50204—2011)。
(8)《地下防水工程质量验收规范》(GB 50208—2011)。

## 12.2 术语

(1)地下连续墙(简称地连墙)：是在地面以下为截水防渗、挡土、承重而构筑的连续墙壁。它是利用特制的成槽机械在泥浆(又称稳定液，如膨润土泥浆)护壁的情况下进行开挖，形成一定长度槽段的沟槽，再将地面上制作好的钢筋笼放入槽段内，浇注混凝土，完成一个单元的槽段，各段之间以特定的接头方式相互连接，形成一道连续的地下钢筋混凝土墙。

(2)导墙(也称导向槽)：是用钢、木、混凝土和砖石等材料在施工平台中修建的两道平行墙体，它是地下连续墙施工中一个很重要的临时构筑物。

(3)槽段：地下连续墙是由一些划分好不同长度的单元施工段、用挖槽机按照不同的施工顺序分段开挖后建成，这些不同的单元施工段叫作槽段。

(4)导管水下灌注：将导管插入距槽底一定距离，混凝土由导管流入槽底并由槽底沿导管上升，将槽内的水、泥等顶升置换出来，利用混凝土的自密实性成槽。

(5)膨润土：泥浆护壁施工中常用的一种黏性土造浆材料，主要含三氧化二硫、三氧化二铝等矿物质。

## 12.3 施工准备

### 12.3.1 技术准备

(1)应具备施工现场的地质勘测和地下水文勘测资料、区域内障碍物和有关试验资料，必要时应补充地质勘察，据此确定挖槽机械种类、槽段划分、地基加固和泥浆制备的专项施工技术方案。

(2)应具备施工现场和邻近结构物及障碍物的调查资料，据此确定施工场地布置、施工场地平整和防护措施。

(3)在堤防等水利、防洪设施及其他既有构筑物周边进行地下连续墙工程的施工时，应就施工可能导致不利影响进行评估，必要时应采取有效措施。

(4)编制施工组织设计，其内容包括：

①地下连续墙的总平面布置图。

②总体单元施工进度计划。

③挖槽机械和配套设备。

④单元槽段的尺寸、分段次序编号、节点的结构形式。

⑤泥浆制作应用和循环系统的现场布置，弃土、沉淀方式等。

⑥成墙穿越不同地质状况的对策和措施。

⑦导墙的平面尺寸和截面结构设计。

⑧钢筋笼分段尺寸、接头、制作、安装方式设计。

⑨ 混凝土配合比设计、搅拌、运输、浇筑方法等。

⑩ 施工场地内地面排水。

⑪保证质量的技术保障措施及质量检测方案确定。

⑫环境保护、安全生产的预警措施。

### 12.3.2 材料准备

(1)钢筋：钢筋应符合设计要求，钢筋表面应光洁、无锈蚀、无油污，钢筋无硬伤、无弯折。

(2)水泥：宜选用 P. O 32.5 以上普通硅酸盐水泥。

(3)粗骨料：选用质地坚硬的卵石或碎石；一般优先选用卵砾石，粒径为 5 ~ 40 mm，连续级配，含泥量小于 1%；导管灌注最大粒径不得大于钢筋最小净距的 1/3 和导管内径的

1/8～1/6，并不大于5 cm；不宜选用灰岩碎石；石料的质量标准应符合有关规范规定。

(4)细骨料：选用洁净的中粗砂，优先选用级配符合要求的河砂，含泥量小于3%；砂的质量标准应符合相关规定。

(5)外加剂：混凝土外加剂常用的有早强剂、缓凝剂等。使用前，应进行掺入配比试验，以选定外加剂的品种和掺量，外加剂应有产品合格证。

(6)泥浆材料：膨润土、CMC(羧基纤维附加剂)是地下连续墙施工泥浆必备材料。根据需要还应准备分散剂、增黏剂、加重剂、防漏剂等附加剂，确保泥浆质量和施工正常进行。试验室根据工程地质情况不同配制优质泥浆。

### 12.3.3 主要机具

地下连续墙施工成槽及配套泥浆制备、处理、混凝土浇筑、槽段接头所需机具种类繁多，主要为多头钻成槽机、液压抓斗成槽机、钻孔成槽机、冲击成槽机。各机具设备性能指标和用途见表12－1～表12－7。主要检测设备及配置见表12－8。

**表12－1 多头钻成槽机**

| 名称 | 性能指标 | 用途 |
| --- | --- | --- |
| 多头钻机 | SF60－80或组合多头钻机 | 挖槽 |
| 多头钻机架 | 钢组合件，带配套装置 | 吊钻机头 |
| 卷扬机 | 慢速3 t或5 t | 提升机头用 |
| 卷扬机 | 0.5 t或1 t | 吊支管、拆卸钻机 |
| 液压千斤顶 | 15 t/4台 | 机架就位、转向 |

**表12－2 液压抓斗成槽机**

| 名称 | 性能指标 | 用途 |
| --- | --- | --- |
| 挖掘装置 | 斗容量0.5～2.0 $m^3$ | 挖槽 |
| 导架 | 31 m | 导杆抓斗支撑、导向 |
| 起重机 | 80 t或100 t | 吊导架、挖掘装置 |

**表12－3 钻孔成槽机**

| 名称 | 性能指标 | 用途 |
| --- | --- | --- |
| 潜水电动钻机 | 22 kW | 钻导孔 |
| 导板抓斗 | 宽60 cm | 挖槽及清除障碍物 |
| 钻抓机架 | 组合钢件，带配套装置 | 吊钻机导板抓斗 |

表 12-4　冲击成槽机

| 名称 | 性能指标 | 用途 |
|---|---|---|
| 冲击钻机 | CZ30 型或 CZ22 型 | 冲击成槽 |
| 卷扬机 | 3 t 或 5 t | 升降冲击锤 |

表 12-5　混凝土浇筑机具及设备

| 名称 | 性能指标 | 用途 |
|---|---|---|
| 混凝土浇筑架 | 组合钢构件 | 提升混凝土导管 |
| 混凝土料斗 | 1 $m^3$ | 装运混凝土 |
| 导管 | $\phi$200 ~ $\phi$300 mm | 浇筑水下混凝土 |

表 12-6　泥浆制备及处理机具

| 名称 | 性能指标 | 用途 |
|---|---|---|
| 旋流器机架 | 钢组合件 | |
| 泥浆搅拌机 | 0.8 $m^3$/8 kW | 制备泥浆 |
| 软轴搅拌机 | 2.2 kW | 搅拌泥浆 |
| 振动筛 | 5.5 kW | 泥渣处理分类 |
| 灰渣泵 | 40 kW 需 2 台 | 旋流器配套吸泥 |
| 砂泵 | 22 kW | 供浆 |
| 泥浆泵 | SLN-33、2 kW | 输送泥浆 |
| 真空泵 | SZ-4、1.5 kW | 吸泥引水用 |
| 空压机 | 10 $m^3$/min, 75 kW | 吸泥用 |

表 12-7　接头管及顶升设备

| 名称 | 性能指标 | 用途 |
|---|---|---|
| 接头管 | $\phi$580 mm/2 套 | 混凝土接头用 |
| 顶升架 | 钢组合件 | 顶升接头管 |
| 千斤顶 | 50 t 或 100 t/2 台 | 与顶升架配套 |
| 高压油泵 | LYB44、2.2 kW/2 台 | 与千斤顶配套 |
| 吊车 | 10 t | 吊放接头、混凝土浇筑、料斗 |

表 12－8　主要检测设备及配置

| 序号 | 设备名称 | 规格型号 | 单位 | 数量 | 用途 |
|---|---|---|---|---|---|
| 1 | 超声波测壁仪 | | 台 | 1 | 检验成槽质量 |
| 2 | 水准仪 | DS3 | 台 | 1 | 测量水平度、标高 |
| 3 | 钢卷尺 | 5 m、50 m | 把 | 2 | 检验钢筋笼尺寸 |
| 4 | 泥浆比重测定器 | ANB－1 | 个 | 1 | 检测泥浆 |
| 5 | 泥浆黏度测定器 | 1006 | 个 | 1 | 检测泥浆 |
| 6 | 含砂量测定器 | ANA－1 | 个 | 1 | 检测泥浆 |
| 7 | 泥浆失水量测定仪 | ANS－1 | 个 | 1 | 检测泥浆 |

### 12.3.4　作业条件

（1）场地具备“三通一平”。

（2）完成连续墙施工范围内的地下管线改造、地下障碍物的清除工作。

（3）具有施工场地相关的岩土工程勘察报告、连续墙施工方案及技术交底。施工技术人员和操作工人的培训学习、考核，技术交底工作（包括安全、环保工作交底）完成。

（4）具有现场施工水准高程控制点，完成施工定位放线及复核。

（5）修建地下连续墙施工的泥浆池和废弃泥浆临时存放点。

（6）修建地下连续墙施工的导墙并及时回填或加撑。

（7）具备钢筋加工和运输条件。

（8）根据场地情况修建机械施工行走时的循环道路。施工设备运输进场工作完成。

（9）施工平台应坚固、平整，满足重型设备和运输车辆行走，平面尺寸及高度应满足施工需要。

（10）试验室符合资质条件，混凝土配合比、泥浆制备、试验、存储和再生处理等工作完成。

（11）施工现场的供电、水条件达到开工要求。

（12）具备对于噪声、振动和废泥浆等环境保障的防止措施。

（13）划分地下连续墙施工槽段。

### 12.3.5　劳动力组织（每台班）

劳动力组织如表 12－9 所示。

表 12－9　地下连续墙工程施工劳动力组织

| 工种 | 人数/人 | 工作地点 | 职责范围 |
|---|---|---|---|
| 施工队长 | 1 | 整个施工现场 | 负责跟班组织施工管理、协助总指挥等工作 |
| 工班长 | 1 | 土方开挖、钢筋制安、砼浇筑 | 负责跟班组织施工，协调各工种交叉作业等 |
| 技术员 | 1 | 整个施工现场 | 负责跟班解决施工中的技术问题，编写技术措施等 |
| 安全员 | 1 | 整个施工现场 | 负责跟班检查安全措施、安全措施执行情况及安全教育工作，对安全生产负责 |

续表 12-9

| 工种 | 人数/人 | 工作地点 | 职责范围 |
|---|---|---|---|
| 质量检查员 | 1 | 整个施工现场 | 负责跟班检查工程质量，组织各工种交接及质量保证措施的执行情况，对工程质量负责 |
| 测量工 | 2 | 施工现场 | 负责地下连续墙开挖放样、墙体位置高程等测量 |
| 挖掘机操作工 | 1 | 开挖施工现场 | 负责地下连续墙的土方开挖 |
| 成槽机操作工 | 2 | 槽段施工现场 | 负责地下连续墙的槽段成槽 |
| 吊车操作工 | 2 | 槽段施工现场 | 负责配合成槽机施工 |
| 自卸卡车司机 | 4 | 土方场地至指定弃渣处 | 负责弃渣运输 |
| 钢筋工 | 8 | 钢筋制安施工现场 | 负责钢筋制作安装 |
| 混凝土工 | 6 | 地下连续墙砼浇筑施工现场 | 负责砼浇筑 |
| 试验人员 | 3 | 试验室及泥浆制备现场 | 负责泥浆取样及泥浆制备 |
| 电工 | 1 | 整个施工现场 | 负责现场动力、照明、通信等电器系统的维修保护 |
| 材料员 | 1 | 材料仓库 | 负责施工材料供应及管理 |
| 杂工 | 3 | 整个施工现场 | 负责现场清理等零星事务 |
| 总计 | 38 | | |

注：此表为一个作业班施工配备人员，未计后勤、行政等人员。

## 12.4 工艺设计和控制要求

### 12.4.1 技术要求

(1)墙体的深度和宽度必须符合设计要求。

(2)每一槽段成槽后，必须采取有效措施清底，并测量槽深、槽宽及倾斜度，符合设计和施工技术规范要求后，方可灌注水下混凝土。

(3)相邻两槽段墙体中心线在任一深度的偏差值不得超过 30 mm。

(4)水下混凝土应连续灌注，严禁有夹层和断墙。

(5)灌注水下混凝土时，钢筋骨架不得上浮。

(6)应处理好接头，防止间隔灌注时漏水漏浆。

(7)墙顶应无松散混凝土。

### 12.4.2 材料质量要求

(1)混凝土所用的水泥、砂、石、水、外掺剂及混合材料的质量和规格必须符合有关规范的要求，按规定的配合比施工。

(2)水泥：宜采用 32.5 级或 42.5 级普通硅酸盐水泥或矿渣硅酸盐水泥。

(3)砂：中砂或粗砂，含泥量不大于 3%。

(4)石子：粒径为 0.5~3.2 cm 的卵石或碎石；桩身混凝土也可用粒径≤5 cm 的石子，且含泥量不大于 2%。

(5)水：应用自来水或不含有害物质的洁净水。

(6)钢筋：钢筋的级别、直径必须符合设计要求，有出厂证明书及复检报告。

(7)膨润土或黏土：可选择膨润土或就地选择塑性指数 $I\text{p} \geq 17$ 的黏土。

(8)外加早强剂：应通过试验确定。

### 12.4.3　职业健康安全要求

(1)施工现场用电，严格执行有关规定，加强电源管理，防止发生电器火灾。

(2)在作业区边缘应设置护栏或防护网。

(3)施工人员必须戴好安全帽，并按规定佩戴好防护面罩和其他劳动保护用品。

(4)施工现场应挂配醒目的安全警示牌，穿拖鞋、硬底易滑鞋和无关人员严禁入内，夜间施工必须有充足的灯光照明。

(5)机械设备要设专人维护维修，并设专人指挥、监护。

(6)焊接工作必须由持有焊工证的焊工负责，经技术交底、焊接考核合格后方可上岗。

## 12.5　施工工艺

### 12.5.1　工艺流程

地下连续墙施工工艺流程如图 12－1 所示。

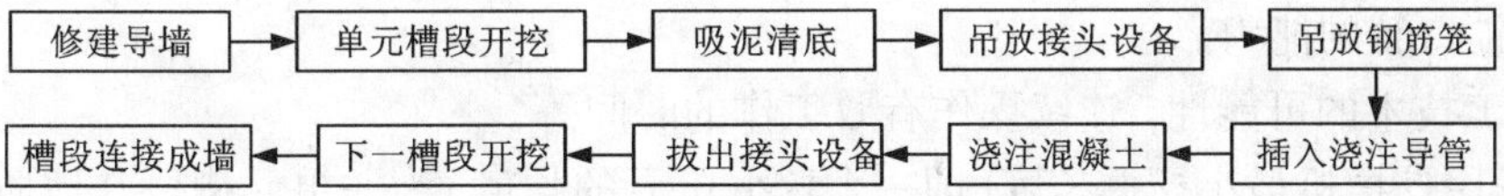


**图 12－1　地下连续墙施工工艺流程**

### 12.5.2　操作工艺

(1)导墙施工。

导墙的作用是作为挖槽机的导向；容蓄泥浆并维持其表面高度，支撑挖槽机设备和其他荷载，维护槽顶表面土层的稳定和阻防地面水流入沟槽。

采用泥浆护壁挖槽构成的地下连续墙应先构筑导墙。导墙的材料、平面位置、形式、埋置深度、墙体厚度、顶面高程应符合设计要求；设计未要求时，应符合以下规定：

①导墙一般用钢筋混凝土构成，混凝土强度等级不宜低于 C20。导墙的形式根据地质情况可采用板墙形、倒“L”形、“[”形，墙体厚度满足施工需要。

②导墙的平面轴线应与地下连续墙轴线平行，两侧墙间距中心线与地下连续墙中心线重合。地下墙两侧导墙内表面之间的净距应比地下连续墙厚度宽 40 mm，导墙应每隔1.0～1.5 m 加设支撑，在导墙的混凝土达到设计强度之前，禁止任何重型机械和运输设备在附近行走、停置或作业，以防导墙受压变形。

③导墙底端埋入土内的深度应大于 1 m；基底土层应夯实，如地基土较松散或较软弱时，构筑导墙前应采取加固措施；如遇特殊情况应妥善处理，导墙背后应使用黏性土回填并夯

实，防止漏浆。导墙顶面高出施工地面50～100 mm，以防雨水流入槽内稀释及污染泥浆。并应高出地下水位1.5 m，每个槽段内的导墙应设一个以上的溢浆孔。

④导墙的施工允许偏差：

(A)两片导墙的中心线应与地下连续墙的纵向轴线相重合，允许偏差为±10 mm。

(B)导墙内壁面垂直度允许偏差为0.5%。

(C)两道墙间距应比地下连续墙设计厚度加宽30～50 mm，允许偏差为±10 mm。

(D)导墙顶面应平整，允许偏差为±10 mm。

(2)成槽施工。

①槽段划分。

槽段长度的确定：按墙设计平面构造要求和施工的可能性将连续墙划分若干个单元槽段。一般来讲，单元槽段的长度愈长，可减少接头数量，提高墙体整体性和截水防渗能力，简化施工，提高工效。一般决定单元槽段长度的因素有：

(A)设计构造要求，墙体的深度和厚度。

(B)地质水文情况，开挖槽面的稳定性。

(C)对相临结构物的影响。

(D)挖槽机的最小挖槽长度。

(E)泥浆生产和护壁能力。

(F)钢筋笼重量和尺寸及吊放方法和能力。

(G)单位时间内混凝土供应能力。

(H)导管的作用半径。

(I)拔锁口管的能力。

(J)施工技术的可能性，连续操作有效工作的时间等。

一般采用挖槽机最小挖掘长度(即一个挖掘单元的长度)为一单元槽段。地质条件良好，施工条件允许，亦可采用2～4个挖掘单元组成一个槽段，长度为2～8 m。确定槽段长度后，为了便于挖槽，在操作平台上标明槽段位置。

②分段接缝位置与接头形式：

(A)槽段分段接缝位置应尽量避开转角部位和内隔墙连接部位，以保证良好的整体性和强度。由于半圆形接头(锁口管)具有连接整体性、抗渗性好和施工较简便等优点，使用最为普遍。

(B)槽段接头一般分为刚性接头和柔性接头，柔性接头形式有：锁口管接头、“V”字隔板接头；刚性接头有：接头箱接头、隔板式接头和预制钢筋混凝土连接接头形式等。

③成槽施工工艺：

(A)成槽采用抓斗式施工法。液压绳索式抓斗安装在一般的起重机上，抓斗连同绳索由起重机操纵上下起落卸土和挖槽。抓斗挖槽通常用“分条抓”或“分块抓”两种。

(B)分条抓与分块抓是先抓两侧“条”(或“块”)，再抓中间“条”(或“块”)，这样可避免抓斗挖槽时发生侧倾，可保证抓槽的精度。

(C)当槽段开挖达到设计深度，经测深检验合格后，可以终槽。对非承重墙，同一槽段内，槽底深度必须一致且保持平整；对承重墙应根据设计入岩深度要求，参照地质剖面图及槽底岩质样品等综合确定，同一槽段开挖深度宜一致。遇特殊情况应会同监理、设计单位研究处理。

(D)槽段开挖完毕，应检查槽位、槽深、槽宽及垂直度，合格后应尽快清底换浆及安放钢筋笼和浇筑混凝土。

④施工注意事项：

(A)初始挖槽阶段应保证位置准确，同时必须慢速均匀抓进，严格控制垂直度和偏斜度，使其在允许偏差范围内。

(B)开槽速度要根据地质情况、机械性能、成槽精度要求及泥浆供应能力等来选定。

(C)挖槽要连续作业，并且要依顺序连续抓进。

(D)抓进过程中应保持护壁泥浆不低于规定高度，特别对渗透系数较大的砂砾层、卵石层，更应注意保持一定高度的泥浆液面。

(E)成槽过程中局部遇岩石层或坚硬地层，抓进困难时，可配以冲击钻联合作业，用冲击钻冲击岩石，用抓斗排渣，交错进行，以提高效率。

(F)成槽应连续进行，在上一槽段接头管拔出 2 h 左右，应开始下一个槽段，这样如存在偏差，混凝土强度尚低，较易切除。

(3)泥浆循环工艺。

①泥浆的组成和作用：

(A)泥浆是由膨润土、羧甲基纤维素(又称化学浆糊，CMC)、纯碱及铁铬木质磺酸钙(FCL)等原料按一定的比例配合，并加水搅拌而成的悬浮液。

(B)泥浆在成槽过程中起液体支撑，稳定槽段面，悬浮泥渣和携渣，冷却切削机具和刀具切土的润滑等作用，其中最重要的是固壁作用，它是确保挖槽机成槽的关键。

②泥浆配合比的选择：

(A)泥浆应有一定的造膜性、理化稳定性、流动性和适当的密度。

(B)泥浆控制的主要技术性能指标如表 12－10 所示，选择泥浆既要考虑护壁、携渣效果，又要考虑经济性，应因地制宜，常用泥浆参考配合比如表 12－11 所示。

**表 12－10　泥浆的性能指标**

| 项次 | 项目 | | 性能指标 | | 检验方法 |
|---|---|---|---|---|---|
| | | | 一般土层 | 软土层 | |
| 1 | 密度 | | 1.04～1.25 $t/m^3$ | 1.05～1.25 $t/m^3$ | 泥浆密度秤 |
| 2 | 黏度 | | 18～22 s | 18～25 s | 500～700 漏斗法 |
| 3 | 含砂率 | | <4%～8% | <4% | 含砂仪 |
| 4 | 胶体率 | | ≥95% | >98% | 100 量杯法 |
| 5 | 失水量 | | <30 ml/30 min | <30 ml/30 min | 失水量仪 |
| 6 | 泥皮厚度 | | 1.5～3 mm/min | 1～3 mm/min | 失水量仪 |
| 7 | 静切力 | 1 min | 10～25 mg/cm | 20～30 mg/cm | 静切力测量仪 |
| | | 10 min | | 50～100 mg/cm | |
| 8 | 稳定性 | | <0.05 $g/cm^3$ | ≤0.02 $g/cm^3$ | 500 量筒或稳定计 |
| 9 | pH | | 10 | 7～9 | pH 试纸 |

注：表中上限为新制泥浆，下限为循环泥浆。

表 12－11　泥浆参考配合比(以重量%计)

| 土质 | 膨润土 | 酸性陶土 | 纯黏土 | CMC | 纯碱 | 分散计 | 水 | 备注 |
|---|---|---|---|---|---|---|---|---|
| 黏土 | 6～8 | — | — | 0～0.02 | — | 0～0.5 | 100 | |
| 砂 | 6～8 | — | — | 0～0.05 | — | 0～0.5 | 100 | |
| 砂砾 | 8～12 | — | — | 0.05～0.1 | — | 0～0.5 | 100 | |
| 软土 | — | 8～10 | | 0.05 | 4 | — | 100 | |
| 粉质黏土 | 6～8 | — | — | — | 0.5～0.7 | — | 100 | |
| 粉质黏土 | 1.65 | — | 8～12 | — | 0.3 | — | 100 | |
| 粉质黏土 | — | — | 12 | 0.15 | 0.3 | — | 100 | |

(C)在黏性土或粉质黏土为主的地质条件下，如土质中黏土含量大于50%，塑性指数大于20，含砂量小于5%；二氧化硅与三氧化铝含量的比值为3～4，亦可采用自成泥浆或半自成泥浆护壁，即用开挖深槽中的黏土为造浆原料。成槽过程中，泥浆密度通过调节进水量和挖进速度来控制。

③泥浆的制配与管理：

(A)施工现场应有足够的泥浆储备量，以满足挖槽、成槽、清槽各个阶段的需要，泥浆池的数量至少要设置4个，总容量应满足1～2 d挖槽和清槽用浆量。

(B)膨润土泥浆应以搅拌器搅拌均匀，拌好后，在贮浆池内一般静止24 h以上。

(C)采用膨润土泥浆，一般新浆密度控制在1.04～1.05 t/m³；循环过程中的泥浆控制1.25～1.30 t/m³以下；遇松散地层，泥浆密度可适当加大；灌注混凝土前，槽内泥浆控制在1.15～1.20以下。

(D)在成槽过程中，要不断向槽内补充新泥浆，使其充满整个槽段。泥浆面应保持高出地下水位0.5 m以上，亦不应低于导墙顶面0.3 m。

(E)在施工中，经常测试泥浆性能和调整泥浆配合比，使其适应不同地质土层的钻进要求。具体控制要求如下：

(a)对于覆盖层及人工填土的土层，泥浆黏度应适当大些，可控制在25～30 s，甚至更大些；失水量和泥皮厚度要小一些。对黏土地质层，泥浆黏度可小一些，浓度可稀一些。当黏度过高时，可采用分散剂或加水稀释，禁止直接向槽内加清水，而应向泥浆池内加水，充分搅拌，测试黏度指标达到要求后方可使用。对于砂土地层，泥浆黏度应大一些，失水量和泥皮厚度要小一些，在地下水特别丰富的地层中要采用高黏度泥浆。对于渗透性高地层，泥浆可能漏失，除了用高黏度泥浆外，在泥浆中还应添加堵漏剂，如锯末或其他纤维材料。也可在槽内投掷黏土球，制作黏土球必须参加适量的CMC附加剂。

(b)成槽过程中，每进尺3～5 m或每小时测定一次泥浆密度和黏度。

(c)在清槽前后，各测一次密度、黏度。

(d)在灌注混凝土前测一次密度。

(e)取样位置在槽段底部、中部及上口。

(f)失水量、泥皮厚度和pH，在每槽段的中部和底部各测一次。

(g)发现不符规定指标要求，随时进行调整。

④泥浆的处理：

(A)混凝土浇灌过程中，从槽段内置换出来的泥浆必须经泥浆一次处理机进行筛分处理，再送入再生池进行取样检验，调整到需要的指标与新鲜泥浆混合循环使用，不得将泥浆直接排回泥浆再生池。

(B)若回收过程中，发现泥浆质量很差，经检验无法调整处理时，该泥浆必须直接排回废液池，经二次处理机进行水土分离处理，压滤出的清水经化学中和后排放，泥饼外运处理。

(C)当泥浆受水泥污染时，黏度会急剧升高，可用铁铬盐(FCL)或碳酸($Na_2CO_3$)进行化学解析。但在泥浆过分凝胶时，则把这些泥浆废弃。

(D)当泥浆受海水污染时，可用海水造浆，并加入抗盐的CMC附加剂。

(E)当泥浆受其他盐类污染时，可用腐殖酸钠或铁铬盐(FCL)处理。

(F)当钻进泥盐地层时，泥盐水会膨胀剥落，必须用CMC附加剂降低失水量和泥皮厚度。

(4)槽段开挖。

①槽段开挖采用分隔跳挖，泥浆护壁方式。

②开挖时向导墙内注入护壁泥浆，在开挖过程中应不断向槽内注浆，连续墙槽孔开挖施工时泥浆最低液面应高于导墙底部，施工时经常注意液面的变化。

③在挖槽过程中要定期检测沟槽情况，根据排出的土渣确认持力层情况，挖槽结束后及时测定槽底沉渣厚度。挖至设计槽底标高后及时清除槽底沉渣，使沉渣厚度符合设计要求。

(5)钢筋笼的制作与吊放。

①钢筋笼制作。

(A)地下连续墙的钢筋笼阶段应考虑分段重量、结构尺寸、单元槽段、加工现场、运输方式及现场起吊能力等综合因素。每节段钢筋笼主筋的连接可采用电焊接头、挤压接头、套筒接头，无论哪种接头都经过试验合格后方可使用。

(B)加工成型的钢筋笼必须有足够的刚度，以确保在运输、吊装、插入时不变形，因此应加设斜撑和横撑。

(C)钢筋笼按一个单元槽段宽制作，在墙转角，则制成“L”形钢筋笼。钢筋笼的主筋间净距应大于混凝土粗集料直径的3倍，并预留出混凝土导管插放的位置。

(D)钢筋笼加工一般应在工厂平台上放样成型，主筋接头用闪光接触对焊，下端纵向主筋宜稍向内弯曲一点，以防止钢筋笼放下时，损伤槽壁。分阶段制作钢筋笼应在制作台上试装配。接头处纵向钢筋的预留搭接长度应符合设计要求。

(E)钢筋笼制作允许偏差为：主筋间距±10 mm；箍筋间距±20 mm；钢筋笼厚度和宽度为±10 mm；总长±50 mm。

(F)为了保证槽壁不塌，应在清槽完后3～4 h以内下完钢筋笼，并开始浇筑混凝土。

②钢筋笼吊放。

(A)对长度小于15 m的钢筋笼，一般采用整体制作，用15 t或者25 t履带式吊车一次整体吊放。

(B)对长度超过15 m的钢筋笼，常采取分两段制作吊放，接头尽量布置在应力小的地方，先吊放一节，在槽上用绑条(或搭接)焊接或采用套筒连接。

(C)吊放一般采用两副铁扁担或一副铁扁担及两副吊钩起吊的方法。钢筋笼的吊点位置、起吊方式和临时固定方法应符合设计要求和施工安全规定。在吊放钢筋笼时必须统一指挥，严格对准槽段中心，切忌碰撞槽壁壁面，不能强行插入钢筋笼，以免钢筋笼变形或槽壁坍塌。

(D)确保混凝土保护层厚度：采用圆形混凝土垫块穿在钢筋笼上，或用钢筋焊在钢筋笼上作为垫块，每个槽段前后各设两块以上垫块，其竖向间距3~5 m。

(E)为了防止在灌注混凝土过程中钢筋笼上浮，应在导墙上埋设钢板，与钢筋笼焊接在一起作临时锚固。

(6)混凝土浇筑及注意事项。

①混凝土浇筑。

(A)混凝土配合比的选择：

(a)混凝土配合比的设计除满足设计强度要求外，还应考虑导管法在泥浆中灌筑混凝土的施工特点(要求混凝土和易性好，流动度大且缓凝)和对混凝土强度的影响。

(b)混凝土强度一般比设计强度提高5 MPa，混凝土应具有良好的和易性，施工塌落度宜为18~20 cm，并有一定的流动度保持率，塌落度降低至15 cm的时间不宜小于1 h，扩散度宜为34~38 cm。

(c)混凝土初凝时间应满足浇灌和接头施工工艺要求，一般宜低于3~4 h。

(B)浇灌方法：

地下连续墙混凝土是用导管在泥浆中灌注的，由于导管内混凝土密度大于导管外的泥浆密度利用两者的压力差使混凝土从导管内流出在管口附近一定范围内上升替换掉原来泥浆的空间。

(a)通常采用履带吊车吊混凝土料斗，通过下料导管浇灌。

(b)导管内径一般选用150~300 mm，每节长度2~2.5 m，并配几节1~1.5 m的调节长度用的短管。

(c)一般采用2~3根导管，导管间距一般在3 m以下，最大不得超过4 m，同时距槽段端部不得超过1.5 m。

(d)导管的下口至槽底间距，一般取0.4 m。

(e)开导管的方法采用球胆或预制圆柱形混凝土隔水塞，在混凝土浇灌过程中，混凝土导管应埋入混凝土中2~4 m，最小埋深不得小于1.5 m，亦不宜大于6 m，两根管交替灌注混凝土。

(f)开导管时，下料斗内须初存的混凝土量要经计算确定，以保证完全排出导管内泥浆，并使导管出口埋深不小于0.8 m的流态混凝土中，防止泥浆卷入混凝土内。

②混凝土浇灌注意事项：

(A)混凝土浇筑不得中断，并控制在4~6 h内浇完，以保证混凝土的均匀性。间歇时间一般应控制在15 min内，任何情况下不得超过30 min。

(B)浇灌时要保持槽内混凝土面均衡上升，而且要使混凝土面上升速度不大于2 m/h，浇灌速度为30~35 $m^3/h$。

(C)在混凝土浇灌过程中，要随时用探锤测量混凝土面实际标高(至少3处，取平均值)计算混凝土上升高度，导管下口与混凝土相对位置，统计混凝土浇灌量，及时做好记录。

(D)搅拌好的混凝土应在1.5 h内浇筑完毕，夏季应在1 h内浇完，否则应掺加缓凝剂。

(7)槽段接头施工。

①槽段接头多采用半圆形接头，系在吊放钢筋笼前，在未开挖槽段一端紧靠土壁安放接头管(又称锁头管)，阻挡混凝土与未开挖槽段土体黏合，并起混凝土侧模作用，待混凝土浇灌后，逐渐拔出接头管，在浇筑段端部形成半圆形的混凝土接缝面。

②接头管用履带式吊车吊放槽内紧靠端壁，或贴半圆形槽壁，使管中心线与地下墙中心一致，并使整个管保持垂直状态，管下端放至槽底并插入 50 cm 以上，上端固定在导墙或顶升架上。

③接头管上拔方法常用的有吊车吊拔及液压千斤顶拔两种，前者适用于 18 m 内，直径 600 mm 以下接头管提拔；后者适用于直径较大，埋置较深接头管顶拔，也是国内外使用最广的方法。

④提拔接头管要掌握好混凝土的浇灌时间、浇灌高度、混凝土的凝固硬化速度，不失时机地提动和拔出。

⑤质量要求。

地下连续墙是通过竖向接头的连接形成整体墙段，其接头的受力性能和抗渗能力决定了设计、施工质量，因此有特殊的质量要求。

(A)施工接头应承受混凝土的侧向压力，倾斜度应不大于0.4%，不得妨碍下一槽段的开挖，且要有效防止混凝土绕过接头管外流。

(B)施工接头要专门设计，可用钢管、钢板、预制混凝土、化学纤维、气囊、橡胶等材料组成，其结构形式应便于施工。

## 12.6 质量控制

### 12.6.1 导墙施工

(1)导墙要有足够的深度，偏差应控制在 100 mm。

(2)导墙间距应为设计连续墙厚加余量(40 ~ 60 mm)。内外导墙间距偏差不大于5 mm；轴线偏差不大于 10 mm；墙面平整度不大于 5 mm；墙面倾斜度不大于 1/300。

### 12.6.2 泥浆制备

(1)泥浆性质要求。

①新制备泥浆比重应不大于 1.05，槽内泥浆比重不大于 1.15，槽底泥浆比重不大于 1.25。

②泥浆应保证物理性质的稳定性，在静置一段时间后泥浆的物理性质不发生变化，泥浆内颗粒不发生离析沉淀。

③泥浆应具有一定的化学稳定性、适当的比重、良好的流(触)变性、良好的泥皮形成性、一定的抗污染能力，泥浆制作时可以在泥浆中加入适当的加重剂、分散剂和增黏剂。

④被泥浆携带到地面上来的地层颗粒应能较为容易地从沉淀池、振动筛或其他分离设备中分离开来。

(2)泥浆处理。

①泥浆在使用中性质会逐渐恶化，需做再生或废弃处理。

②对于需处理后再使用的泥浆应将其中的土渣分离出去，根据土渣特点确定合适的分离方式。

### 12.6.3 连续墙施工平台

(1)施工平台为挖槽机、起重机和混凝土罐车等大型机械作业场地，应保证平坦、坚固、稳定，并且要有足够场地供各种机械和设备使用。

(2)施工平台应比连续墙的设计顶部高出0.5~1.0 m以上，施工平台应高出地下水位2.0 m以上。

(3)平台的宽度取决于挖槽机的类型及布置方式、泥浆系统等，宽度9.0~15.0 m。

(4)施工平台可以根据工地现场情况采用适当方式铺筑，修建施工平台应保证正常施工。

(5)当平台地基土层不能满足施工要求时，应采取处理措施，使地基承载力和变形能力达到要求。

(6)如平台基础需进行处理：一般较薄的地层可以直接挖除，换填砂滤料或黏性土等并分层夯实；地基表层的杂填土应全部挖除；地下水位较高时可以采用填方的办法将导墙施工作业面加高；当软弱土层深度较大，地下水位较高时，可以采用深层地基处理办法。

### 12.6.4 槽段划分

(1)槽段长为4.0~8.0 m。当土层不稳定、附近有高大建筑物或较大地面荷载时，为防止槽壁坍塌，应减少槽段长度。

(2)槽段划分应根据起重机的起重能力估算钢筋笼的重量和尺寸，推算槽段的长度。

(3)槽段划分应根据单位时间混凝土供应能力来确定，一般情况下槽段划分可参考下面公式：槽段长度不大于4 h混凝土的最大供应量/(墙宽×墙深)。

(4)槽段划分应根据泥浆池的容积来确定，一般情况下已有泥浆池的容积应不小于每一槽段容积的2倍。

(5)槽段分缝位置远离墙体受力(弯矩和剪力)最大的部位。

(6)在结构复杂的部位，分缝位置应便于开挖和浇注混凝土，槽段分缝应与导墙的施工分缝错开，墙体内有预留孔洞和重要预埋件时不得在此处分缝。

(7)在特殊情况下，可以采用长短槽段交错配置方式。

### 12.6.5 钢筋加工平台的设置

(1)加工平台大小应根据设计网片大小确定，长度、宽度比钢筋笼超出0.50~2.00 m，场地应平整以保证加工的网片平直不发生弯曲、扭曲及其他变形。

(2)加工平台如位于基础施工范围内，则应预留一定厚度保护土层，预留土厚度不得小于0.50 m。

### 12.6.6 挖槽

(1)开挖之前检查导墙的宽度、垂直度、走向及挖槽机的刀头尺寸，防止墙体厚度不足和过大。开挖过程中定期检查挖槽机状况，检验排土量等情况。

(2)施工时应注意经常检查垂直精度并及时调整。

(3)墙面开挖后应测定墙体的凸凹情况并记录其与土质的关系，供以后施工参考。

(4)在挖槽结束之后、插入钢筋笼之前，应等待淤积沉降到槽底之后再进行认真清底。

### 12.6.7 钢筋网片

(1)钢筋在加工平台上放样成型，制作前应检查钢筋材质、钢筋尺寸、平台尺寸，有无不均匀沉降。

(2)钢筋笼主筋应采用闪光对焊或机械连接，钢筋配筋、位置及连接正确，钢筋笼加工时工序应合理，应考虑浇注混凝土导管的位置。

(3)钢筋间距、连接部位、预埋件安装位置、加强区、桁架及保护层垫块等应符合设计图纸。

(4)钢筋接头搭接应符合国家规范。

(5)检查钢筋笼起吊工具强度及位置，检查防止钢筋笼起吊变形设置的补强材料的安装状态。

### 12.6.8 接头

(1)将钢筋笼分段放入槽孔内时，要检查其接头强度、位置、形状以及尺寸有无异常状态及上下段钢筋笼的垂直连接精度等。

(2)单元槽段接头方式(纵向接头)。

接头方式主要有接头管(箱)、预埋件、管圆、平接切除等，根据设计要求确定合适的接头方式，施工时使用最多的接头方式为接头管式。使用接头管方式应注意：

①应能检验接头管的插入深度。

②插入接头管时使用的工具要安全可靠。

③起吊接头管时，不得使管子弯曲，也不得使管子前端受损伤，应将其垂直、缓慢插入槽内。

④使用脱模剂时，要检验是否有未涂到的地方。

⑤混凝土不得流到接头管的背面。

⑥接头管拔出后应清洗干净，管壁不得粘泥。

(3)与内部主体结构连接的接头。

①为使接头容易连接并减少凿除作业，可采用各种预埋件方法。

②对于预埋件位置、尺寸以及由于泥浆的浮力是否会损伤预埋件等都必须认真检验。

③预埋件钢筋不得超出墙宽，预埋件钢筋配筋间距及位置应准确、合理。

### 12.6.9 混凝土浇注

(1)混凝土需进行试配确定符合设计要求的配合比，混凝土坍落度宜为180~220 mm。

(2)混凝土最好在1~2 h内使用，否则应使混凝土能缓凝5~6 h。

(3)石子粒径应小于40 mm，对于钢筋较多的钢筋混凝土连续墙，石子直径不宜大于25 mm。

(4)导管底口距槽底宜为150~250 mm，检查导管隔水塞及其安放是否符合设计要求，确保管内不进水和初灌成功率。

(5)用两根以上导管浇灌混凝土时，导管间距宜为3~4 m，须同时进行浇灌，且应连续不中断，导管提升应同步，其混凝土面高度差不应大于300 mm。

(6)导管要始终保证埋入混凝土内1.50 m以上，同时导管埋入混凝土内的深度不宜大于6.0 m，浇注时可在垂直方向0.30~0.50 m上下提管(不可水平移动)。

(7)浇注时应注意控制浇灌速度及导管埋深防止钢筋网片上浮。

(8)应在设计连续墙顶超灌一定高度的混凝土保护层。

(9)对于可能漏失混凝土的接头部位要采取必要的修补措施。

(10)在浇灌过程中应防止堵管，如发生堵管则应分析原因，采取合适的处理方法。

(11)应将拔出的接头管清扫干净。

## 12.7 质量标准

### 12.7.1 其他质量要求

(1)施工前应检验进场的钢材、电焊条，确定合格的商品混凝土供应商。

(2)施工中应检查成槽的垂直度、槽底的淤积物厚度、泥浆密度、钢筋笼尺寸、浇注导管位置、混凝土上升的速度、浇注面标高、地下连续墙连接面的清洗程度、商品混凝土的塌落度、接头管的拔出时间及速度。

(3)成槽结束后，应用超声波测壁仪对槽的深度、宽度及倾斜度进行检验，重要的结构应对每段进行检测，一般结构可抽查20%槽段，每个槽段应抽查一个断面。

(4)对于永久性结构的地下连续墙，在钢筋笼放入后，应做第二次清孔，沉渣厚度应符合设计和规范要求。

(5)每50 $m^3$地下连续墙应做1组混凝土试块，每5个槽段做一组抗渗试块，在强度满足设计要求后方可开挖。

### 12.7.2 地下连续墙质量验收标准

地下连续墙质量验收标准、地下连续墙钢筋笼质量验收标准如表12-12、表12-13所示。

**表 12－12 地下连续墙质量检验标准**

| 项 | 序 | 检查项目 | | 合格标准 | 检查方法 |
|---|---|---|---|---|---|
| 主控项目 | 1 | 墙体强度 | | 设计要求 | 查试件记录或取芯试压 |
| | 2 | 垂直度：永久结构<br>临时结构 | | 1/350<br>1/200 | 超声波测槽仪或成槽机上的监测系统 |
| 一般项目 | 1 | 导墙尺寸 | 宽度<br>墙面平整度<br>导墙平面位置 | $W$＋35 mm<br>＜5 mm<br>±10 mm | 用钢尺量，$W$ 为地下墙设计厚度<br>用钢尺量<br>用钢尺量 |
| | 2 | 沉渣厚度：永久结构<br>临时结构 | | ≤80 mm<br>≤160 mm | 重锤测或沉积物测定仪器 |
| | 3 | 槽深 | | ＋100 mm | 重锤测 |
| | 4 | 混凝土坍落度 | | 180 mm ~<br>220 mm | 坍落度测定器 |
| | 5 | 钢筋笼尺寸 | | 见表 12－13 | 见表 12－13 |
| | 6 | 地下墙表面平整度 | 永久结构<br>临时结构<br>插入式结构 | ＜80 mm<br>＜120 mm<br>＜16 mm | 此为均匀黏土层，<br>松散及易坍土层由设计决定 |
| | 7 | 永久结构 | 水平向<br>垂直向 | ≤10 mm<br>≤20 mm | 用钢尺量<br>水准仪 |

**表 12－13 地下连续墙钢筋笼质量检验标准**

| 项 | 序 | 检查项目 | 合格标准 | 检查方法 |
|---|---|---|---|---|
| 主控项目 | 1 | 主筋间距 | ± 8 mm | 用钢尺量 |
| | 2 | 网片长度 | ± 80 mm | 用钢尺量 |
| 一般项目 | 1 | 钢筋材质检验 | 设计要求 | 抽样送检 |
| | 2 | 箍筋间距 | ± 16 mm | 用钢尺量 |
| | 3 | 网片宽度 | ± 10 mm | 用钢尺量 |

## 12.8 成品保护

(1)钢筋笼加工成型后应平整放置并设立标识，防止重压、来回搬运、折弯等。

(2)地下连续墙施工完毕后应及时养护，墙顶不得来回碾压，待强度达到设计要求后方可开挖。

(3)地下连续墙应按设计要求分步开挖。

# 12.9 安全环保措施

## 12.9.1 安全措施

(1)按照施工组织设计要求规划布置施工现场的安全保护设施，落实安全措施后才能开工。

(2)施工人员需经过三级安全教育培训，并参加了施工技术、安全技术措施交底，特殊作业工种必须持证上岗，熟悉施工现场的危险源和应急措施。

(3)作业人员已配有合格的个人防护用品，主要有劳保鞋、劳保工作服、手套(电焊工配绝缘手套)、防尘口罩等，定期体检，严格执行职业病防护措施。

(4)做好不同季节作业人员防暑降温、防寒保暖等工作。

(5)进行定期或不定期的安全检查，及时发现和消除安全事故隐患，制止违章作业和违章指挥，对重点作业场所，加强安全管理力度。

(6)现场临时用电采用 TN－S 系统三相五线制，严格执行三级配电、二级保护及“一机、一闸、一保护”的规定；电缆架设应顺直、标准，保证绝缘良好；所有电气设备和金属外壳具有良好的接地和接零保护，所有的临时电源和移动电具安装有效的二级漏电保护开关，潮湿的场所使用安全电压。

(7)成槽机、起重设备安装和拆除必须执行相应的《安装方案》和《拆除方案》，安装完成后，使用前必须组织试吊、试运行和有关部门正式验收，经确认合格后方可作业。

(8)为了保证钢筋笼吊装安全，吊点位置的确定与吊环、吊具的安全性应经过设计与验算，吊环必须与钢筋相交的水平钢筋笼每个交点都焊接牢固。

(9)在保护设施不齐全、监护人员不到位的情况下，严禁人员下槽、孔内清理障碍物。

(10)经常检查钢丝绳的磨损程度，并按规定及时更新。

(11)起重机工作前，必须检查距尾部的回转半径外 500 mm 内无障碍物；起重机吊钢筋笼时，应先吊离地面 20～50 cm，检查起重机的稳定性，制动器的可靠性、吊点和钢筋笼的牢固程度确认可靠后，方能继续起吊。

(12)按照应急预案要求配备抢险人员和器材。

## 12.9.2 环保措施

(1)开工前，应对每个施工人员进行环境保护、环境卫生教育培训，并做好记录。

(2)对施工现场生产、生活用水的排放进行控制。施工前按实施性施工组织设计建好生产区和生活区排水沟。排水沟的宽度、深度、坡度满足排放要求，避免沟内积水。

(3)分块设置过滤池和沉淀池，所有生活、生产用水均经过过滤、沉淀后方可排出。不定期对水沟、水池进行清理和冲洗，确保水沟、水池内无长期积水和垃圾。

(4)加强机械管理，改进施工工艺，执行《建筑施工场界环境噪声排放标准》(GB 12523—2011)标准，减少施工过程中的噪声。

(5)地下连续墙施工产生的废泥浆采用专用的泥浆二次处理机处理，泥浆二次处理机处理将泥水进行分离，形成的泥饼运往弃土场，滤出的清水排入排水沟。

(6)施工中产生的固体废弃物及时回收处理，施工机械定期检查维修。
(7)按照应急预案要求配备抢险人员和器材。

## 12.10　质量记录

(1)地下连续墙护壁泥浆质量检查记录。
(2)水泥钢筋等质量检查记录。
(3)混凝土配合比记录。
(4)地下连续墙成槽质量验收记录。
(5)地下连续墙钢筋制安质量验收记录。
(6)混凝土浇筑施工记录。
(7)地下连续墙成品质量验收记录。

# 13 螺旋钻孔桩施工工艺标准

## 13.1 总则

### 13.1.1 适用范围

本标准适用于地下水位以上的一般黏性土、粉土、黄土以及密实的黏性土、砂土层中使用的螺旋钻孔桩。

### 13.1.2 编制参考标准及规范

(1)《建筑工程施工质量验收统一标准》(GB 50300—2013)。

(2)《建筑地基基础工程施工质量验收规范》(GB 50202—2018)。

(3)《建筑桩基技术规范》(JGJ 94—2008)。

## 13.2 术语

(1)螺旋钻孔灌注桩：利用电动机带动螺旋叶片的钻杆转动，使钻头螺旋叶片旋转削土，土块随螺旋叶片上升排出孔口，至设计深度后，进行孔底清理，然后下钢筋笼，灌注混凝土成桩。

(2)钢筋笼：当混凝土结构物为柱状或条状构件时，中心部分不需要配筋，只在混凝土构件接触空气的面底下配置钢筋。如果这个构件是独立的，我们把这个构件周边设置的钢筋预先制作好，这就是钢筋笼。通常我们把钻孔灌注桩、挖孔桩、立柱等预先制作的钢筋结构叫钢筋笼。

## 13.3 施工准备

### 13.3.1 技术准备

熟悉图纸、详细的工程地质资料，确定桩基施工组织设计，施工方案，根据图纸定好桩位点、编号、施工顺序、水电线路和临时设施设置。

### 13.3.2 材料准备

钢筋、水泥、砂、石、水、外加剂等。

### 13.3.3 主要机具

螺旋钻孔机、机动小翻斗车或手推车、长短棒式振捣器、溜筒、盖板、测绳、手把灯、低压变压器及线坠等。

### 13.3.4 作业条件

(1)“三通一平”，施工用临时设施准备就绪。

(2)选择和确定钻孔机进出路线和钻孔顺序，制定施工方案，做好技术交底。

(3)据图纸测量放样轴线及桩位点。

### 13.3.5 劳动力组织

螺旋钻孔桩施工劳动力组织如表13－1所示。

**表13－1 螺旋钻孔桩施工劳动力组织**

| 工种 | 人数/人 | 工作地点 | 职责范围 |
|---|---|---|---|
| 施工队长 | 1 | 整个施工现场 | 负责跟班组织施工管理工作、协助总指挥工作等 |
| 工班长 | 3 | 整个施工现场 | 负责钻孔、钢筋制安、砼浇筑等 |
| 技术员 | 1 | 整个施工现场 | 负责跟班解决施工中的技术问题，编写技术措施等 |
| 安全员 | 1 | 整个施工现场 | 负责跟班检查安全措施、安全措施的执行情况及安全教育工作，对安全生产负责 |
| 质量检查员 | 1 | 整个施工现场 | 负责跟班检查工程质量，组织各工种交接及质量保证措施的执行情况，对工程质量负责 |
| 测量工 | 2 | 施工现场 | 负责桩位放样，桩基高程测量等 |
| 钻孔机械操作工 | 6 | 钻孔现场 | 负责钻孔设备安装、钻孔、移位、保养等 |
| 铲车司机 | 2 | 拌和站 | 负责混凝土拌和材料上料、打堆等 |
| 砼罐车司机 | 4 | 施工现场 | 负责混凝土运输 |
| 混凝土与砂浆搅拌工 | 2 | 拌和站 | 负责混凝土搅拌 |
| 电工 | 2 | 整个施工现场 | 负责现场动力、照明、通信等电器系统的维修保护 |
| 材料员 | 1 | 材料仓库 | 负责施工材料供应及管理 |
| 杂工 | 20 | 整个施工现场 | 负责混凝土浇筑、钢筋捆绑、搬运及现场清理等 |
| 总计 | 46 | | |

注：此表为一个作业班施工配备人员，未计后勤、行政等人员。

## 13.4 工艺设计和控制要求

### 13.4.1 技术要求

(1)钢筋加工前，应对所采用的钢筋进行外观检查，钢筋表面必须洁净，无损伤、油渍、漆污和铁锈等，带有颗粒状或片状老锈的钢筋严禁使用。

(2)钢筋加工前，应先行调直，使钢筋无局部曲折。

(3)混凝土搅拌按以下规定执行：

①原材料计量方法力求简便易行、可靠。

②外加剂应用台秤计量。

③当拌制混凝土受到外界因素的影响时(如砂石含水量的变化)，应及时调整和修正配合比，使拌制的混凝土达到设计的要求。

④混凝土搅拌的最短时间，强制式搅拌机不少于90 s，自落式不少于120 s。

⑤混凝土拌和物搅拌必须均匀，且色泽一致。

⑥应在拌制地点和灌注地点分别检查混凝土的坍落度和温度。

### 13.4.2 材料质量要求

(1)水泥：采用32.5级矿渣硅酸盐水泥。

(2)砂：中砂或粗砂，含泥量不大于5%。

(3)石子：卵石或碎石，粒径5~31.5 mm，含泥量不大于2%。

(4)水：自来水或不含有害物质的洁净水。

(5)钢筋：钢筋的级别、直径必须符合设计要求，有出厂证明书及复试报告，表面无老锈和油污。

(6)垫块：用1∶3水泥砂浆埋22号火烧丝提前预制成或用塑料卡。

### 13.4.3 职业健康安全要求

(1)严格遵守安全劳动的规章制度，进入施工现场必须按规定正确戴好安全帽，高空作业必须穿戴安全带，不得穿硬底鞋，施工作业应按规定穿戴劳动安全防护用品。在施工区域不准赤脚、赤膊，不准穿拖鞋、凉鞋。

(2)严禁违章指挥；严禁违章作业；严禁酒后操作；机械作业时，操作人员不准擅自离开工作岗位或将机械交给非本机操作人员操作。

(3)机架要保持平衡稳定，防止倾翻，在松软地面环境下施工时，要预防地面下沉，确保施工过程及移机行走的安全，机架起吊物件时下面及周边禁止站人，严禁上下抛掷物件。

(4)施工现场临时用电，必须按照《施工现场临时用电安全技术规程》的要求进行三相五线配电，所有用电设备必须装设漏电保护装置，要实行”一机、一闸、一漏、一箱”，电器设备及电箱应有防雨、防水措施，用电设备以及金属外壳必须接有可靠牢固的接地或(接零)保护，防止人体触电，用电安装、接线及拆卸必须由持证电工实施。

(5)移动桩机时、钻杆时必须保持与高压电线的安全距离。

### 13.4.4 环境要求

(1)雷雨、台风季节，应装有避雷器，接地电阻不得大于4Ω，遇有行雷闪电，作业人员应远离桩机。

(2)遇有大暴雨和台风，以及六级以上大风等恶劣气候应停止施工作业，并应做好防雨、防风、防雷的安全措施。

## 13.5 施工工艺

### 13.5.1 工艺流程

螺旋钻孔桩施工工艺流程如图13－1所示。

钻孔机就位 → 钻孔 → 检查质量 → 孔底清理 → 移钻孔机 → 放钢筋笼 → 浇筑混凝土(随浇随振)

**图13－1 螺旋钻孔桩施工工艺流程图**

### 13.5.2 操作工艺

(1)钻孔机就位。

就位前应核对图纸与桩位，确保就位符合设计要求，钻机必须铺垫平稳，确保机身平整，钻机垂直稳定牢固，钻头对准桩位后开钻。随时注意并校正钻杆的垂直度；钻孔时应随钻随清理钻进排出的土方；钻至设计深度后空钻清底。

桩位偏差控制：中间桩不大于100 mm，边桩不大于60 mm。

桩垂直度：桩机就位时，根据钻塔两个垂直方向的线锤控制，调整桩身垂直度，垂直度偏差不得超过0.5%，若出现钻塔倾斜等情况，应停止钻孔，待纠正后再成孔。

高程控制：将高程控制网已知水准点引至施工现场并做好相应保护，然后根据施工场地高程、钻杆长度，计算出钻入地下深度，然后在钻塔上做好标记。并严格按照设计桩长要求施工到设计数值。

同时应控制桩机路线，严格按照施工方案监控桩机安全平稳运行，开孔后至成桩全过程应确保桩机支撑稳定无移位倾斜及超过规定的振动。

(2)钻孔。

开钻前必须检查钻头上的契形出料口是否闭合，严禁开口钻进，钻头直径控制在$D+20$ mm，钻尖接触地面时，下钻速度宜为1.0～1.5 m/min或根据试桩确定相关工艺参数。

成孔过程中，一般不得反转和提升钻杆，如需提升钻杆或反转应将钻杆提升到地面，对钻尖开启门须重新清洗、调试、封口。

进入软硬层交界时，应保证钻杆垂直，缓慢进入，在含有砖块、杂填土层或含水量较大的软塑性土层钻进时，应尽量减少钻杆晃动，以免孔径变化异常，钻进时注意电流变化状态，电流值超越操作规程时，应及时提升排土，直至电流变化为正常状态，钻出的土应随钻随清，钻至设计高程时，应将钻杆周围土方清除干净，钻进过程中应随时检查钻杆垂直度，确保钻杆垂直，并做好记录。

桩机就位对中，应匀速旋钻，均匀下沉，钻孔过程中排出的污泥(或泥浆)应随清随出，确保施工现场整洁便于桩机行走。严格控制桩长，不同桩长应有不同桩长控制标志。

钻孔过程中操作人员要密切注意钻进情况，发现钻杆剧烈抖动等异常情况应立即停机，技术管理人员立即采取措施予以解决。

(3)检查成孔质量。

①钻深测定：用测深绳(锤)或手提灯测量孔深及虚土厚度。虚土厚度等于钻孔深的差值，虚土厚度不超过10 cm。

②孔径控制：钻进遇有含石块较多的土层，或含水量较大的软塑黏土层时，必须防止钻杆晃动引起孔径扩大，致使孔壁附着扰动土和孔底增加回落土。

(4)孔底土清理：钻到预定的深度后，必须在孔底处进行空转清土，然后停止转动；提钻杆，不得曲转钻杆。孔底的虚土厚度超过质量标准时，要分析原因，采取措施进行处理。进钻过程中散落在地面上的土，必须随时清除运走。

(5)钻机移位：经过成孔检查后，填好桩孔施工记录，然后盖好孔口盖板，并要防止在盖板上行车或走人。最后再移走钻机到下一桩位。

(6)钢筋笼的制作、安放。

①钢筋笼的制作应符合设计和规范要求。

②长桩宜分段制作，分段长度应根据吊装条件和总长度计算确定，应确保钢筋笼在移动、起吊时不变形，相邻两段钢筋笼的接头需按有关规范要求错开。

③应在钢筋笼外侧设置控制保护层厚度的垫块，可采用与桩身混凝土等强度的混凝土垫块或用钢筋焊在竖向主筋上，其间距竖向为2 m，横向圆周不得少于4处，并均匀布置。钢筋笼顶端应设置吊环。

④大直径钢筋笼制作完成后，应在内部加强箍上设置十字撑或三角撑，确保钢筋笼在存放、移动、吊装过程中不变形。

⑤钢筋笼入孔一般采用吊车，对于小直径无吊车时可采用钻机钻架、灌注塔架等。起吊应按钢筋笼长度的编号入孔，起吊过程中应采取措施确保钢筋笼不变形。

⑥在钢筋笼顶部采取有效措施固定钢筋笼以防止钢筋笼在浇筑混凝土时上浮。

⑦护筒井架处用具有足够刚度、强度的材料(型钢、方木等)承担钢筋笼、导管或串筒重量。

(7)浇筑混凝土。

①移走钻孔盖板，再次复查孔、孔径、孔壁、垂直度及孔底虚土厚度。有不符合质量标准要求时，要处理合格后，再进行下道工序。

②吊放钢筋笼：钢筋笼放入前要先绑好砂浆垫块(或塑料卡)；吊放钢筋笼时，要对准孔位，吊直扶稳，缓慢下沉，避免碰撞孔壁。钢筋笼放到设计位置时，要立即固定。遇有两段钢筋笼连接时，要采取焊接，以确保钢筋的位置正确，保护层厚度符合要求。

③放串筒浇筑混凝土：在放串筒前要再次检查和测量钻孔内虚土厚度；浇筑混凝土时，要连续进行，分层振捣密实，分层高度以捣固的工具而定，一般不大于1.5 m。混凝土浇筑到桩顶时，要适当超过桩顶设计标高，以保证在凿除浮浆后，桩顶标高符合设计要求。混凝土浇到距桩顶1.5 m时，可拔出串筒，直接浇灌混凝土。混凝土的坍落度为7～10 cm，为保

证其和易性及坍落度，要注意调整砂率和掺入减水剂、粉煤灰等，同批次砼，取样应达到规范要求。

④放导管浇筑水下混凝土：其方法与钻孔灌注桩同。

## 13.6　质量标准

### 13.6.1　一般规定

(1)桩位的放样允许偏差如下：

①群桩：20 mm。

②单排桩：10 mm。

(2)灌注桩的桩位偏差必须符合表13－2的规定，砼取样应符合试验规程。

**表13－2　螺旋钻孔灌注桩的平面位置和垂直度的允许偏差**

| 序号 | 桩径/mm | 桩径允许偏差/mm | 垂直度允许偏差/% | 桩位允许偏差/mm | |
|---|---|---|---|---|---|
| | | | | 1～3根、单排桩基 垂直于中心线方向 和群桩基础的边桩 | 条形桩基沿中心 线方向和群桩基 础的中间桩 |
| 1 | $D \leqslant 1000$ | ±50 | <1 | $D/6$，且不大于100 | $D/4$，且不大于150 |
| 2 | $D>1000$ | ±50 | | $100+0.01H$ | $150+0.01H$ |

注：$H$为施工现场地面标高与桩顶设计标高的距离，$D$为设计桩径。

(3)工程桩应进行承载力检验。对于地基基础设计等级为甲级或地质条件复杂，成桩质量可靠性低的灌注桩，应采用静载荷试验的方法进行检验，检验桩数不应少于总数的1%，且不应少于3根，当总桩数少于50根时，不应少于2根。

(4)对砂、石子、钢材、水泥等原材料的质量、检验项目、批量和检验方法，应符合国家现行标准的规定。

### 13.6.2　质量检验标准

混凝土灌注桩的质量检验标准应符合表13－3、表13－4的规定。

**表13－3　混凝土灌注桩钢筋质量检验标准**

| 项目 | 序号 | 检查项目 | 允许偏差或允许 | 检查方法 |
|---|---|---|---|---|
| 主控项目 | 1 | 主筋间距/mm | ±10 | 用钢尺量 |
| | 2 | 长度/mm | ±100 | 用钢尺量 |
| 一般项目 | 1 | 钢筋材质送检 | 设计要求 | 抽样送检 |
| | 2 | 箍筋间距/mm | ±20 | 用钢尺量 |
| | 3 | 直径/mm | ±10 | 用钢尺量 |

表 13－4 混凝土灌注桩质量检验表

<table>
<tr><th rowspan="2">项目</th><th rowspan="2">序号</th><th rowspan="2">检查项目</th><th colspan="2">允许偏差或允许值</th><th rowspan="2">检查方法</th></tr>
<tr><th>单位</th><th>数值</th></tr>
<tr><td rowspan="5">主控项目</td><td>1</td><td>桩位</td><td colspan="2">见表 13－2</td><td>基坑开挖前量护筒，<br>开挖后量桩中心</td></tr>
<tr><td>2</td><td>孔深</td><td>mm</td><td>±300</td><td>只深不浅，用重锤测，嵌岩桩应确保进入设计要求的嵌岩深度</td></tr>
<tr><td>3</td><td>桩体质量检验</td><td colspan="2">按基桩检测技术规范。<br>如钻芯取样，大直径嵌<br>岩桩应钻至桩尖下 50 cm</td><td>按桩基检测技术规范</td></tr>
<tr><td>4</td><td>混凝土强度</td><td colspan="2">设计要求</td><td>试件报告或钻芯取样检测</td></tr>
<tr><td>5</td><td>承载力</td><td colspan="2">按《建筑基桩检测技术规范》</td><td>按《建筑基桩检测技术规范》</td></tr>
<tr><td rowspan="11">一般项目</td><td>1</td><td>垂直度</td><td colspan="2">见表 13－2</td><td rowspan="2">测套管或钻杆，或用超声波探测</td></tr>
<tr><td>2</td><td>桩 径</td><td colspan="2">见表 13－2</td></tr>
<tr><td rowspan="2">3</td><td rowspan="2">泥浆相对密度</td><td colspan="2" rowspan="2">1.15～1.2</td><td>井径仪或超声波检测</td></tr>
<tr><td>用比重计测，清孔后在<br>距孔底 50 cm 处取样</td></tr>
<tr><td>4</td><td>泥浆面标高<br>（高于地下水位）</td><td>m</td><td>0.5－1.0</td><td>目 测</td></tr>
<tr><td>5</td><td>沉渣厚度；<br>端承桩、摩擦桩</td><td>mm</td><td>≤50<br>≤150</td><td>用沉渣仪或重锤测量</td></tr>
<tr><td rowspan="2">6</td><td rowspan="2">混凝土坍落度水<br>下灌注、施工</td><td>mm</td><td>160～220</td><td rowspan="2">坍落度仪</td></tr>
<tr><td>mm</td><td>70～100</td></tr>
<tr><td>7</td><td>钢筋笼安装深度</td><td>mm</td><td>±100</td><td>用钢尺量</td></tr>
<tr><td>8</td><td>混凝土充盈系数</td><td colspan="2">>1</td><td>检查每根桩的实际灌注量</td></tr>
<tr><td>9</td><td>桩顶标高</td><td>mm</td><td>+30，－50</td><td>水准仪，需扣除桩顶浮浆层<br>及劣质桩体</td></tr>
</table>

## 13.7 成品保护

（1）灌注桩施工完毕进行基础开挖时，应制定合理的施工顺序和技术措施，防止桩的位移和倾斜。并应检查每根桩的纵横水平偏差。

（2）桩头外留的主筋插铁要妥善保护，不得任意弯折或压断。

（3）桩头混凝土不得碾压，以防桩头损坏。

# 13.8 安全环保措施

## 13.8.1 安全措施

(1)机械设备操作人员(或驾驶员)必须经过专门训练，熟悉机械操作性能，经专业管理部门考核取得操作证或驾驶证后上机(车)操作。

(2)机械设备操作人员和指挥人员严格遵守安全操作技术规程，工作时集中精力，谨慎工作，不擅离职守，严禁酒后驾驶。

(3)机械设备发生故障后及时检修，决不带故障运行，不违规操作，杜绝机械和车辆事故。

(4)专业电工持证上岗。电工有权拒绝执行违反电器安全规程的工作指令，安全员有权制止违反用电安全的行为，严禁违章指挥和违章作业。

(5)所有现场施工人员佩戴安全帽，特种作业人员佩戴专门的防护用具。

(6)所有现场作业人员和机械操作手严禁酒后上岗。

(7)护筒埋设完毕、灌注混凝土完毕后的桩坑应加以保护，避免人或物品掉入。

(8)泥浆池的周围必须进行围护，防止人掉入泥浆池。

(9)登高作业超过 2 m，必须穿防滑鞋，系安全带。

(10)钢筋笼起吊时要平稳，严禁猛起猛落，并拉好尾绳。

(11)灌注桩施工现场所有设备、设施、安全装置、工具配件以及个人劳保用品必须经常检查，确保完好和使用安全。

(12)施工现场的一切电源、电路的安装和拆除必须由持证电工操作；电器必须严格接地、接零和使用漏电保护器。各孔用电必须分闸，严禁一闸多用。孔上电缆必须架空 2.0 m 以上，严禁拖地和埋压土中，孔内电缆、电线必须有防磨损、防潮、防断等保护措施。照明应采用安全矿灯或 12 V 以下的安全灯。并遵守《施工现场临时用电安全技术规范》(JGJ 46—2005)的规定。

## 13.8.2 环保措施

(1)粉尘的细料或松散料运输时用帆布、盖套等遮盖物覆盖。

(2)生活污水不直接排入农田、耕地、灌溉渠和水库，不排入饮用水源。

(3)清洁、腐烂变质的食物及时处理，食堂工作人员定期体检。

(4)受工程影响的一切公用设施与结构物，在施工期间应采取适当措施加以保护。

(5)使用机械设备时，要尽量减少噪声、废气等污染；施工场地的噪声应符合《建筑施工场界环境噪声排放标准》(GB 12523—2011)的规定。

(6)运转时有粉尘发生的施工场地，如水泥混凝土拌和机站等投料器应有防尘设备。在这些场地作业的工作人员配备必要的劳保防护用品。

(7)驶出施工现场的车辆应进行清理，避免携带泥土。

## 13.9 质量记录

(1)测量放线记录。

(2)混凝土配合比报告单。

(3)钢筋检验报告、出场合格证。

(4)螺旋钻机钻进记录。

(5)灌注桩隐蔽工程验收记录。

(6)混凝土灌注记录。

(7)钢筋焊接验收记录。

(8)钢筋加工安装验收记录。

(9)混凝土试块28 d标养抗压强度试验报告。

# 14 泥浆护壁钻孔灌注桩施工工艺标准

## 14.1 总则

### 14.1.1 适用范围

本标准适用于以下桩基施工：

(1)冲击成孔灌注桩：适用于黄土、黏性土或粉质黏土和人工杂填土层中应用，特别适合于有孤石的砂砾石层、漂石层、坚硬土层、岩层中使用，对流砂层亦可克服，但对淤泥及淤泥质土，则应慎重使用。

(2)冲抓成孔灌注桩：适用于一般较松软黏土、粉质黏土、砂土、砂砾层以及软质岩层应用，孔深在20 m内。

(3)回转钻成孔灌注桩：适用于地下水位较高的软、硬土层(如淤泥、黏性土、砂土、软质岩层)。

(4)潜水钻成孔灌注桩：适用于地下水位较高的软、硬土层(如淤泥、淤泥质土、黏土、粉质黏土、砂土、砂夹卵石)及风化页岩层中使用，不得用于漂石。

### 14.1.2 编制参考标准及规范

(1)《建筑工程施工质量验收统一标准》(GB 50300—2013)。

(2)《建筑地基基础工程施工质量验收规范》(GB 50202—2018)。

(3)《建筑桩基技术规范》(JGJ 94—2008)。

(4)《建筑地基基础设计规范》(GB 50007—2011)。

(5)《公路桥涵施工技术规范》(JTG/T F50—2011)。

(6)《公路工程施工安全技术规程》(JTG F90—2015)。

## 14.2 术语

(1)灌注桩：先用机械或人工成孔，然后再下钢筋笼、灌注混凝土的基础桩。

(2)泥浆护壁：用机械进行贯注桩成孔时，为防止塌孔在孔内用相对密度有一定要求的泥浆，起到保护孔壁、防止塌孔的作用。

## 14.3 施工准备

### 14.3.1 技术准备

(1)认真熟悉现场的工程地质和水文地质资料，收集场区内地下障碍物、管网等相关资料。

(2)结合场区内的具体情况，编制施工组织设计和施工方案。选择合适的钻孔机具及成孔方法。

(3)选择合适的泥浆及造浆方法、泥浆循环系统。

(4)对现场施工人员进行图纸和施工方案交底，专业工种应进行短期专业技术培训。

(5)组织现场所有管理人员和施工人员学习有关安全、文明施工规程，增强职工安全、文明施工和环保意识。

(6)进行测量基准交底、复测及验收工作。

(7)做好设计砼配合比试验。

(8)对钻机、空压机、集中拌和站等大型机械进行安装调试。

(9)其他技术准备工作。

### 14.3.2 材料准备

通过试验确定使用的钢筋、水泥、砂、石子、水、外加剂等原材料；黏土或膨润土、纯碱、钠羧甲基纤维素、聚丙烯酰胺等泥浆制备材料。

### 14.3.3 主要机具

(1)钻孔机具：钻机(潜水钻机、回旋钻孔机、冲击钻机、冲抓式成孔机)。

(2)制浆机具：泥浆搅拌机、泥浆泵、空压机、水泵、旋流器、惯性振动筛、清渣设备、泥浆密度称、漏斗黏度计、含沙量测定器。

(3)钢筋加工机具：钢筋弯曲机、钢筋调直机、钢筋切断机、电焊机、气割割枪、砂轮切割机等。

(4)混凝土施工机具：混凝土集中搅拌站、混凝土运输车、混凝土输送泵、行走式起重机、导管等。

(5)工具：平尖头铁楸、扳手等。

### 14.3.4 作业条件

(1)施工平台已搭好，坚实稳固，并具备机械、人员操作空间。

(2)施工用水、用电接至施工场区，并满足机械及成孔要求。

(3)运输道路畅通，混凝土搅拌站、混凝土运输、混凝土浇筑机械试运转完毕，钢筋进场检验合格，钢筋骨架安放设备满足要求。

(4)测量控制网(高程、坐标点)已建立，桩位放线工作完成，或复测验收合格。

(5)泥浆池和排浆槽已挖好。

### 14.3.5　劳动力组织

(1)泥浆护壁钻孔施工劳动力组织如表 14－1 所示。

**表 14－1　泥浆护壁钻孔施工劳动力组织**

| 工种 | 人数/人 | 工作地点 | 职责范围 |
| --- | --- | --- | --- |
| 钻机操作手 | 6 | 现场 | 负责钻孔设备安装、钻进成孔、移位、保养等 |
| 泥浆制备 | 4 | 现场 | 负责泥浆制备、循环系统出渣 |
| 其他 | 12 | 现场 | 值班技术员、安全员、测量员、试验员、电工等 |
| 总计 | 22 | | |

注：此表以一个钻机为一个作业组配备人员，按三班作业安排，未计后勤、行政等人员。

(2)泥浆护壁钻孔施工劳动力组织如表 14－2 所示：

**表 14－2　灌注桩砼劳动力组织**

| 工种 | 人数/人 | 工作地点 | 职责范围 |
| --- | --- | --- | --- |
| 钢筋工 | 10 | 钢筋制作在工厂，安装在现场 | 负责钢筋制作，运送到现场安装 |
| 砼拌和 | | 砼集中拌和站 | 在规定桩浇筑时间内拌和所需的砼 |
| 砼运输：砼搅和运输车 | | 拌和站至现场 | 满足在规定时间内连续运输供应所需砼 |
| 现场指挥 | 1 | 现场 | 指挥、协调各工序的衔接 |
| 砼提升：吊车吊砼或砼输送泵 | 5 | 现场 | 吊车提升，司机 1 人，挂钩 2 人，砼输送泵 2 人 |
| 漏斗、储料斗工作平台 | 3 | 现场 | 负责开关砼吊斗阀门，扒砼至漏斗 |
| 导管的升降，用钻机或吊车 | 2 | 现场 | 负责导管的提升或下降 |
| 拆除导管 | 4 | 现场 | 负责导管的拆除、清洗、堆码 |
| 测深砼表面高度 | 2 | 现场 | 随时报告砼高程和导管埋深深度(大直径桩、长桩安排 2 人测深，相互校核，防止差错) |
| 其他：现场技术员、安全员、电工、机修工、试验室人员等 | 6 | 现场 | 现场值班和制作试件、测坍落度 |
| 总计 | 33 | | |

注：此表以一个孔作为一个作业组配备人员，未计后勤、行政等人员。

## 14.4 设计和控制要求

### 14.4.1 技术要求

(1)施工前应制订专项施工技术方案和安全技术方案。

(2)施工前制定环境保护方案，施工过程中所产生的泥浆应妥善处理，不得随意排放，污染环境。

(3)钢筋加工前，应对所采用的钢筋进行外观检查，钢筋表面必须洁净，无损伤、油渍、漆污和铁锈等，带有颗粒状或片状老锈的钢筋严禁使用。

(4)钢筋加工前，应先行调直，使钢筋无局部曲折。

(5)混凝土搅拌按以下规定执行：

①当拌制混凝土受到外界因素的影响时(如砂石含水量的变化)，应及时调整和修正配合比，使拌制的混凝土达到设计的要求。

②混凝土搅拌的最短时间，强制式搅拌机不少于 90 s，自落式不少于 120 s。

③混凝土拌和物搅拌必须均匀，且色泽一致。

(6)护筒埋入土中的深度必须满足要求，护筒四周用黏性土回填并分层夯实。水中钢护筒底节应打入覆盖层一定深度，防止钻孔时漏浆，防止浇筑砼时砼从底节处冲破覆盖层流失，顶节要伸出水面 1.5 ~2 m，钢护筒中心线与桩中心线偏差在规范容许范围内。

(7)施工平台的一般要求：

①场地内无水时，可稍作平整、碾压以能满足机械行走移位的要求。

②场地为浅水时，宜采用筑岛法施工，筑岛的技术要求应符合《公路桥涵施工技术规范》(JTG/T F50—2011)的规定。筑岛面积应按钻孔方法、机具大小等要求决定；高度应高于施工水位 0.5 ~1.0 m。

③场地为深水时，可采用钢管桩施工平台，双壁钢围堰平台等固定式平台，也可采用浮式施工平台。平台须牢靠稳定，能承受作业时的所有静、动荷载。

(8)钻机就位时，必须保持钻机平稳、不倾斜和位移，并采取一定的固定措施。为控制钻孔深度，应对每桩位地面测设标高，以便施工控制和记录。

(9)钻机就位时，应采取措施保证钻具中心和护筒中心重合，其偏差不应大于 20 mm。钻机就位后应平整稳固，保证在钻进过程中不产生位移和摇晃，否则应及时处理。

(10)钻进成孔的一般要求

①钻孔前，应根据工程地质资料和设计资料，使用适当的钻机种类、型号，并配备适用的钻头，调配合适的泥浆。

②桩孔施工应尽量一次不间断完成，不得无故中途停钻。施工中各岗位操作人员必须认真履行岗位职责，做好交接班记录。

③开钻时，在护筒下一定范围内应慢速钻进，待导向部位或钻头全部进入土层后，方可加速钻进。

④在钻孔、排渣或因故障停钻时，应始终保持孔内具有规定的水位和要求的泥浆相对密度和黏度。

⑤在黏土、砂性土中成孔时宜采用疏齿钻头或锅锥钻头，翼板的角度根据土层的软硬在30°～60°选定，刀头的数量根据土层的软硬布置，注意要互相错开，以保护刀架。在卵石及砾石层中成孔时，宜选用平底楔齿滚刀钻头；在较硬岩石中成孔时，宜选用平底球齿滚刀钻头。

⑥对于土层倾斜角度较大，孔深大于50 m的桩，在钻头、钻杆上应增加导向装置，保证成孔垂直度。

⑦在淤泥、砂性土中钻进时宜适当增加泥浆的相对密度；在卵石、砾石中钻进时应加大泥浆的相对密度，提高携渣能力；在密实的黏土中钻进时可采用清水钻进。

⑧在卵石、砾石及岩层中成孔时，应增加钻具的重量即增加配重。

⑨ 成孔过程中应注意地层的变化随时调整钻进工艺，防止塌孔、缩颈、倾斜等质量缺陷。

(11)泥浆的调制和使用技术要求：

①钻孔泥浆一般由水、黏土(或膨润土)和添加剂通过试验确定按适当配合比配制而成，其性能指标可参照表14－3选用。

**表14－3　泥浆性能指标选择**

| 钻孔方法 | 地层情况 | 泥浆性能指标 | | | | | | | |
|---|---|---|---|---|---|---|---|---|---|
| | | 相对密度 | 黏度/Pa·s | 含砂率/% | 胶体率/% | 失水率/(ml·30 min$^{-1}$) | 泥皮厚/(mm·30 min$^{-1}$) | 静切力/Pa | 酸碱度(pH) |
| 正循环 | 一般地层 | 1.05～1.20 | 16～22 | 8～4 | ≥96 | ≥25 | ≥2 | 1.0～2.5 | 8～10 |
| | 易坍地层 | 1.20～1.45 | 19～28 | 8～4 | ≥96 | ≤15 | ≤2 | 3～5 | 8～10 |
| 反循环 | 一般地层 | 1.02～1.06 | 16～20 | ≤4 | ≥95 | ≤30 | ≤2 | 1～2.5 | 8～10 |
| | 易坍地层 | 1.06～1.10 | 18～28 | ≤5 | ≥95 | ≤25 | ≤2 | 1～2.5 | 8～10 |
| | 卵石土 | 1.10～1.15 | 20～35 | ≤6 | ≥95 | ≤20 | ≤2 | 1～2.5 | 8～10 |
| 推钻冲抓 | 一般地层 | 1.10～1.20 | 18～24 | ≤4 | ≥95 | ≤30 | ≤3 | 1～2.5 | 8～11 |
| 冲击 | 易坍地层 | 1.20～1.40 | 22～30 | ≤5 | ≥95 | ≤25 | ≤3 | 3～5 | 8～11 |

注：1. 地下水位高或其流速大，指标取高限，反之取低限。

2. 地质状态较好，孔径或孔深较小的取低限，反之取高限。

3. 在不易坍塌的黏质土层中，使用推钻、冲抓、反循环回转钻进时，可用清水提高水头(≥2 m)维护壁。

4. 若当地缺乏优质黏质土，远运膨胀土亦很困难，调制不出合格泥浆时，可掺用添加剂改善泥浆性能。

②对大直径或超长钻孔灌注桩，泥浆的选择应根据钻孔的工程地质情况、孔位、钻机性能、泥浆材料条件确定。在地质复杂、覆盖层较厚、护筒下沉不到岩层的情况下，宜使用丙烯酰胺即PHP泥浆。

③钻孔泥浆应进行循环处理后重复使用，减少排放量。对重要的钻孔桩施工，宜采用泥浆处理器进行泥浆的循环使用。

(12)从开始成孔至水下混凝土浇筑完毕，应始终保持护筒内泥浆面高出地下水位1.0 m

以上，受水位涨落影响时，应高出最高水位1.5 m以上。

(13)钢筋骨架在存放、起吊过程中应采取措施防止变形，在安放入孔时，位置要居中，不得碰撞孔壁，安放至设计高程后，应采取措施固定，确保在混凝土灌注过程中不上浮。

(14)导管在使用前应作水密性试验，安装时要放密封圈并上紧丝扣，在孔中的位置要居中，导管底距孔底300～500 mm，上部高出泥浆面不少于1 m。

### 14.4.2 材料质量要求

(1)泥浆材料。

①黏土或膨润土：塑性黏度应大于15 Pa·s，有效黏度应大于18 Pa·s，动切力为0～15 Pa，静切力为0～15 Pa，滤矢量小于15 mL，含砂量小于0.5%，pH7，细度要求通过200目筛，密度小于2.70 g/cm$^3$。

②纯碱：符合工业碳酸钠及其实验方法(GB 210.1—2004)标准要求，有效降低滤矢量、增大黏度和切力、降低$Ca^{2+}$含量，改善泥浆性能。

③钠羧甲基纤维素：符合国家药品标准WS－10001－(HD－0486)—2002，降低失水量、提高泥浆的黏度、增加触变性。

④聚丙烯酰胺：符合《水处理剂阴离子和非离子型聚丙烯酰胺》(GB 17514—2017)标准要求，提高泥浆的絮凝度。

(2)混凝土材料。

①水泥：可采用火山灰水泥、粉煤灰水泥、普通硅酸盐水泥或硅酸盐水泥，使用矿渣水泥时应采取防离析措施。水泥强度等级不宜低于32.5，水泥的初凝时间不宜早于2.5 h，水泥性能必须符合现行国家有关标准的规定。

②粗骨料：宜优先选用卵石，如采用碎石宜适当增加混凝土配合比的含砂率。粗集料的最大粒径不应大于导管内径的1/8～1/6和钢筋最小净距的1/4，且不宜大于40 mm。

③细骨料(砂)：采用级配良好的中砂，细度模数为3.4～2.3，其性能及质量必须符合现行国家有关标准的规定。

④水：搅拌混凝土宜采用饮用水。当采用其他来源的水时，水质必须符合国家现行标准的规定，不得采用海水。

⑤外加剂：采用水下混凝土灌注时，混凝土中一般掺加减水缓凝剂，用于延长混凝土的初凝时间，提高混凝土的和易性，外加剂的质量应符合国家现行标准的规定。

(3)钢筋：钢筋进场时应检查产品合格证、出厂检验报告和进场复验报告。复验内容包括：拉力试验(屈服、抗拉强度和伸长率)、冷弯试验。

### 14.4.3 职业健康安全要求

(1)严格遵守安全劳动的规章制度，进入施工现场必须按规定正确戴好安全帽，高空作业必须穿戴安全带，不得穿硬底鞋，施工作业应按规定穿戴劳动安全防护用品。在施工区域不准赤脚、赤膊，不准穿拖鞋、凉鞋。

(2)严禁违章指挥；严禁违章作业；严禁酒后操作；机械作业时，操作人员不准擅自高开工作岗位或将机械交给非本机操作人员操作。

(3)机械要保持平衡稳定，防止倾翻，在松软地面环境下施工时，要预防地面下沉，确保施工过程及移机行走的安全，机械起吊物件时下面及周边禁止站人，严禁上下抛掷物件。

(4)钻孔作业中发生坍孔或护筒周围冒浆等故障时，必须立即停钻；钻机有倒塌危险时，必须立即将人员和钻机撤至安全位置，经技术处理并确认安全后，方可继续作业。

(5)施工现场临时用电，必须按照《施工现场临时用电安全技术规程》的要求进行三相五线配电，所有用电设备必须装设漏电保护装置，要实行"一机、一闸、一漏、一箱"，电器设备及电箱应有防雨、防水措施，用电设备以及金属外壳必须接有可靠牢固的接地或(接零)保护，防止人体触电，用电安装、接线及拆卸必须由持证电工操作。

(6)严禁在高低压架空电线下方冲、钻孔，移动桩机、钻杆时必须保持与高压电线的安全距离。

(7)雷雨、台风季节，就装有避雷器，接地电阻不得大于4Ω，遇有打雷闪电，作业人员应远离桩机；遇有大暴雨和台风，以及六级以上大风等恶劣气候应停止施工作业，并应做好防雨、防风、防雷的安全措施。

### 14.4.4　环境要求

(1)大暴雨和台风以及六级以上大风等恶劣气候不宜施工作业。

(2)地下水位高于孔内水位时需暂停施工，防止坍孔。

## 14.5　施工工艺

### 14.5.1　工艺流程

泥浆护壁钻孔灌注桩施工工艺流程如图14－1所示。

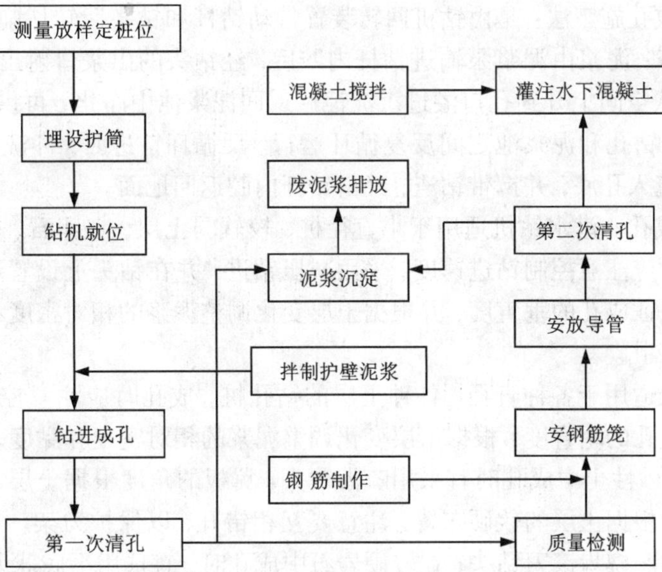


图14－1　泥浆护壁钻孔灌注桩施工工艺流程图

### 14.5.2 操作工艺

(1)测量放样：根据复测的导线点、水准点成果对桩基础进行中桩和高程放样，根据放样的位置填筑或搭设钻机施工平台。

(2)埋设护筒。

①在陆地上施工，可挖坑埋设护筒，使护筒平面位置中心与桩设计中心一致，护筒顶宜高出地下水位或潜水压力1~2 m，高出原地面30~50 cm。护筒埋设深度：在黏性土中不宜小于1 m，在砂土中不宜小于1.5 m；在软土中护筒埋深应根据具体情况确定。

②桩基础位于水中，护筒较长可以分节制作，组拼就位。下沉护筒有压重、振动锤击并辅以筒内除土等方式，护筒底应埋入局部冲刷线以下1.0~1.5 m，埋入河床深度为2~4 m。

(3)安装钻机：钻机稳定地安装在钻孔的一侧，钻机支承垫木不得压在孔口钢护筒上，备好造泥浆黏土和泥浆池循环系统。

(4)钻机钻进。

护壁泥浆一般由水、黏土(或膨润土)和添加剂按一定比例配置而成，制备泥浆的设备有两种：一是用泥浆搅拌机(卧式或立式的)；二是用水力搅拌。黏土粉加入漏斗中，并利用水泵排出管的液流与黏土粉在混合器中混合，混合液在混合器中沿螺旋线上升至容器上部，输出泥浆。反复循环几次后，便可配得所需性能的泥浆。为使泥浆有较好的性能，用黏土粉配得的泥浆最好在储浆池中陈化一天，然后放入循环系统中，由水泵送入孔内使用。冲击钻机钻孔，可以将黄土倒入孔中冲击造浆。

泥浆池一般分循环池、沉淀池、废浆池三种。从钻孔中排出的泥浆首先经过沉淀池沉淀，再通过循环池进入钻孔，沉淀池中的超标废泥浆通过泥浆泵排至废浆池后集中排放。泥浆池的总容量宜按一台成孔设备计算不宜小于桩体积的3倍。混凝土灌注过程中，孔内泥浆应直接排入废浆池，防止沉淀池和循环池中的泥浆被污染破坏。

①正循环钻成孔施工法：是由钻机回转装置带动钻杆和钻头回转切削破碎岩土，钻进时用泥浆护壁、排渣；泥浆由泥浆泵输进钻杆内腔后，经钻头的出浆口射出、带动钻渣沿钻杆与孔壁之间的环状空间上升到孔口溢进沉淀池后返回泥浆池中净化、再供使用。这样，泥浆在泥浆泵、钻杆、钻孔和泥浆池之间反复循环运行。反循环钻进时，冲洗液是从钻杆与孔壁间的环状空间中流入孔底，并携带钻渣，经由钻杆内腔返回地面。

②潜水钻机成孔。潜水钻机适用于小直径桩、较软弱土层，在卵石、砾石及硬质岩层中成孔困难，成孔时应注意控制钻进速度，采用减压钻进，并在钻头上设置不小于3倍直径长度的导向装置，保证成孔的垂直度，并根据土层变化调整泥浆的相对密度和黏度。

③回转钻机成孔。

(A)回转钻机适用于各种直径、各种土层的钻孔桩，成孔时应注意控制钻进速度，采用减压钻进，保证成孔的垂直度，根据土层变化调整泥浆的相对密度和黏度。

(B)在黏土、砂性土中成孔时宜采用疏齿钻头，翼板的角度根据土层的软硬在30°~60°选定，刀头的数量根据土层的软硬布置，注意要互相错开，以保护刀架。在卵石及砾石层中成孔时，宜选用平底楔齿滚刀钻头；在较硬岩石中成孔时，宜选用平底球齿滚刀钻头。

(C)桩深在30 m以内的桩可采用正循环成孔；深度在30~50 m的桩宜采用砂石泵反循环成孔；深度在50 m以上的桩宜采用气举反循环成孔。

(D)对于土层倾斜角度较大，孔深大于50 m的桩，在钻头、钻杆上应增加导向装置，保证成孔垂直度。

(E)在淤泥、砂性土中钻进时宜适当增加泥浆的相对密度；在卵石、砾石中钻进时应加大泥浆的相对密度，提高携渣能力；在密实的黏土中钻进时可采用清水钻进。

(F)在卵石、砾石及岩层中成孔时，应增加钻具的重量即增加配重。

④冲击钻机成孔。

开孔：孔中加满水，可直接加入黏土，用冲击锤以小冲程反复冲击造浆，待冲进深度超过钻头全高加冲程后，方可进行正常冲击。护筒底脚以下2~4 m内，属河床表面，一般比较松散，细粒土层，可采用浓泥浆、小冲程、高频率反复冲击，使孔壁坚实不坍不漏。

开孔遇有流沙现象时，宜加大黏土，减少片石比例进行处理，力求孔壁坚实。

(A)钻机正常钻进时，应注意以下事项：

(a)冲程应根据土层情况分别测定，通过坚硬、密实卵石层或基岩、漂石之类的土层中时宜采用高冲程(100 cm)，在通过松散砂砾类土或卵石夹土层中时宜采用中冲程(75 cm)，在通过高液限黏土、含沙低液限黏土时，宜采用中冲程。在易坍塌或流砂地段宜用小冲程，并应提高泥浆的黏度和相对密度。

(b)在通过漂石或岩层，如表面不平整，应先投入黏土、小片石，将表面垫平，用十字钻头进行冲击钻进，防止发生斜孔、垮孔等现象。

(B)用卷扬机简易钻机正常钻进时，除按正常钻机钻进的要求外，还应注意以下事项：

(a)冲程大小和泥浆稠度应按通过的土层情况掌握。当通过砂、砂砾石或含砂量较大的卵石层时，宜采用1~2 m的中小冲程，并加大泥浆稠度，反复冲击使孔壁坚实，防止坍孔。

(b)当通过含砂低液限等黏土时，因土层本身可造浆，应少加黄土降低泥浆稠度，并采用1~1.5 m的小冲程，防止卡钻、埋锤。

(c)当通过坚硬密实卵石层及漂石、基岩之类的土层时，可采用4~5 m大冲程，使卵石、漂石或基岩破碎。

(d)在任何情况下，最大冲程不宜超过6 m，防止卡钻、冲坏孔壁或孔壁不圆。

(e)为正确提升钻锤的冲程，宜在钢丝绳上油漆长度标志。

④掏渣：冲击钻机掏渣原来均采用掏渣筒，现在不用掏渣筒，而是采用泥浆泵在孔底抽渣，抽渣时停止冲孔并应及时补充泥浆，保持孔内泥浆满孔。

⑤检孔。

钻进中需要检孔器检孔。检孔器用钢筋笼做成，其外径等于设计孔径，长度等于孔径的4~6倍。每钻进4~6 m，接近及通过易缩孔(孔径减小)的土层(软土、软塑黏土、低液限黏土等)遇到斜岩后或更换钻锤前，都必须检孔。用新锤或新焊补的钻锤时，应先用检孔器检孔到底后，才可放入新钻锤钻进。不可用加重、冲击或强插检孔器等方法检孔。

当检孔器不能沉到钻达的深度，或大绳(拉紧时)的位置偏移护筒中心时，应考虑缩孔、斜孔、弯孔等情况，如不严重，可调整钻机位置继续钻孔。不得用钻锤修孔，以防卡钻。

(5)清孔。

①清孔分两次进行，钻孔深度达到设计要求，对孔深、孔径、孔的垂直度等进行检查，符合要求后进行第一次清孔；钢筋骨架、导管安放完毕，混凝土浇筑之前，应进行第二次清孔。

②第一次清孔根据设计要求，施工机械采用换浆、抽浆、掏渣等方法进行，第二次清孔

根据孔径、孔深、设计要求采用正循环、泵吸反循环、气举反循环等方法进行。

③第二次清孔后的沉渣厚度和泥浆性能指标应满足设计要求，一般应满足下列要求；沉渣厚度摩擦桩≤300 mm，端承桩≤50 mm，摩擦端承或端承摩擦桩≤100 mm；泥浆性能指标在浇注混凝土前，孔底500 mm以内的相对密度≤1.25 $g\cdot cm^{-3}$，黏度≤28s，含砂率≤8%。

④不论采用何种清孔方法，在清孔排渣时，必须注意保持孔内水头，防止塌孔。

⑤不应采取加深钻孔深度的方法代替清孔。

(6)成孔检查。

成孔检查的内容，包括孔径和孔形的检测；孔深和孔底沉渣的检测；桩孔竖直度的检测、桩位复测。

各种成孔检验项目的检测方法、数值、频率等都必须满足现行的技术规范及其他法定标准的要求。

(7)钢筋笼的制作、安放。

①钢筋骨架的制作方法应采用卡板法、支架成型法或者胎具成型法达到施工标准化水平，具体参见公路施工手册《桥涵》(2017版)。

②长桩骨架宜分段制作，分段长度应根据吊装条件和总长度计算确定，应确保钢筋骨架在移动、起吊时不变形，相邻两段钢筋骨架的接头需按有关规范要求错开。

③应在钢筋骨架外侧设置控制保护层厚度的垫块，可采用与桩身混凝土等强度的混凝土垫块或用钢筋"耳朵"焊在竖向主筋上，其间距竖向为2 m，横向圆周不得少于4处，并均匀布置。

④钢筋骨架制作完成后，应在内部加强箍上设置十字撑或三角撑，确保钢筋骨架在存放、移动、吊装过程中不变形。

⑤骨架入孔一般用吊车，对于小直径桩无吊车时可采用钻机钻架、灌注塔架等。起吊应按骨架长度的编号入孔，起吊过程中应采取措施确保骨架不变形。

⑥为防止钢筋笼在浇注混凝土时上浮，在孔底设置直径不小于主筋的加强环形筋，并以适当数量的牵引筋牢固地焊接于钢筋笼的底部。

⑦护筒井架处用具有足够刚度、强度的材料(型钢、方木等)承担钢筋笼和导管重量。

(8)灌注水下混凝土。

①灌注机具的准备：用直升导管法灌注水下砼，准备如下机具：

(A)导管。导管内径按桩长、桩径和每小时需通过的砼数量决定，一般为200~350 mm。导管分节长度便于拆装和搬运，并小于提升设备的提升高度。中间节一般2 m左右，下端节可加长至4~6 m，漏斗下可配1 m的上端节导管，以便调节漏斗的高度。

导管的连接方法有法兰盘、丝扣和卡扣三种，法兰盘连接已逐渐被淘汰，丝扣仅用于无缝钢管制造的导管。

导管使用前和使用一段时间后，应做拼接、过球和水密、承压、接头抗拉等试验。水密试验时的水压应不小于井孔内水深1.3倍压力。

(B)漏斗、溜槽、储料斗。导管顶部应设漏斗，其上设溜槽、储料斗和工作平台。漏斗底口应比桩顶至少高出4~6 m，漏斗容量为0.5~0.7 $m^3$。

储料斗的作用是储放灌注首批砼必需的储量。漏斗和储料斗的容量(即灌注首批砼的数量)应能满足导管首次埋置深度1.0 m以上的需要，其数量根据桩径、桩孔底至导管底的距离、导管初次埋置深度等进行计算。

(C)砼的运输、提升和导管的升降。

(a)砼的运输时间和距离应尽量缩短。灌注前砼坍落度的损失(比出灌前)不得超过2 cm。现在贯彻施工标准化均采用集中拌和站，应采用砼搅拌运输车运送砼。

(b)砼的提升采用砼输送泵或者汽车吊车。

(c)导管的升降一般均采用钻机或吊机，其起重能力应与导管全部填满砼时的重量相适应。

(D)隔水栓、阀门。首批砼灌注量较大，一般需拌和多罐方能满足需要，因此需在漏斗口下设置栓、阀，以储存首批砼，数量足够后，才开启栓、阀，使首批砼在很短时间内一次降落到导管底。其方法有剪球、拔球、打开阀门等方法。现介绍软球式隔水栓，它是用塑料布包新拌砼制成的软球，球直径大于导管直径1～1.5 cm，灌注砼前将球置于漏斗颈口处，球下设一层塑料布或若干层水泥袋纸垫层，用细钢丝绳引出，当达到砼储量后，迅速将球向上拔出(称拔球法)，砼压着塑料布或水泥袋纸垫层保持与水隔绝的状态，排出导管内的水而到底。本方法每次只消耗一点塑料布和水泥袋纸，经济且无卡管现象。

②灌注水下砼。

(A)砼采用集中拌和，水下砼的强度、和易性、坍落度等应符合设计和规范要求，拌和站要有足够的生产能力，灌注时间不得长于首批砼的初凝时间。根据灌注桩砼数量和适当的灌注时间，安排搅拌运输车，保证砼供应紧凑，连续进行，严禁中途停工。

(B)灌注水下砼是钻孔桩施工的重要工序，应特别重视。钻孔应经成孔质量检验合格后，方可进行灌注砼。

(C)剪球、拔球或开阀将首批砼灌入孔底，立即测深孔内砼面高程，计算出导管埋置深度，不小于1 m，如符合要求，即可正常灌注。如发现导管内大量进水，表明压水失败，应按灌注事故处理。

(D)灌注过程中，应测深孔深和灌注的砼面高度，一般用测深锤法。即一般制成圆锥形，锤重不宜小于40N，测绳用轻质、拉力强、遇水不伸缩、标有尺度的测绳如尼龙皮尺为宜。测绳应经常用钢尺校核。测深时须仔细，并以灌入的砼校对，防止错误。

(E)导管埋深入砼的深度，一般控制在2～6 m。导管提升应保持轴线竖直和位置居中，逐步提升。导管拆除动作要快，一般不宜超过15 min，要防止螺栓、橡胶垫圈和工具掉入孔中。

(F)当灌注分段配筋的摩擦桩时，当砼面上升到钢筋骨架下端时，为防止钢筋骨架被砼顶托上升，可采取措施：当导管底口低于钢筋笼底部3 m至高于钢筋笼底部1 m之间，且砼表面在钢筋笼底部上下1 m之间时，应放慢砼灌注速度。也可将钢筋笼上部焊固在钢护筒上，在孔底设置直径不小于主筋的1～2道加强环形筋，并以适当数量的牵引筋牢固焊在钢筋笼的底部等。

(G)变截面桩灌注砼，当灌注至扩大截面处时，导管应提升至扩大截面下约2 m，应稍加大砼灌注速度和砼的坍落度；当砼面高于扩大截面3 m后，应将导管提升至扩大截面处上1 m，继续灌注至桩顶。

(H)为确保桩顶质量，在桩顶设计标高以上应加灌一定的高度，一般不宜小于0.5 m，长桩不宜小于1.0 m。超灌的砼应凿除，凿除后的桩头应密实，无松散层。

## 14.6 质量标准

(1)桩位放样允许偏差:

①群桩: 20 mm。

②单排桩: 10 mm。

(2)泥浆护壁钻孔灌注桩成孔必须符合表14-4规定。

**表14-4 泥浆护壁钻孔灌注桩成孔质量标准**

| 项目 | 允许偏差 |
|---|---|
| 孔的中心位置/mm | 群桩: 100; 单排桩: 50 |
| 孔径/mm | 不小于设计直径 |
| 倾斜度/% | 小于1 |
| 孔深/m | 摩擦桩: 不小于设计规定;<br>支持桩: 比设计深度超深不小于0.05 |
| 沉淀厚度/mm | 摩擦桩: 符合设计要求, 当设计无要求时, 对于直径不小于1.5 m的桩, 沉淀厚度不小于200; 对于直径大于1.5 m的桩或桩长大于40 m或土质较差的桩, 沉淀厚度不小于300;<br>支撑桩: 不大于设计规定, 设计未规定时沉淀厚度不小于50 |
| 清孔后泥浆指标 | 相对密度: 1.03~1.10 $g \cdot cm^{-3}$; 黏度: 17~20 Pa·s; 含砂率小于2%; 胶体率大于98% |

(3)桩身质量应进行100%超声波检测。

(4)混凝土灌注桩的质量检验标准应符合表14-5及表14-6的规定。

**表14-5 灌注桩钢筋骨架制作和安装质量标准**

| 项目 | 允许偏差 | 项目 | 允许偏差 |
|---|---|---|---|
| 主筋间距/mm | ±10 | 保护层厚度/mm | ±20 |
| 箍筋间距/mm | ±20 | 中心平面位置/mm | 20 |
| 外径/mm | ±10 | 顶端高程/mm | ±20 |
| 倾斜度/% | 0.5 | 地面高程/mm | ±50 |

表 14－6 混凝土灌注桩质量检验标准

| 项目 | | 规定值或允许偏差 |
| --- | --- | --- |
| 钻(挖)孔桩 | 孔的中心位置/mm | 群桩：100；单排桩：50 |
| | 孔径/mm | 不小于设计直径 |
| | 倾斜度/% | 钻孔小于1；挖孔小于0.5 |
| | 孔深/m | 摩擦桩：不小于设计规定<br>端承桩：比设计深度超深不小于0.05 |
| 钻孔桩 | 沉渣厚度/mm | 摩擦桩：符合设计要求。当设计未规定时，对于直径不大于1.5 m的桩，沉淀厚度不大于200；对于直径大于1.5 m或桩长大于40 m或土质较差的桩，沉淀厚度不大于300；<br>端承桩：不大于设计规定，设计未规定时沉淀厚度不大于50 |
| | 清孔后泥浆指标 | 相对密度：1.03～1.10/$g \cdot cm^{-3}$；黏度：17～20 Pa·s；含砂率小于2%；胶体率大于98% |

## 14.7 成品保护

(1)护筒埋设完毕、灌注混凝土完毕后的桩坑应加以保护，避免人或物品掉入。

(2)钢筋骨架制作完毕后，应按桩分节编号存放；存放时，小直径桩堆放层数不能超过两层，大直径桩不允许堆放，防止变形；存放时，骨架下部用方木或其他物品铺垫，上部覆盖。

(3)钢筋骨架安放完毕后，应用钢筋或钢丝绳固定，保证其平面位置和高程满足规范要求。

(4)混凝土灌注完成后的24 h内，5 m范围内相邻的桩禁止进行成孔施工。

## 14.8 安全环保措施

### 14.8.1 安全措施

(1)机械设备操作人员(或驶员)必须经过专门训练，熟悉机械操作性能，经专业管理部门考核取得操作证或驾驶证后上机(车)操作。

(2)机械设备操作人员和指挥人员严格遵守安全操作技术规程，工作时集中精力，谨慎工作，不擅离职守，严禁酒后驾驶。

(3)机械设备发生故障后及时检修，决不带故障运行，不违规操作，杜绝机械和车辆事故。

(4)专业电工持证上岗。电工有权拒绝执行违反电器安全规程的工作指令，安全员有权制止违反用电安全的行为，严禁违章指挥和违章作业。

(5)所有现场施工人员佩戴安全帽，特种作业人员佩戴专门的防护用具。

(6)所有现场作业人员和机械操作手严禁酒后上岗。

(7)护筒埋设完毕、灌注混凝土完毕后的桩坑应加以保护，避免人或物品掉入。

(8)泥浆池的周围必须进行围护，防止人掉进泥浆池。

(9)登高作业超过2 m必须穿防滑鞋，带安全带。

(10)筋骨架起吊时要平稳，严禁猛起猛落，并拉好尾绳。

(11)灌注桩施工现场所有设备、设施、安全装置、工具配件以及个人劳保用品必须经常检查，确保完好和使用安全。

(12)施工现场的一切电源、电路的安装和拆除必须由持证电工操作；电器必须严格接地、接零和使用漏电保护器。各孔用电必须分闸，严禁一闸多用。孔上电缆必须架空2.0 m以上，严禁拖地和埋压土中，孔内电缆、电线必须有防磨损、防潮、防断等保护措施。照明应采用安全矿灯或12 V以下的安全灯。并遵守《施工现场临时用电安全技术规范》(JGJ 46—2005)的规定。

### 14.8.2 环保措施

(1)在灌注桩水下砼过程中，应将孔内溢出的水和泥浆引流到适当地点处理，不得随意排放，污染环境和河流。

(2)粉尘的细料或松散料运输时用帆布、盖套等遮盖物覆盖。

(3)生活污水不直接排入农田、耕地、灌溉渠和水库，不排入饮用水源。

(4)清洁、腐烂变质的食物及时处理，食堂工作人员定期体检。

(5)受工程影响的一切公用设施与结构物，在施工期间应采取适当措施加以保护。

(6)使用机械设备时，要尽量减少噪声、废气等的污染；施工场地的噪声应符合《建筑施工场地界噪声限值》(GB 12523—1990)的规定。

(7)运转时有粉尘发生的施工场地，如水泥混凝土拌和机站等投料器应有防尘设备。在这些场地作业的工作人员配备必要的劳保防护用品。

(8)驶出施工现场的车辆应进行清理，避免携带泥土。

## 14.9 质量记录

(1)测量放线记录。

(2)混凝土配合比报告单。

(3)钢筋检验报告、出场合格证。

(4)灌注桩钻进记录。

(5)泥浆测试记录。

(6)灌注桩隐蔽工程验收记录。

(7)水下混凝土灌注记录。

(8)钢筋焊接验收记录。

(9)钢筋加工安装验收记录。

(10)混凝土试块28 d标养抗压强度试验报告。

# 15 人工挖孔混凝土灌注桩施工工艺标准

## 15.1 总则

### 15.1.1 适用范围

在无地下水或者有少量地下水，且较密实的土层或岩石地层中，或无法采用机械成孔或机械成孔非常困难且水文、地质条件允许的地区，采用的人工挖孔施工。岩溶地区和采空区不宜采用人工挖孔施工。孔内空气污染物超过现行国家标准《环境空气质量标准》[GB 309(E)]规定的三级标准浓度限值，且无通风措施时，不得采用人工挖孔。人工挖孔桩径宜不小于1.20 m。

### 15.1.2 编制参考标准及规范

(1)《混凝土结构工程施工质量验收规范》(GB 50204—2015)。

(2)《公路桥涵施工技术规范》(JTG/T F50—2011)。

(3)《硅酸盐水泥、普通硅酸盐水泥》(GB 175—2007)。

(4)《公路工程施工安全技术规程》(JTG F90—2015)。

(5)《施工现场临时用电安全技术规程》( JGJ 46—2005)。

## 15.2 术语

护壁：用于支护孔壁，防止塌孔的结构，常用混凝土分段浇筑。

## 15.3 施工准备

### 15.3.1 技术准备

(1)应制订专项施工技术方案，并应根据工程地质和水文地质情况，因地制宜选择孔壁支护方式。

(2)人工挖孔的关键是施工安全问题，施工前应制定专项安全技术方案，并对作业人员进行安全技术交底。

(3)孔内如有岩层，应进行爆破专门设计。

(4)按有关规定做好原材料试验，确定混凝土施工配合比。

### 15.3.2 材料准备

水泥、砂、石子、钢筋、外加剂等。

### 15.3.3 主要机具

(1)提升机具：电动葫芦(链条式)、活底吊桶。

(2)挖土工具：短柄铁楸、镐、锤、钎、手推车或翻斗车。

(3)通风照明设施：鼓风机、空压机、有害气体检测器、氧气袋、低压防爆电线和灯泡等。

(4)护壁模板：常用为弧形钢模板。

(5)混凝土浇筑机具：插入式振捣器、插钎等。

(6)活动爬梯、安全绳、安全活动盖板。

(7)抽水工具：潜水泵等。

### 15.3.4 作业条件

(1)对周围进行检查，且施工现场的地上、地下障碍物已清除或改移完毕，对不能改移的障碍物必须标识、并有保护措施。

(2)施工场区做到水通、电通、道路畅通，并清理平整。

(3)应降低地下水位，设置排水沟、集水坑，保持排水畅通，及时将桩孔周围的积水排走，确保场地内无积水。

### 15.3.5 劳动力组织

人工挖孔施工劳动力组织如表15－1所示。

**表15－1　人工挖孔施工劳动力组织**

| 工种 | 人数/人 | 工作地点 | 职责范围 |
|---|---|---|---|
| 施工队长 | 1 | 整个施工现场 | 负责跟班组织施工管理工作、协助总指挥工作等 |
| 工班长 | 2 | 钢护筒施工现场 | 负责泥浆制备、钻孔等 |
| 技术员 | 1 | 整个施工现场 | 负责跟班解决施工中的技术问题，编写技术措施等 |
| 安全员 | 1 | 整个施工现场 | 负责跟班检查安全措施执行情况及安全教育工作，对安全生产负责 |
| 质量检查员 | 1 | 整个施工现场 | 负责跟班检查钻孔施工质量，及质量保证措施的执行情况 |
| 测量工 | 2 | 施工现场 | 负责桩位放样，桩基高程控制等 |
| 人工挖孔操作工 | 2 | 挖孔现场 | 负责挖孔(按1个孔计算) |
| 电工 | 2 | 整个施工现场 | 负责现场动力、照明、通信等电器系统的维修保护 |
| 材料员 | 1 | 材料仓库 | 负责施工材料供应及管理 |
| 总计 | 13 | | |

注：此表为一个作业班施工配备人员，未计后勤、行政等人员。

## 15.4 工艺设计和控制要求

### 15.4.1 技术要求

(1)人工挖孔灌注桩，施工前必须编制详细的施工方案，并按规定经过审批。

(2)桩孔直径应符合设计要求，孔壁支护不得占用桩径尺寸，挖孔过程中应经常检查桩孔尺寸、平面位置、竖轴线倾斜情况，如有偏差，随时纠正。

(3)施工前对施工组织设计中制定的施工顺序、监测手段(仪器、方法)进行检查，孔口处应设置高出地面不小于300 mm的护圈。

(4)施工中应对成孔、清渣、放置钢筋笼、灌注混凝土等进行全过程检查，应复验孔底持力层土(岩)性。

### 15.4.2 材料质量要求

(1)水泥：宜用强度等级为32.5及以上的普通硅酸盐水泥，其质量应符合现行国家标准《硅酸盐水泥、普通硅酸盐水泥》(GB 175—2007)的规定，并有出厂合格证、进场检测报告和复验报告。

(2)砂：中砂或粗砂，含泥量不大于5%，细度模数2.5~3.0。

(3)石子：质地坚硬的卵石或碎石，粒径5~40 mm，最大粒径不大于钢筋最小净距的1/3，含泥量不大于2%。

(4)钢筋：品种和规格应符合设计规定，其质量应符合相应产品标准的要求，并有出厂合格证及复验报告。

(5)预拌混凝土：符合设计要求。

(6)外加剂、掺合料：质量应符合设计和产品标准要求，用量通过实验确定。

### 15.4.3 职业健康安全要求

(1)人工挖孔作业应严格执行公路工程施工安全操作的规定。从事挖孔桩作业的工人应经健康检查和操作安全培训，考核合格后方可上岗。

(2)井口作业人员应系安全带，井下作业人员应穿绝缘鞋，戴安全帽和绝缘手套。井下设安全区，以防提土时掉土伤人。

(3)施工现场应配备鼓风机、氧气袋等急救用品，挖土作业到一定深度时，应向井内通风、供氧，风量不小于25 L/s，防止有毒气体伤人。

### 15.4.4 环境要求

(1)冬期施工混凝土时，温度不得低于5℃。

(2)大风天气、雷雨天气不宜施工，以保证井下人员的安全。

# 15.5 施工工艺

## 15.5.1 工艺流程

人工挖孔混凝土灌注桩施工工艺流程如图 15－1 所示。

施工准备工作 → 挖孔作业 → 孔底处理及检查验收 → 安装钢筋笼 → 浇筑桩身混凝土

图 15－1 人工挖孔混凝土灌注桩施工工艺流程图

## 15.5.2 操作工艺

(1)施工准备。

平整场地，清除坡面危石浮土，坡面有裂缝或坍塌迹象应清除或加设必要的保护措施。测量放样，定出墩台十字线，定出桩孔准确位置；设置十字线护桩并经常检查校核；孔口四周挖排水沟，做好排水系统，及时排除地表水；安装好提升设备，接通电源；布置好出渣道路；合理堆放材料机具，使其不增加孔壁压力，不影响施工。

(2)挖孔。

①挖孔程序：挖孔施工时相邻两桩孔不得同时开挖，宜间隔交错跳挖，采用砼护壁支护的桩孔，必须挖一节浇筑一节护壁，护壁的节段高度必须按施工技术方案执行。严格禁止只挖不及时浇筑护壁的冒险作业。

挖掘有承台的桩孔有两种顺序：(A)先挖桩孔，后挖承台座板基坑，其优点是便于排除地表水、场地宽敞、提升灌注等操作方便，用得较多；(B)先挖承台座板基坑，后挖桩孔。在陡坡地形，若先挖承台座板基坑，刷方边坡高时，易造成挖方事故。

②挖孔的一般工艺：

(A)挖掘时，不必将孔壁修成光面，要使孔壁稍有凹凸不平，以增加桩的摩阻力。

(B)挖孔过程中以十字轴线护桩为准，必须经常检查桩孔尺寸和平面位置，桩位误差不得大于 50 mm，直桩倾斜度不得超过 1%，孔径、孔深必须符合设计要求。

(C)桩孔挖掘及支撑护壁两道工序必须连续进行，不得中途停顿，以防坍孔。一般挖深 1 m 进行支护一次，遇到不良地质地段或渗水量大的地方，40 ~ 60 cm 深支护一次。

(D)采用砼护壁，应注意以下几个问题。

(a)砼护壁支撑形式一般有等厚度护壁、外齿式护壁、内齿式护壁三种，尤以内齿式护壁广泛应用，其结构特点为护壁外侧面为等直径的圆柱，而内侧面则是圆台，上下护壁间搭接 50 ~ 75 mm。

(b)护壁模板一般为工厂定制的钢模板，具有一定强度和刚度，由多块模板组成，装拆简便，接缝严密不漏浆。

(c)护壁砼强度应与桩身砼强度相同，由于桩身砼强度已提高到 C25 或 C30，砼的拌制必须采用机械拌和，配料应称重。

(d)除特殊情况(土质差、流砂层)护壁加放钢筋外，一般用素砼，护壁厚度10~15 cm。孔口处2 m范围内应适当加厚至20~30 cm，并高出地面30 cm以上。

(e)护壁砼应饱满，模板与挖孔孔壁之间不能有空洞，要用插钎插实砼或用铁锤敲打模板震实砼。

(f)砼必须具有一定的强度，才能进行下一轮的挖孔作业，可在砼中加速凝剂(早强剂)。通常在劳动组合中，一个孔的劳动组合挖两个孔，第一个孔完成护壁砼后，挖第二个孔，待第二个孔护壁砼完成后，第一个孔护壁砼强度已达70%左右，即可再开挖。

(E)挖孔如遇到涌水量较大的潜水层承压水时，可采用水泥砂浆压灌卵石环圈；当遇到岩石裂缝渗水量大时，可采用静水灌压浆，具体做法是：抽干孔内水在渗水量大的岩石裂缝处，插入30~40 cm深的塑料管封堵其他岩缝，塑料管(压灌浆用)另一端延长至孔口，待渗水上升孔内成静水后，开始向塑料管内灌入砂浆(加速凝剂)，当砂浆不再流入，增加压力(不大于0.2 MPa)压入砂浆，砂浆进入岩缝凝固后起到封堵岩缝的作用，抽干水继续挖孔。经过多个挖孔的实践证明，静水灌压浆效果非常好。

(F)挖孔的弃土应及时转运，孔口四周作业范围内不得堆集弃土及其他杂物。

(G)挖孔达到设计深度后，应进行孔底处理，将松渣、杂物等清除干净，验收合格后，方能安装钢筋笼。

(H)孔内爆破施工。

(a)必须打眼放炮，严禁裸露药包。对于软岩石炮眼深度不超过0.8 m，硬岩石不超过0.5 m。炮眼数目、位置和斜换方向，应按岩层断面方向来定，中间一组集中掏心，四周斜插挖边。

(b)严格控制用药量，以松动为主。

(c)有水眼孔要用防水炸药，尽量避免瞎炮。

(d)导火线起爆应有工人迅速离孔的设备，导火线应作燃烧速度试验，据以决定导火线所需长度；孔深超过5 m时，应采用电雷管引爆。

(e)孔内爆破后须迅速排烟。采用高压风管或电动鼓风机放入孔底吹风等措施。

(f)一个孔内进行爆破作业，其他孔内作业人员也必须到地面安全地方躲避。

(g)距孔底最后0.3 m深度范围内应采取风镐开挖至孔底。

(3)验底和扩孔。

①成孔至设计深度，灌注桩身混凝土前需经地质勘察单位、监理、施工及建设单位共同验底，并签署验底记录。验底内容为：检验桩底岩性，是否进入设计要求的桩端持力层，以及检查扩大尺寸是否满足设计要求。

②扩底部分采取先挖桩身圆柱体，再按扩底尺寸从上到下修成扩大头。

(4)吊装钢筋笼。

①钢筋笼安放要对准孔位，扶稳、缓慢下放，避免碰撞孔壁，到位后立即固定。

②采用吊车将钢筋笼吊入孔内。在吊装过程中，要防止钢筋笼发生变形。

③当钢筋笼需要接长时，要先将第一段钢筋笼放入孔中，利用其上部架力筋暂时固定在孔口，然后吊起第二段钢筋笼对准位置后用绑扎或焊接方法接长后放入孔中，如此逐段接长到预定深度。钢筋的连接方式应符合现行国家标准《混凝土结构工程施工质量验收规范》(GB 50204—2015)的规定。

④待钢筋笼安设完成后，要检查确认钢筋笼顶端的高度。

(5)灌注桩身混凝土成桩。

①钢筋笼安放经检查无误后，即灌注混凝土，成孔到浇筑混凝土的间隔时间宜小于2 d，对软质岩石为1 d。

②对桩孔内无水或掺水量较小的挖成孔(≤6 mm/min)，可用串筒或导管在空气中直接浇筑，混凝土的塌落度可用70～100 mm。

③对桩孔内掺水量较大的挖成孔(>6 mm/min)，采用水下混凝土灌注方法。其方法与钻孔灌注桩同。

## 15.6 质量标准

### 15.6.1 主控项目

(1)灌注桩用的原材料、混凝土强度必须满足设计要求和规范规定。试块应在浇灌地点制作，试块组数应按规定留置。

(2)钢筋笼制作必须符合设计要求和规范的规定。

### 15.6.2 一般项目

(1)桩径、桩孔垂直度、孔底沉渣厚度应符合设计要求和规范规定。

(2)混凝土配合比计量准确，坍落度应符合设计要求和规范规定。

(3)实际浇灌混凝土量不得小于计算体积。

(4)浇筑混凝土后的桩顶标高，应符合设计要求。

(5)实测项目允许偏差如表15－2所示。

表15－2 人工挖孔灌注实测项目允许偏差

<table>
<tr><th>项次</th><th colspan="3">检查项目</th><th>规定值或<br>允许偏差</th><th>检查方法和频率</th></tr>
<tr><td>1</td><td colspan="3">混凝土强度/MPa</td><td>在合格标准内</td><td></td></tr>
<tr><td rowspan="3">2</td><td rowspan="3">桩位/mm</td><td colspan="2">群桩</td><td>100</td><td rowspan="3">全站仪或经纬仪：每桩检查</td></tr>
<tr><td rowspan="2">排架桩</td><td>允许</td><td>50</td></tr>
<tr><td>极值</td><td>100</td></tr>
<tr><td>3</td><td colspan="3">孔深/m</td><td>比设计超深<br>不小于50 mm</td><td>测量绳：每桩测量</td></tr>
<tr><td>4</td><td colspan="3">孔径/mm</td><td>不小于设计</td><td>探孔器：每桩测量</td></tr>
<tr><td>5</td><td colspan="3">倾斜度/mm</td><td>0.5%桩长，<br>且不大于200</td><td>用测壁(斜)仪或钻杆垂线法：每桩检查</td></tr>
<tr><td>6</td><td colspan="3">钢筋骨架底面高程/mm</td><td>±50</td><td>水准仪：测每桩骨架顶面高程后反算</td></tr>
</table>

## 15.7 成品保护

(1)施工过程妥善保护好场地的轴线桩、水准点。

(2)已挖好的桩孔必须用木板或脚手板、钢筋网片盖好，防止土块、杂物、人员坠落。严禁用草袋、塑料布虚掩。

(3)桩孔混凝土浇筑完毕，应复核桩位和桩顶标高。

(4)避免车辆碾压成品桩。

## 15.8 安全环保措施

### 15.8.1 安全操作要求

(1)施工前应制定专项安全技术方案并应对作业人员进行安全技术交底。

(2)挖孔作业前，应详细了解地质、地下水文情况，不得盲目施工。

(3)挖孔作业人员必须戴安全帽、系安全带，安全绳必须系到井口，必要时应搭设掩体。

(4)取出土渣的提升设备，必须有自动刹车，防止吊桶自由落下伤人，不宜用人工手摇绞车。吊桶要兜底加固，桶的耳环应牢靠，禁止用箢箕等出渣，对卷扬机(少先吊)、吊桶、吊钩、钢丝绳等机具必须经常检查。

(5)桩孔内采用36 V低压防爆照明灯具照明。井内一切设备必须接零接地，绝缘良好，各孔用电必须分闸，严禁一闸多用。施工用电必须严格遵守国家现行标准《施工现场临时用电安全技术规程》(JGJ 46—2005)的规定。用电设备必须经常检查并留有记录。

(6)人工挖孔作业，应始终保持孔内空气质量符合相关要求，孔深大于10 m时，必须采取机械通风措施。

(7)桩孔内遇到岩层，应进行爆破的专门设计。爆破员持证上岗，禁止非爆破员施爆。

(8)引爆时，孔口应覆盖柴捆等物，防止飞石伤人。

(9)孔深大于5 m时必须采用电雷管引爆。桩孔爆破后，应先通风排烟15 min并检查确认无有害气体后，施工人员方可进入孔内继续作业。

(10)爆破作业的安全管理应按现行国家标准《爆破安全规程》(GB 672—2014)中的有关规定执行。

### 15.8.2 环保措施

(1)施工现场应制定洒水降尘措施，配备洒水器具，砂石料进场及垃圾出场要进行表面覆盖，道路要经常维护和洒水，防止造成粉尘污染。

(2)施工中的废水、废浆等应及时排入事先挖好的沉淀池中，进行清污分流，不得随意排放。

(3)外运土方要覆盖运输，泥浆要用容器装运，倾倒地点要事先取得批准。

(4)施工现场噪声要符合国家标准，防止施工的扰民。

(5)施工现场使用和维修机械时，应有防滴漏措施，严禁将机油等滴漏于地表，造成土地污染。

## 15.9 质量记录

(1)水泥、砂、石、钢筋等生产合格证及进场复验报告，预拌混凝土出厂合格证。

(2)桩位放线和复核记录。

(3)挖孔桩施工记录。

(4)钢筋及桩孔隐蔽验收记录单。

(5)灌注桩的施工记录。

(6)混凝土试块28 d标养抗压强度试验报告。

(7)桩承载力试验报告。

# 16 锤击沉桩(预制钢筋混凝土、钢桩)施工工艺标准

## 16.1 总则

### 16.1.1 适用范围

本标准适用于工业与民用建筑、桥梁基础采用钢筋混凝土预制桩、钢桩的锤击打入桩工程。

### 16.1.2 编制参考标准及规范

(1)《公路桥涵施工技术规范》(JTG/T F50—2011)。

(2)《公路工程施工安全技术规程》(JTG F90—2015)。

(3)《公路工程质量检验评定标准》(土建工程)(JTG F80/1—2017)。

(4)《建筑桩基技术规范》(JGJ 94—2008)。

(5)《建筑地基处理技术规范》(JGJ 79—2012)。

(6)《建筑地基基础工程施工质量验收规范》(GB 50202—2018)。

## 16.2 术语

(1)沉桩:按施工方法的不同,桩基础施工的基本形式可分为沉桩和灌注桩。沉桩的施工方法均为将各种预先制作好的桩(主要是钢筋混凝土或预应力混凝土实心桩或管桩,也有钢桩或木桩)以不同的沉入方式沉至地基内达到所需要的深度。

(2)预制桩:是在工厂或施工现场制成的各种材料、各种形式的桩(如木桩、混凝土方桩、预应力混凝土管桩、钢桩等),用沉桩设备将桩打入、压入或振入土中。

(3)锤击法:锤击法是利用桩锤的冲击克服土对桩的阻力,使桩沉到预定持力层。这是最常用的一种沉桩方法。

(4)桩锤:对桩施加冲击力,将桩打入土中的设备。主要有落锤、单动汽锤、双动汽锤、柴油锤、液压锤。

(5)桩架:支持桩身和桩锤的钢架,将桩吊到打桩位置,并在打入过程中引导桩的方向,保证桩锤沿着所要求的方向冲击。

## 16.3 施工准备

### 16.3.1 技术准备

(1)桩基施工平面图。

(2)桩基施工施工方案。

(3)施工区域的岩土勘察报告。

(4)施工区域内地下管线、设施、障碍资料。

(5)相邻建筑基础资料。

(6)施工区域的测量资料。

### 16.3.2 材料准备

(1)结构材料：钢筋混凝土预制桩。

(2)施工辅助材料：钢管桩、钢管桩配件(桩盖、增强节、保护圈、内衬箍，挡块等)、钢板(接桩用)、焊条(焊丝)。

### 16.3.3 主要机具

(1)机具设备：桩锤(柴油锤、液压锤、气动锤、落锤)、桩架和动力装置、履带式起重机(或轮胎式起重机)、电焊机、卷扬机。

(2)主要工具：液压千斤顶、氧割工具、索具、钢丝绳、撬棍等。

### 16.3.4 作业条件

(1)施工场地及运输道路碾压平整，现场具备三通一平，排水畅通等条件。

(2)清除现场妨碍桩基施工范围内的高空、地面、地下障碍物等。

(3)对临近原有建筑物和地下管线，采取适当的隔振、监测和预加固等措施。

(4)布置测量控制网、水准基点、按平面图放线定位。设置的控制点和水准点的数量应不少于2个，并应设在受打桩影响范围之外。

(5)根据轴线放出桩位线，用木橛或钢筋头钉好桩位，并用白灰作标志，以便于施打。

(6)检查打桩机械设备及起重工具，进行设备架立组装，在桩架上设置标尺或在桩侧面作上标尺，以便观测桩身入土深度。

(7)施工前应先打试验桩，试桩数量不少于3根，以确定贯入度及桩长，并校验打桩设备、施工工艺以及技术措施是否适宜。

(8)要选择和确定打桩进出路线和打桩顺序，制定施工方案，作好技术交底。并安排好记录和监理人员等。

### 16.3.5 劳动力组织

(1)每台班23人组成，如表16－1所示。

**表16-1 锤击沉桩工程施工劳动力组织**

| 工种 | 人数/人 | 工作地点 | 职责范围 |
|---|---|---|---|
| 施工队长 | 1 | 整个施工现场 | 负责跟班组织施工管理工作、协助总指挥工作等 |
| 工班长 | 1 | 整个施工现场 | 负责跟班组织施工，协调各工种交叉作业等 |
| 技术员 | 1 | 整个施工现场 | 负责跟班解决施工中的技术问题，编写技术措施等 |
| 安全员 | 1 | 整个施工现场 | 负责跟班检查安全措施执行情况及安全教育工作，对安全生产负责 |
| 质量检查员 | 1 | 整个施工现场 | 负责跟班检查工程质量，组织各工种交接及质量保证措施的执行情况，对工程质量负责 |
| 测量工 | 2 | 施工现场 | 负责放样，桩基位置高程等测量 |
| 前台指挥 | 1 | 整个施工现场 | 负责前台桩的起吊及喂桩，调整插桩时桩的垂直度(在两台经纬仪的配合下)，并指挥桩机移位及桩的定位，及时组织力量排除施工中出现的故障 |
| 后台指挥 | 1 | 施工现场 | 负责后台桩的起吊及运输，并能定时定量确保合格成品桩运至前台处 |
| 桩机司机 | 1 | 施工现场 | 负责桩机的操作及日常维修保养，并按照设计要求的施工工艺，正确操纵机械进行桩的定位，调整桩的垂直度，锤击桩基入土及桩机的移位行走等 |
| 吊机司机 | 1 | 施工现场 | 负责吊机的操作及其日常维修保养。在前、后台的指挥下，正确进行桩的起吊、运输及喂桩 |
| 起重工 | 2 | 施工现场 | 在前、后台指挥下，负责桩的起吊运输及喂桩，并配合前、后台指挥及桩机司机进行桩的定位 |
| 施工员 | 2 | 施工现场 | 负责桩基的定位及校正桩的垂直度，施工中及时作好各种原始记录，并及时解决施工中出现的技术问题 |
| 电焊工 | 2 | 施工现场 | 负责桩的焊接并切割角钢等 |
| 电工 | 1 | 整个施工现场 | 负责现场全套施工机械电器设备的安装及其安全使用，正常运转和维修保养 |
| 材料员 | 1 | 材料仓库 | 负责施工材料供应及管理 |
| 杂工 | 4 | 整个施工现场 | 负责混凝土浇筑、钢筋捆绑、搬运及现场清理等 |
| 总计 | 23 | | |

注：此表为一个作业班施工配备人员，未计后勤、行政等人员。

(2)施工作业人员上岗前必须进行岗位培训，考核合格后，方可持证上岗。

(3)施工作业人员在施工前，必须充分了解地质资料、施工图纸和设计说明，并熟知桩施工规范、质量标准、施工程序等。

(4)施工作业人员在上岗前，应进行体检，并持有健康检查合格证明。高血压、心脏病、癫痫病患者不得参加作业。

## 16.4 工艺设计和控制要求

### 16.4.1 技术要求

(1)桩打入时应符合下列规定:

①桩帽或送桩帽与桩周围的间隙应为5~10 mm。

②锤与桩帽、桩帽与桩之间应加设硬木、麻袋、草垫等弹性衬垫。

③桩锤、桩帽或送桩帽应和桩身在同一中心线上。

④桩插入时的垂直度偏差不得超过0.5%。

(2)打桩顺序要求应符合下列规定:

①对于密集桩群,自中间向两个方向或四周对称施打。

②当一侧毗邻建筑物时,由毗邻建筑物处向另一方向施打。

③根据基础的设计标高,宜先深后浅。

④根据桩的规格,宜先大后小,先长后短。

(3)施工结束后应做承载力检验。

### 16.4.2 材料质量要求

(1)钢筋混凝土预制桩:规格、质量必须符合设计要求和施工规范的规定,并有出厂合格证明,强度要求达到100%,且外观无断裂、掉角、露筋等现象。

(2)钢板(接桩用):材质、规格应符合设计要求,宜用Q235钢。

(3)钢管桩:采用螺旋焊接钢管,材质一般用Q235钢,管径由$\phi$400~$\phi$1200 mm,厚度9~22 mm,有出厂合格证。

(4)钢管桩配件:桩盖、增强节、保护圈、内衬箍,挡块等,材质规格符合设计要求并有产品合格证书。

(5)焊条(焊丝):焊条、焊剂、焊丝的牌号和性能必须符合设计要求和有关标准的规定,焊条一般宜用E43××;焊丝用SAN-53自动保护焊丝,直径$\phi$3.2 mm和$\phi$2.4 mm。

### 16.4.3 职业健康安全要求

(1)桩机性能应符合安全生产要求。场地平整,并设专人指挥、监护。

(2)操作人员需持证上岗作业,操作工必须穿戴防护用品,以保证人员安全。并在机械旁挂牌注明安全操作规程。

(3)施工现场用电,严格执行有关规定,加强电源管理,防止发生电器火灾。

(4)机械要设专人维护维修,定期检查机械零部件。

(5)施工现场应挂配醒目的安全警示牌,无关人员严禁入内,夜间施工必须有充足的灯光照明。

### 16.4.4 环境要求

(1)压桩过程不得在休息时间进行施工,噪声扰民,在居民住宅区附近施工,早7:30时前，晚 10 时后不得打桩作业。

(2)施工过程要采取有效措施控制现场的各种废气、污水、固体垃圾对环境的污染和危害，不在现场燃烧各种有毒的物质。

(3)工程施工过程中及时清理各种垃圾、废油、废渣。

(4)电焊用的电焊头不得随意丢弃，必须统一集中收集后处理。

## 16.5　施工工艺

### 16.5.1　工艺流程

(1)预制钢筋混凝土桩施工顺序如图 16－1 所示。

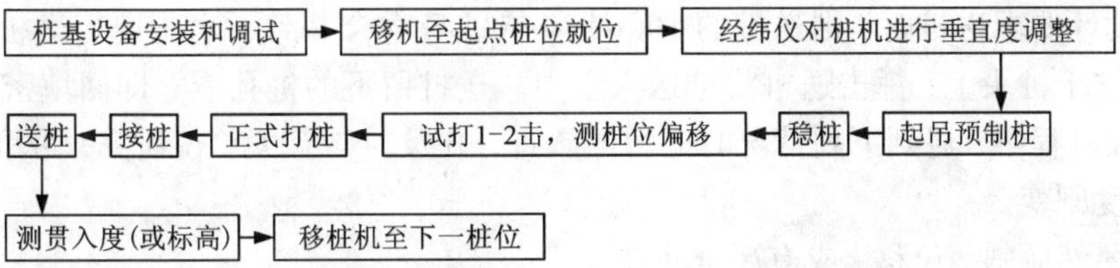


**图 16－1　预制钢筋混凝土桩施工流程图**

(2)钢管桩施工顺序如图 16－2 所示。

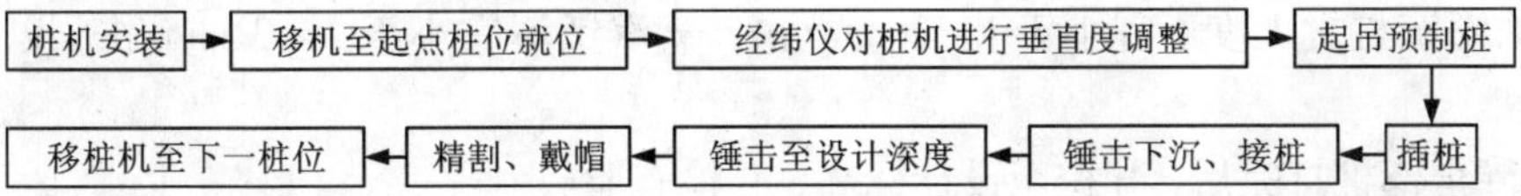


**图 16－2　钢管桩施工流程图**

### 16.5.2　操作工艺

(1)桩机设备进场后进行安装调试，然后移机至起点桩位处就位。桩架安装就位后应垂直平稳。

(2)打桩前应用两台经纬仪对打桩机进行垂直度调整使导杆保持垂直，并应在打桩期间经常检验。

(3)起吊预制桩，通常利用桩架上吊索与卷扬机进行。起吊时吊点必须正确，一般单节桩长在 20 m 以下，可采用 2 点起吊，桩长为 20～30 m 时，可采用 3 点起吊方法。起吊预制桩速度应缓慢均匀，使桩尖垂直对准桩位中心，桩插入土中位置应准确，垂直度偏差不得超过 0.5%。再在桩顶扣好桩帽或桩箍，即可除去索具。

(4)桩尖插入桩位后，先用较小的落距试锤 1～2 击，桩入土一定深度，应调正桩锤、桩帽、桩垫及打桩机导杆，使之与打入方向成一线，一般 10 m 以内短桩可目测或用线坠双向校正；10 m 以上或打接桩必须用线坠或经纬仪双向校正，不得目测，桩在打入前，应在桩的侧面或桩架上设置标尺，以便在施工中观测记录。

(5)正式施打时，开始落距应小，在确认桩的中心位置及角度无误后方可提高到规定的高度施打，用落锤或单动气锤打桩时，落距最大不宜超过1 m，用柴油锤打桩时，应使锤跳动正常。

(6)打桩顺序应根据地基土质情况、桩基平面布置、尺寸密集程度、深度、方便打桩机移动等因素确定，一般采取从中间向两边对称施打；或从中间向四周施打；或由一侧向单一方向施打。对基础标高不一的桩，宜先深后浅，对不同规格的桩，宜先大后小、先长后短。若桩距大于或等于4倍的桩径时，则与打桩顺序无关。

(7)当桩长度不够时，采用焊接接桩，其预制桩表面上的预埋件应清洁，上下节之间的间隙应用铁皮垫实焊牢；焊接时，应将四角点焊固定，然后对称焊接，焊缝应连续焊满，重要工程应做10%的焊缝探伤检查，并采取措施，减少焊缝变形。接桩时，下节桩的地面预留高度一般为1 m左右，在下节桩打入后，应检查下节桩的顶部，如有损伤应修复。上下节桩的中心偏差不大于10 mm，节点纵向弯曲矢高不大于桩长的0.1%。接桩处外露铁件再次补刷防腐漆。

(8)当设计要求送桩时，则送桩的中心线应与桩身吻合一致，才能进行送桩，送桩应用钢制送桩器放于桩头上，锤击送桩将桩送入土中。送桩留下的桩孔应立即回填密实。

(9)打桩过程中，遇到下列情况时应暂停施打，并及时与有关单位研究，采取措施：

①贯入度剧变。

②桩身突然倾斜、位移、或有严重回弹。

③桩头或桩身出现严重裂缝或破碎。

(10)当每根桩的贯入度达到要求，桩的入土深度达到设计标高时，应进行控制，一般要求最后三次十锤的平均贯入度不大于规定数值，或以桩尖入土深度来控制，桩的贯入度不宜过小，柴油锤沉桩贯入度不宜小于1~2 mm/击，蒸汽锤不宜小于2~3 mm/击，以免损坏桩锤和打桩机。

(11)待全部桩打完后，开挖至设计标高，并检查验收。

(12)冬期在冻土区锤击沉桩有困难时应先将冻土挖除或解冻后进行。

(13)钢管可由平板拖车运至现场，用吊车卸于桩机一侧，按打桩机先后顺序及桩的配套要求堆放，并注意方向。场地宽时，宜用单层排列。吊钢管桩多采用一点绑扎起吊，待吊到桩位进行插桩，将钢管桩对准事先用石灰划出的样桩位置，做到桩位正，桩身直。

(14)为防止桩头在锤击时损坏，打桩前，要在桩头顶部放置桩帽，其上放置减震木垫。打桩时，先用两台经纬仪架设在桩架的正面及侧面，校正桩架导向杆及桩的垂直度，并保持锤、桩帽与桩在同一轴线上，然后空打1~2 m再次校正垂直度后正式打桩。当沉至某一深度并经复核沉桩质量良好时，再行连续打击，至桩顶高出地面80~120 cm时，停止锤击，进行接桩，再同样步骤至达到设计深度为止。若开始阶段发现桩位不正或倾斜，应调正或钢管桩拔出重新插打。

(15)钢管桩每节长15 m，沉桩时需边打边焊接接长，一般采用半自动无气体保护焊机，由焊机的送丝机构自动送丝，靠人工手把(焊枪)焊机。焊接前，应将下节桩管顶部变形损坏部分修整，上节桩管端部用角向磨光机磨光，并打焊接剖口，并将内衬箍放置在下节桩内侧的挡块上使其坡口搁在焊道上，使上下节桩对口的间隙为2~4 mm，在用经纬仪校正垂直度，在下节桩顶端外周围安装好铜夹箍，再行电焊，施焊应对称进行，管壁厚小于9 mm的焊两层，大于9 mm的焊3层。焊完每层焊缝后及时清除焊渣；每层焊缝的接头应错开；应充分熔化内衬箍，保证根部焊透；遇大风，要安装挡风板；气温低于0℃焊件上下100 mm要预热；焊接完毕后应冷却1~5 min，再进行锤击打桩。

(16)当桩顶标高离地有一定差距，而不采用接桩时，可用送桩筒将桩打到设计标高。送桩筒应满足以下要求：打入阻力不太大；打击能量能有效传给所打桩；上拔容易；能持久使用。

(17)钢管桩一般不设桩靴，直接开口打入。沉管时，土体由桩口涌入桩内，至一定高度(一般为1/3~1/2的桩体贯入深度)后即闭塞封死，其效用与闭口桩相似。

## 16.6 质量标准

### 16.6.1 主控项目及一般项目

(1)桩在现场预制时，应对原材料、钢筋骨架、混凝土强度进行检查；采用工厂生产的成品桩时，桩进场后应进行外观及尺寸检查。

(2)施工中应对桩体垂直度、沉桩情况、桩顶完整情况、接桩质量等进行检查，对电焊接桩、重要工程应做10%的焊缝探伤检验。

(3)施工结束后，应对承载力及桩体质量做检验。

(4)对桩或总锤击数超过500击的锤击桩，应符合桩体强度及28 d龄期的两项条件才能锤击。

(5)钢筋混凝土预制桩的质量检验标准应符合下表规定。

表16-2 钢筋混凝土预制桩的质量检验标准

| | 序号 | 检查 | 允许偏差或允许值 | | 检查方法 |
|---|---|---|---|---|---|
| | | | 单位 | 数量 | |
| 主控项目 | 1 | 桩体质量检验 | 按桩基检测技术规范 | | 按桩基检测技术规范 |
| | 2 | 桩位偏差 | 盖有基础梁的桩：<br>1)垂直基础梁的中心线<br>2)沿基础梁的中心线 | 100+0.01$H$<br>150+0.01$H$ | 用钢尺量 |
| | | | 桩数为1~3根桩基中的桩 | 100 | |
| | | | 桩数为4~16根桩基中的桩 | 1/2桩径或边长 | |
| | | | 桩数大于16根桩基中的桩：<br>①最外边的桩<br>②中间桩 | 1/3桩径或边长<br>1/3桩径或边长 | |
| | 3 | 承载力 | 按《建筑基桩检测技术规范》(JGJ 106—2014) | | 按《建筑基桩检测技术规范》JGJ 106—2014 |

续表 16－2

| 项 | 序 | 检查项目 | 单位 | 数值 | 检查方法 |
|---|---|---|---|---|---|
| 一般项目 | 1 | 成品桩外形 | 表面平整，颜色均匀，掉角深度小于10 mm，蜂窝面积小于总面积0.5% | | 直观 |
| | 2 | 成品桩裂缝（收缩裂缝或起吊、装运、堆放引起的裂缝） | 深度小于20 mm，宽度小于0.25 mm，横向裂缝不超过边长的一半 | | 裂缝测定仪，该项在地下水有侵蚀地区及锤击数超过500击的长桩不适用。 |
| | 3 | 成品桩尺寸：<br>横截面边长<br>桩顶对角线差<br>桩尖中心线<br>桩身弯曲矢高<br>桩顶平整度 | <br>mm<br>mm<br>mm<br><br>mm | <br>±5<br><10<br><10<br><1/1000$L$<br><2 | <br>用钢尺量<br>用钢尺量<br>用钢尺量<br>用钢尺量，$L$为桩长<br>用水平尺量 |
| | 4 | 电焊接桩：<br>焊缝质量<br>电焊结束后停歇时间<br>上下节平面偏差<br>节点弯曲矢高 | 建筑地基施工质量验收规范<br>min<br>mm<br>mm | <br>>1.0<br><10<br><1/1000$L$ | 建筑地基施工质量验收规范<br>秒表测定<br>用钢尺量<br>用钢尺量 |
| | 5 | 硫磺胶泥接桩：<br>胶泥浇注时间<br>浇注后停歇时间 | <br>min<br>min | <br><2<br>>7 | <br>秒表测定<br>秒表测定 |
| | 6 | 桩顶标高 | mm | ±50 | 水准仪 |
| | 7 | 停锤标准 | 设计要求 | | 现场实测或查沉桩记录 |

（6）钢桩桩的质量检验标准应符合表16－3、表16－4规定。

**表16－3　成品钢桩质量检验标准**

| 项 | 序 | 检查项目 | | 允许偏差或允许值 | | 检查方法 |
|---|---|---|---|---|---|---|
| | | | | 单位 | 数值 | |
| 主控项目 | 1 | 钢桩外径或断面尺寸 | 桩端 | | ±0.5%$D$ | 用钢尺量，$D$为外径或边长 |
| | | | 桩身 | | ±1$D$ | |
| | 2 | 矢高 | | | ≤1/1000$L$ | 用钢尺量，$L$为桩长 |
| 一般项目 | 1 | 长度 | | mm | +10 | 用钢尺量 |
| | 2 | 端部平整度 | | mm | ≤2 | 用水平尺量 |
| | 3 | 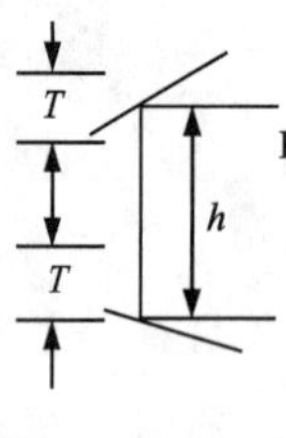 H钢桩的方正度$h$>300<br>$h$<300 | | mm<br>mm | $T+T$≤8<br>$T+T$≤6 | 用钢尺量，$h$、$T$、$T$见图视 |
| | 4 | 端部平面与桩中心线的倾斜值 | | mm | ≤2 | 用水平尺量 |

**表 16－4 钢管桩(型钢桩)施工质量检验标准**

<table>
<tr><th rowspan="2">项</th><th rowspan="2">序</th><th rowspan="2">检查项目</th><th colspan="2">允许偏差或允许值</th><th rowspan="2">检查方法</th></tr>
<tr><th>单位</th><th>数值</th></tr>
<tr><td rowspan="2">主控项目</td><td>1</td><td>桩位放样偏差</td><td colspan="2">群桩：20 mm 单排桩：10 mm</td><td>用钢尺量</td></tr>
<tr><td>2</td><td>承载力</td><td colspan="2">见建筑桩基技术规范</td><td>见建筑桩基技术规范</td></tr>
<tr><td rowspan="7">一般项目</td><td rowspan="3">1</td><td rowspan="3">电焊接桩焊缝：<br>①上下节端部错口<br>(外径≥700 mm)<br>(外径＜700 mm)<br>②焊缝咬边深度<br>③焊缝加强层高度<br>④焊缝加强层高度<br>⑤焊缝电焊质量外观<br>⑥焊缝探伤检验</td><td colspan="2">mm<br>mm<br>mm<br>mm<br>mm</td><td>用钢尺量<br>用钢尺量<br>焊缝检查仪<br>焊缝检查仪<br>焊缝检查仪</td></tr>
<tr><td colspan="2">无气孔，无焊缝，无裂缝</td><td>直观</td></tr>
<tr><td colspan="2">满足设计要求</td><td>按设计要求</td></tr>
<tr><td>2</td><td>电焊结束后停歇时间</td><td>min</td><td>＞1.0</td><td>秒表测定</td></tr>
<tr><td>3</td><td>节点弯曲矢高</td><td></td><td>＜1/1000$L$</td><td>用钢尺量，$L$ 为两节桩长</td></tr>
<tr><td>4</td><td>桩顶标高</td><td>mm</td><td>±50</td><td>水准仪</td></tr>
<tr><td>5</td><td>停锤标准</td><td colspan="2">设计标准</td><td>用钢尺量或沉桩记录</td></tr>
</table>

## 16.6.2 特殊工艺或关键控制点的控制

特殊工艺或关键控制点的控制如表 16－4 所示。

**表 16－4 特殊工艺或关键控制点的控制**

| 序号 | 关键控制点 | 主要控制方法 |
|---|---|---|
| 1 | 桩位定点 | 用经纬仪两点导入，控制桩位投点的桩位放线定位精确度 |
| 2 | 桩架垂直度 | 安装组对过程中检查桩架与底盘的垂直度，在两个方向用经纬仪对桩架进行校正 |
| 3 | 桩垂直度 | 根据地质资料，详细了解桩位土体情况，清理地下的障碍物 |
| 4 | 接桩 | 接桩施工过程中应通过试验合理控制硫磺水泥的配合比、灌注温度、焊接接头的焊材选用及焊接工艺和焊后停歇时间 |

## 16.6.3 注意的质量问题

(1)桩体破损。制桩桩体强度应满足设计施工要求：吊桩时，吊点位置要正确，起吊均匀平稳，禁止单头起吊；选用适当的桩锤并控制落高，保证缓冲垫均匀，以降低冲击应力；使用符合桩径的桩帽和桩锤，保持桩锤、桩帽、桩体在同一轴线上，避免偏打；提高桩体强度，增大桩的截面积；桩头设置钢帽，桩尖设置钢桩靴或加固环；缩短桩长；改变桩的布置，减小桩的细长比；保证接头质量，填实接头间隙。

(2)桩偏移和倾斜过大。施工前详细调查掌握工程环境，清除地下障碍物；施工前认真检验打桩机导杆的垂直度，并在沉桩过程中随时校验和调正；及时填实相邻的送桩孔，清理地下障碍物：提高桩的制作质量，防止桩顶和接头面的歪斜及桩尖偏心和桩体弯曲等不良现象：提高接桩质量，保证上下节桩同轴：采用大一级能量的桩锤；提高桩体强度，增厚缓冲垫，减小施工应力，尽可能缩短桩的长度和增大桩径，防止发生桩体压曲。制定合理的打桩顺序，减小挤土影响。

(3)沉桩困难，达不到预定的埋入深度。检修桩锤及打桩辅助设备及时更换缓冲垫；采用合适的桩锤和桩机；制定合理的打桩顺序；保证桩的接头质量；保证桩的制作质量，提高桩的桩体强度；改善桩的细长比；改进施工工艺，增加辅助沉桩法。

(4)接桩处松脱开裂。清理干净接头处的结合面，保证接头质量，填实接头间隙，焊缝应连续饱满，并符合设计要求，硫磺胶泥保证达到设计强度，提高施工接桩质量，保证上下节桩同一轴线。

(5)漏桩及桩位偏差。应加强施工管理采取预防措施。对桩位放样应多级复核，对定位插桩实行逐根检查防止漏桩，打桩完毕应进行一次全面复核，确认无误方可撤离。

## 16.7 成品保护

(1)预制桩应达到设计强度的70%方可起吊，达到100%方能运输，以防出现裂缝或断裂。

(2)桩在起吊和搬运时，必须均匀和平稳，吊点的位置和数目应符合设计要求和规定，不得使桩体受损。

(3)预制桩堆放场地应平整、坚实，不得产生不均匀沉陷，垫木应放在靠近吊点处，并应保持在同一平面上。钢管桩应堆放平整坚实、排水畅通的场地上，堆放高度不宜超过4层，每层应用方木支垫，上下支点在同一垂直线上，桩两侧用木楔塞住，防止滚动损坏。

(4)不同规格的预制桩应分别堆放，堆放位置和方法应根据打桩位置、吊运方式以及打桩顺序等综合考虑。

(5)各层垫木应上下对齐，处于同一垂直线上，最下层的垫木应适当加宽，堆放层数一般不超过4层。

(6)起吊预制桩时，禁止单头起吊，起吊过程中，应防止桩体晃动或与其他物体碰撞。

(7)施工时保护好桩基的轴线和标高控制桩，不得碰撞和震动而位移。

(8)在临近有建筑或在岸边、斜坡上打桩时，应施工期间采取监测措施，密切观测打桩区及其临近建筑的变化状况，避免因打桩震动而发生质量安全事故。

(9)已打入的桩，防止推土机，挖土机碰撞，在打桩完毕基坑开挖时，应制定合理的施工顺序和技术措施，防止桩的位移和倾斜。

(10)在凿除高出设计标高的桩顶时，应自上而下进行，不得横向凿打，以免桩体受到水平冲击力而破坏或松动。

## 16.8 安全环保措施

(1)施工过程危害辨识及控制措施按表16－5的要求。

**表 16－5　施工过程危害辨识及控制措施**

| 序号 | 作业活动 | 危险源 | 控制措施 |
|---|---|---|---|
| 1 | 高空作业 | 高空坠落物体 | ①高空作业人员必须戴安全帽，系好安全带；②高空检修桩机桩架等不得向下乱丢物体 |
| 2 | 打桩过程 | 桩机架倾斜、倾倒 | 打(沉)桩机架安设应铺垫平稳牢固，吊装就位时，起吊要慢，并拉住溜绳，防止桩头冲击桩架，撞坏桩身 |
| 3 | 打桩过程 | 桩锤不工作时突然下落 | 应经常检查机械各个部件运转情况、润滑情况、钢丝绳是否完好，加强机械的维护保养，以保证机械正常使用 |
| 4 | 机械检修、保养 | 机械伤害 | 装设安全防护罩并加润滑油 |
| 5 | 运输、压桩 | 起重机吊装时钢丝绳索的松脱 | 钢丝绳必须绑牢，起吊离地面 50 cm 左右，应停止起吊进行全面检查索具，确认无误后方可继续起吊 |
| 6 | 压桩 | 液压接头松脱高压胶管破裂 | 应经常检查，及时更换 |
| 7 | 电气设备检修 | 机械伤害、触电 | 电气设备要经常检查，机械检修时要拉闸断电，挂警示牌，电气作业要有监护人。漏电保护、接地线必须牢固可靠 |
| 8 | 接桩 | 油品火灾 | 氧气、乙炔气瓶、电焊机、消防器材及安全防护设施不得随意搬动，现场动火必须持有动火证，操作时有监护人 |
| 9 | 堆放和搬运过程 | 堆放桩倒塌 | 应放置木楔块，防止滚落和倒塌，吊装和搬动过程中应从上部逐根进行，以防止事故发生 |

(2)环境因素辨识及控制措施按表 16－6 的要求。

**表 16－6 环境因素辨识及控制措施**

| 序号 | 作业活动 | 环境因素 | 控制措施 |
|---|---|---|---|
| 1 | 压桩过程 | 施工噪声和对周围居民生活的影响 | 在居民住宅区附近施工，早 7：30 时前，晚 10 时后不得振动沉桩作业 |
| 2 | 机械维修 | 污水、废油等排放<br>对周围环境的影响 | 对污水进行处理<br>对废油进行回收 |
| 3 | 现场整平 | 弃土及废弃物对周围环境的影响 | 弃土按甲方指定路线运至弃土场地，并不得沿路抛洒，现场不得丢弃快餐盒、饮料瓶等生活垃圾 |

## 16.9　质量记录

(1)成品、半成品出厂合格证、产品质量检验报告、实验报告。
(2)桩的外观检查表及接桩外观检查表。
(3)桩位测量放线图和工程测量复核单。
(4)分项工程质量验收记录。
(5)隐蔽工程检查验收记录。
(6)混凝土试块强度试压报告、硫磺胶泥抗压试验报告。
(7)焊接工艺评定、焊接试验报告。
(8)接桩焊接 X 射线探伤报告。
(9)桩的静载荷和动载荷试验资料和确定贯入度的记录。
(10)沉桩质量检查报告。
(11)单桩承载力报告。

# 17 振动沉桩(预制钢筋混凝土、钢桩)施工工艺标准

## 17.1 总则

### 17.1.1 适用范围

本标准适用于工业与民用建筑、桥梁基础采用钢筋混凝土预制桩、钢桩的振动沉桩工程，振动沉桩法一般适用于中密砂类土、硬塑及软塑的黏性土。

### 17.1.2 编制参考标准及规范

(1)《公路桥涵施工技术规范》(JTG/T F50—2011)。

(2)《公路工程施工安全技术规程》(JTG F90—2015)。

(3)《公路工程质量检验评定标准》(土建工程)(JTG F80/1—2017)。

(4)《建筑桩基技术规范》(JGJ 94—2008)。

(5)《建筑地基处理技术规范》(JGJ 79—2012)。

(6)《建筑地基基础工程施工质量验收规范》(GB 50202—2018)。

## 17.2 术语

(1)沉桩：按施工方法的不同，桩基础施工的基本形式可分为沉桩和灌注桩。沉桩的施工方法均为将各种预先制作好的桩(主要是钢筋混凝土或预应力混凝土实心桩或管桩，也有钢桩或木桩)以不同的沉入方式沉至地基内达到所需深度。

(2)预制桩：是在工厂或施工现场制成的各种材料、形式的桩(如木桩、混凝土方桩、预应力混凝土管桩、钢桩等)，用沉桩设备将桩打入、压入或振入土中。

(3)振动法沉桩：用振动方法使桩振动而沉入地层。作业时，桩与周围土壤产生振动，使桩面的摩擦阻力减小，桩杆由于自重克服桩面及桩尖的阻力而穿破地层下沉，还可以利用共振原理，加强沉桩效果。

(4)振动桩锤：是一种通电后产生强大激振力将物体打入地下的一种设备，用于基础工程。桩架：支持桩身和桩锤的钢架，将桩吊到打桩位置，并在打入过程中引导桩的方向，保证桩锤沿着所要求的方向冲击。

## 17.3 施工准备

### 17.3.1 技术准备

(1)桩基施工平面图。

(2)桩基施工方案。

(3)施工区域的岩土勘察报告。

(4)施工区域内地下管线、设施、障碍资料。

(5)相邻建筑基础资料。

(6)施工区域的测量资料。

### 17.3.2 材料准备

(1)结构材料:钢筋混凝土预制桩。

(2)施工辅助材料:钢管桩、钢管桩配件(桩盖、增强节、保护圈、内衬箍,挡块等)、钢板(接桩用)、焊条(焊丝)。

### 17.3.3 主要机具

(1)机具设备:振动沉桩机(包括振动器、锤头、夹桩器、砧座)、履带式起重机(或轮胎式起重机)、电焊机、卷扬机。

(2)主要工具:液压千斤顶、氧割工具、索具、钢丝绳、撬棍等。

### 17.3.4 作业条件

(1)施工场地及运输道路应碾压平整,现场应具备三通一平,排水畅通等条件。

(2)清除现场妨碍桩基施工范围内的高空、地面、地下障碍物等。

(3)对临近原有建筑物和地下管线,应采取适当的隔振、监测和预加固等措施。

(4)布置测量控制网、水准基点、按平面图放线定位。设置的控制点和水准点的数量应不少于2个,并应设在受打桩影响范围之外。

(5)根据轴线放出桩位线,用木橛或钢筋头钉好桩位,并用白灰作标志,以便于施打。

(6)检查打桩机械设备及起重工具,进行设备架立组装,在桩架上设置标尺或在桩侧面作上标尺,以便观测桩身入土深度。

(7)施工前应先打试验桩,试桩数量不少于3根,以确定贯入度及桩长,并校验打桩设备、施工工艺以及技术措施是否适宜。

(8)要选择和确定打桩进出路线和打桩顺序,制定施工方案,作好技术交底。并安排好记录和监理人员等。

### 17.3.5 劳动力组织

(1)每台班23人组成,如表17-1所示。

**表 17－1　锤击沉桩工程施工劳动力组织**

| 工种 | 人数/人 | 工作地点 | 职责范围 |
|---|---|---|---|
| 施工队长 | 1 | 整个施工现场 | 负责跟班组织施工管理工作、协助总指挥工作等 |
| 工班长 | 1 | 整个施工现场 | 负责跟班组织施工，协调各工种交叉作业等 |
| 技术员 | 1 | 整个施工现场 | 负责跟班解决施工中的技术问题，编写技术措施等 |
| 安全员 | 1 | 整个施工现场 | 负责跟班检查安全措施的执行情况及安全教育工作，对安全生产负责 |
| 质量检查员 | 1 | 整个施工现场 | 负责跟班检查工程质量，组织各工种交接及质量保证措施的执行情况，对工程质量负责 |
| 测量工 | 2 | 施工现场 | 负责放样，桩基位置高程等测量 |
| 前台指挥 | 1 | 整个施工现场 | 负责前台桩的起吊及喂桩，调整插桩时桩的垂直度(在两台经纬仪的配合下)，并指挥桩机移位及桩的定位，及时组织力量排除施工中出现的故障 |
| 后台指挥 | 1 | 施工现场 | 负责后台桩的起吊及运输，并能定时定量确保合格成品桩运至前台处 |
| 桩机司机 | 1 | 施工现场 | 负责桩机的操作及日常维修保养，并按照设计要求的施工工艺，正确操纵机械进行桩的定位，调整桩的垂直度，锤击桩基入土及桩机的移位行走等 |
| 吊机司机 | 1 | 施工现场 | 负责吊机的操作及其日常维修保养。在前、后台的指挥下，正确进行桩的起吊、运输及喂桩 |
| 起重工 | 2 | 施工现场 | 在前后台指挥下，负责桩的起吊运输及喂桩，并配合前后台指挥及桩机司机进行桩的定位 |
| 施工员 | 2 | 施工现场 | 负责桩基的定位及校正桩的垂直度，施工中及时作好各种原始记录，并及时解决施工中出现的技术问题 |
| 电焊工 | 2 | 施工现场 | 负责桩的焊接并切割角钢等 |
| 电工 | 1 | 整个施工现场 | 负责现场全套施工机械电器设备的安装及其安全使用。负责现场全套机械的正常运转和维修保养 |
| 材料员 | 1 | 材料仓库 | 负责施工材料供应及管理 |
| 杂工 | 4 | 整个施工现场 | 负责混凝土浇筑、钢筋捆绑、搬运及现场清理等 |
| 总计 | 23 | | |

注：此表为一个作业班施工配备人员，未计后勤、行政等人员。

(2)施工作业人员上岗前必须进行岗位培训，考核合格后，方可持证上岗。

(3)施工作业人员在施工前，必须充分了解地质资料、施工图纸和设计说明，并熟知桩施工规范、质量标准、施工程序等。

(4)施工作业人员在上岗前，应进行体检，并持有健康检查合格证明。高血压、心脏病、癫痫病患者不得参加作业。

## 17.4 工艺设计和控制要求

### 17.4.1 技术要求

(1)桩振动下沉时应符合下列规定：

①桩帽或送桩帽与桩周围的间隙应为5~10 mm。

②锤与桩帽、桩帽与桩之间应加设硬木、麻袋、草垫等弹性衬垫。

③桩锤、桩帽或送桩帽应和桩身在同一中心线上。

④桩插入时的垂直度偏差不得超过0.5%。

(2)沉桩顺序要求应符合下列规定：

①对于密集桩群，自中间向两个方向或四周对称施打。

②当一侧毗邻建筑物时，由毗邻建筑物处向另一方向施打。

③根据基础的设计标高，宜先深后浅。

④根据桩的规格，宜先大后小，先长后短。

(3)施工结束后应做承载力检验。

### 17.4.2 材料质量要求

(1)钢筋混凝土预制桩：规格、质量必须符合设计要求和施工规范的规定，并有出厂合格证明，强度要求达到100%，且外观无断裂、掉角、露筋等现象。

(2)钢板(接桩用)：材质、规格应符合设计要求，宜用Q235钢。

(3)钢管桩：采用螺旋焊接钢管，材质一般用Q235钢，管径由$\phi$400~$\phi$1200 mm，厚度为9~22 mm，有出厂合格证。

(4)钢管桩配件：桩盖、增强节、保护圈、内衬箍，挡块等，材质规格符合设计要求并有产品合格证书。

(5)焊条(焊丝)：焊条、焊剂、焊丝的牌号和性能必须符合设计要求和有关标准的规定，焊条一般宜用E43××；焊丝用SAN-53自动保护焊丝，直径$\phi$3.2 mm和$\phi$2.4 mm。

### 17.4.3 职业健康安全要求

(1)桩机性能应符合安全生产要求。场地平整，并设专人指挥、监护。

(2)操作人员需持证上岗作业，操作工必须穿戴防护用品，以保证人员安全。并在机械旁挂牌注明安全操作规程。

(3)施工现场用电，严格执行有关规定，加强电源管理，防止发生电器火灾。

(4)机械要设专人维护维修，定期检查机械零部件。

(5)施工现场应挂配醒目的安全警示牌，无关人员严禁入内，夜间施工必须有充足的灯光照明。

### 17.4.4 环境要求

(1)沉桩过程不得在休息时间进行施工，噪音扰民，在居民住宅区附近施工，早7：30时前，晚10时后不得振动沉桩作业。

(2)施工过程要采取有效措施控制现场的各种废气、污水、固体垃圾对环境的污染和危害，不在现场燃烧各种有毒的物质。

(3)工程施工过程中及时清理各种垃圾、废油、废渣。

(4)电焊用的电焊头不得随意丢弃，必须统一集中收集后处理。

## 17.5 施工工艺

### 17.5.1 工艺流程

(1)预制钢筋混凝土桩施工工艺流程如图17－1所示。

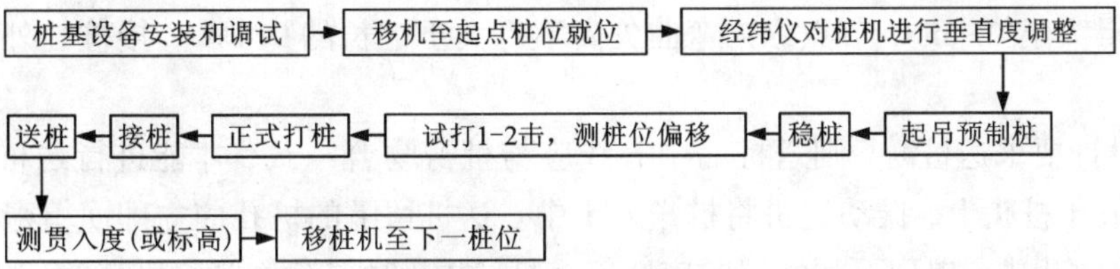


**图17－1 预制钢筋混凝土桩施工工艺流程图**

(2)钢管桩施工顺序如图17－2所示。

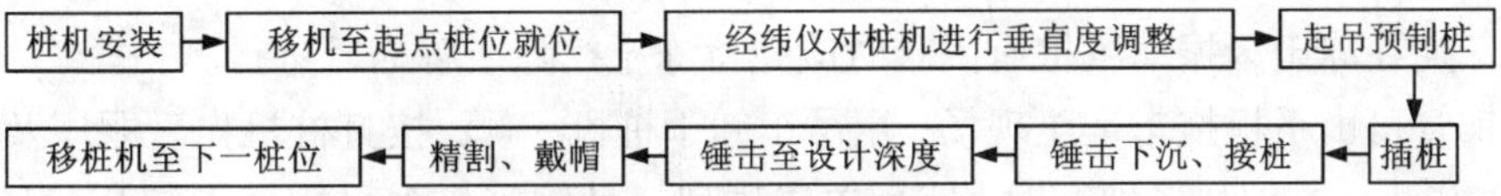


**图17－2 钢管桩施工工艺流程图**

### 17.5.2 操作工艺

(1)桩机设备进场后进行安装调试，然后移机至起点桩位处就位。桩架安装就位后应垂直平稳。

(2)打桩前应用两台经纬仪对打桩机进行垂直度调整使导杆保持垂直，并应在打桩期间经常检验。

(3)起吊预制桩，通常利用桩架上吊索与卷扬机进行。起吊时吊点必须正确，一般单节桩长在20 m以下，可采用2点起吊，桩长为20～30 m时，可采用3点起吊方法。起吊预制桩速度应缓慢均匀，使桩尖垂直对准桩位中心，桩插入土中位置应准确，垂直度偏差不得超过0.5%。再在桩顶扣好桩帽或桩箍，即可除去索具。

(4)桩尖插入桩位后，先轻点振动锤按钮1~2下后马上松开，桩入土一定深度应调正桩锤、桩帽、桩垫及打桩机导杆，使之与打入方向成一线，一般10 m以内短桩可目测或用线坠双向校正；10 m以上或打接桩必须用线坠或经纬仪双向校正，不得目测，桩在打入前，应在桩的侧面或桩架上设置标尺，以便在施工中观测记录。

(5)正式施打时，开始短时段振动，在确认桩的中心位置及角度无误后方可加长振动时间，使振幅频率达到最佳效果。

(6)打桩顺序应根据地基土质情况、桩基平面布置、尺寸密集程度、深度、方便打桩机移动等因素确定，一般采取从中间向两边对称施振；或从中间向四周施振；或由一侧向单一方向施振。对基础标高不一的桩，宜先深后浅，对不同规格的桩，宜先大后小、先长后短。若桩距大于或等于4倍的桩径时，则与振桩顺序无关。

(7)当桩长度不够时，采用焊接接桩，其预制桩表面上的预埋件应清洁，上下节之间的间隙应用铁皮垫实焊牢；焊接时，应将四角点焊固定，然后对称焊接，焊缝应连续焊满，重要工程应做10%的焊缝探伤检查，并采取措施，减少焊缝变形。接桩时，下节桩的地面预留高度一般为1 m左右，在下节桩打入后，应检查下节桩的顶部，如有损伤应修复。上下节桩的中心偏差不得大于10 mm，节点纵向弯曲矢高不得大于桩长的0.1%。接桩处外露铁件再次补刷防腐漆。

(8)当设计要求送桩时，则送桩的中心线应与桩身吻合一致，才能进行送桩，送桩应用钢制送桩器放于桩头上，振动送桩将桩送入土中。送桩留下的桩孔应立即回填密实。

(9)打桩过程中，遇到下列情况时应暂停施打，并及时与有关单位研究，采取措施：

①贯入度剧变。

②桩身突然倾斜、位移或有严重回弹。

③桩头或桩身出现严重裂缝或破碎。

(10)待全部桩打完后，开挖至设计标高，并检查验收。

(11)冬期在冻土区振动沉桩有困难时应先将冻土挖除或解冻后进行。

(12)钢管可由平板拖车运至现场，用吊车卸于桩机一侧，按打桩机先后顺序及桩的配套要求堆放，并注意方向。场地宽时，宜用单层排列。吊钢管桩多采用一点绑扎起吊，待吊到桩位进行插桩，将钢管桩对准事先用石灰划出的样桩位置，做到桩位正，桩身直。

(13)为防止桩头在振动时损坏，打桩前，要在桩头顶部放置桩帽，其上放置减震木垫。打桩时，先用两台经纬仪架设在桩架的正面及侧面，校正桩架导向杆及桩的垂直度，并保持锤，桩帽与桩在同一轴线上，然后空振1~2 m再次校正垂直度后正式打桩。当沉至某一深度并经复核沉桩质量良好时，再行连续振击，至桩顶高出地面80~120 cm时，停止振击，进行接桩，再同样步骤至达到设计深度为止。若开始阶段发现桩位不正或倾斜，应调正或钢管桩拔出重新振打。

(14)钢管桩沉桩时如需边振边焊接接长，一般采用半自动无气体保护焊机，由焊机的送丝机构自动送丝，靠人工手把(焊枪)焊机。焊接前，应将下节桩管顶部变形损坏部分修整，上节桩管端部用角向磨光机磨光，并打焊接剖口，并将内衬箍放置在下节桩内侧的挡块上使其坡口搁在焊道上，使上下节桩对口的间隙为2~4 mm，再用经纬仪校正垂直度，在下节桩顶端外周围安装好铜夹箍，再行电焊、施焊应对称进行，管壁厚小于 9 mm 的焊两层，大于 9 mm的焊 3 层。焊完每层焊缝后及时清除焊渣；每层焊缝的接头应错开；应充分熔化内衬箍，保证根部焊透；遇大风，要安装挡风板；气温低于 0℃焊件上下 100 mm 要预热；焊接完毕后应冷却 1 ~ 5 min，再进行振动下沉。

(15)钢管桩一般不设桩靴，直接开口打入。沉桩时，土体由桩口涌入桩内，至一定高度(一般为 1/3 ~ 1/2 的桩体贯入深度)后即闭塞封死，其效用与闭口桩相似。

(16)钢管振入地下，基底以上的钢管要切割，一般采取在桩管内地下切割。切割设备多用等离子体切桩机或手把式氧乙炔切桩机，工作时吊挂送入钢管桩内任意深度，靠风动顶针装置固定在钢管桩内壁，割嘴按预先调整好的间隙进行回转切割。割出短桩头，用吊车拔出，拔出的短桩焊接接长后再用。

(17)振动沉桩法施工质量控制要点：

①振动锤的选择：应验算振动上拔力对桩身的影响。

②振动沉桩机、机座、桩帽必须连接牢固；沉桩和桩中心线应尽量保持在同一直线上。

③开始沉桩时宜用自重下沉或射水下沉，待桩身有足够稳定性后，再采用振动下沉。

④每根桩的沉入作业应一次连续完成，不可中途停振过久，以免土的摩阻力恢复，使继续下沉困难。

⑤振动沉桩停桩控制标准：应以通过试桩验证的桩尖高程控制为主，以最终贯入(mm/min)或可靠的振动承载力公式计算的承载力作为校核。如果桩尖已达到高程而最终承载力相差较大时，应查明原因，报请有关单位研究处理。

⑥出现桩位偏移、倾斜或严重回弹，以及其他与振击沉桩相同的不正常情况时，立即停止振动，并查明原因，采取相应对策处理后才能继续沉桩施工。

## 17.6　质量标准

### 17.6.1　主控项目及一般项目

(1)桩在现场预制时，应对原材料、钢筋骨架、混凝土强度进行检查；采用工厂生产的成品桩时，桩进场后应进行外观及尺寸检查。

(2)施工中应对桩体垂直度、沉桩情况、桩顶完整情况、接桩质量等进行检查，对电焊接桩，重要工程应做 10% 的焊缝探伤检验。

(3)施工结束后，应对承载力及桩体质量检验。

(4)对桩或总振击数超过 500 击的振击桩，应符合桩体强度及 28 d 龄期的两项条件才能振击。

(5)钢筋混凝土预制桩的质量检验标准应符合表 16 - 2 的规定。

(6)钢桩桩的质量检验标准应符合表 16 - 3、表 16 - 4 的规定。

### 17.6.2　特殊工艺或关键控制点的控制

特殊工艺或关键控制点的控制如表 16 - 5 所示。

## 17.7 成品保护

(1)预制桩应达到设计强度的70%方可起吊，达到100%方能运输，以防出现裂缝或断裂。

(2)桩在起吊和搬运时，必须做到均匀和平稳，吊点的位置和数目应符合设计要求和规定，不得使桩体受到损伤。

(3)预制桩堆放场地应平整、坚实，不得产生不均匀沉陷，垫木应放在靠近吊点处，并应保持在同一平面上。钢管桩应堆放平整坚实、排水畅通的场地上，堆放高度不宜超过4层，每层应用方木支垫，上下支点在同一垂直线上，桩两侧用木楔塞住，防止滚动损坏。

(4)不同规格的预制桩应分别堆放，堆放位置和方法应根据打桩位置、吊运方式以及打桩顺序等综合考虑。

(5)各层垫木应上下对齐，处于同一垂直线上，最下层的垫木应适当加宽，堆放层数一般不超过4层。

(6)起吊预制桩时，禁止单头起吊，起吊过程中，应防止桩体晃动或与其他物体碰撞。

(7)施工时保护好桩基的轴线和标高控制桩，不得碰撞和震动而位移。

(8)在临近有建筑或在岸边、斜坡上打桩时，应在打桩施工期间采取监测措施，密切观测打桩区及其临近建筑的变化状况，避免因打桩震动而发生质量安全事故。

(9)已沉入的桩，防止推土机，挖土机碰撞，在打桩完毕基坑开挖时，应制定合理的施工顺序和技术措施，防止桩的位移和倾斜。

(10)在凿除高出设计标高的桩顶时，应自上而下进行，不得横向凿打，以免桩体受到水平冲击力而破坏或松动。

## 17.8 安全环保措施

(1)施工过程危害辨识及控制措施如表16－5所示。

(2)环境因素辨识及控制措施如表16－6所示。

## 17.9 质量记录

(1)成品、半成品出厂合格证、产品质量检验报告、实验报告。

(2)桩的外观检查表及接桩外观检查表。

(3)桩位测量放线图和工程测量复核单。

(4)分项工程质量验收记录。

(5)隐蔽工程检查验收记录。

(6)混凝土试块强度试压报告、硫磺胶泥抗压试验报告。

(7)焊接工艺评定、焊接试验报告。

(8)接桩焊接X射线探伤报告。

(9)桩的静载荷和动载荷试验资料和确定贯入度的记录。

(10)沉桩质量检查报告。

(11)单桩承载力报告。

# 18 静力压桩(预制钢筋混凝土、钢桩)施工工艺标准

## 18.1 总则

### 18.1.1 适用范围

本标准适用于软土、填土、一般黏性土层中，以及居民稠密和危房附近环境保护要求严格的地区进行压桩施工。

### 18.1.2 编制参考标准及规范

(1)《建筑工程施工质量验收统一标准》(GB 50300—2013)。

(2)《建筑工程施工质量验收统一标准》(GB 50300—2013)。

(3)《建筑地基基础设计规范》(GB 50007—2011)。

(4)《建筑桩基技术规范》(JGJ 94—2008)。

## 18.2 术语

(1)静力压桩：是利用静压力(压桩机自重及配重)将预制桩逐节压入土中的压桩方法。

(2)压桩机：利用静压力将桩压入地层的桩工机械。用于软土层压桩，如地下铁道、海港、桥梁、水库电站、海上采油平台和国防工程等的桩基施工。压桩机分机械式和液压式两种。

(3)预制桩：是在工厂或施工现场制成的各种材料、各种形式的桩(如木桩、混凝土方桩、预应力混凝土管桩、钢桩等)，用沉桩设备将桩打入、压入或振入土中。

(4)硫磺胶泥：硫磺胶泥是一种热塑冷硬性材料，有粘结剂，硫磺，增韧剂及填充剂，按一定配比熔融搅拌而成。用途：基础工程水泥预制桩的粘结(用于打桩及静力压桩)火车轨道，水泥轨垫的螺栓粘结，码头基础的粘结，桥梁基础的粘结等。

## 18.3 施工准备

### 18.3.1 技术准备

(1)具备场地详细的地质水文资料及地下障碍物、管网等资料。

(2)进行施工图纸会审，编制桩基工程施工方案。

(3)开工前认真细致地向所有参与施工人员进行技术交底、安全交底和分析相应地质条件下应采取的措施。

(4)认真做好建筑物轴线放样及地面标高测量。

(5)进行试压桩并确定压桩控制标准。

### 18.3.2 材料准备

(1)结构材料：钢筋混凝土预制桩。

(2)施工辅助材料：预制桩、焊条、硫磺胶泥等。

### 18.3.3 主要工具

钢丝绳吊索、卡环、撬杠、砂浴锅、铁盘、长柄勺、浇灌壶、扁铲、台秤、温度计等。

### 18.3.4 作业条件

(1)应具有工程地质资料、桩基施工平面图、桩基施工组织设计或施工方案。

(2)已排除桩基范围内的高空、地面和地下障碍物。场地已平整压实，能保证打(沉)桩机械在场内正常运行。雨期施工，已做好排水措施。

(3)打桩场地附近建(构)筑物有防振要求时，已采取防振措施。

(4)桩基的轴线桩和水准基点桩已设置完毕，并经过复查办理了签证手续。每根桩的桩位已经测定，用小木桩或短钢筋打好定位桩，并用白灰做出标志。

(5)已选择和确定打桩设备进出路线和打桩顺序。

(6)检查桩的质量，将需用的桩按平面布置图堆放在压桩机附近，不合格的桩另行堆放。

(7)检查压桩机械设备及起重工具，铺设水、电管线。进行设备架立组装。在桩架上设置标尺或在桩侧面画上标尺，以便能观测桩身入土深度。

(8)施工前应先压试桩，试桩数量不少于2根，以确定贯入度及桩长，并校验压桩设备和施工工艺及技术措施是否符合要求。

(9)已准备好桩基工程沉桩记录和隐蔽工程验收记录表格，并做好记录。

### 18.3.5 劳动力组织

(1)每台班29人组成，如表18－1所示。

**表 18－1　静力压桩工程施工劳动力组织**

| 工种 | 人数/人 | 工作地点 | 职责范围 |
|---|---|---|---|
| 施工队长 | 1 | 整个施工现场 | 负责跟班组织施工管理工作、协助总指挥工作等 |
| 工班长 | 1 | 整个施工现场 | 负责跟班组织施工，协调各工种交叉作业等 |
| 技术员 | 1 | 整个施工现场 | 负责跟班解决施工中的技术问题，编写技术措施等 |
| 安全员 | 1 | 整个施工现场 | 负责跟班检查安全措施、安全措施的执行情况及安全教育工作，对安全生产负责 |
| 质量检查员 | 1 | 整个施工现场 | 负责跟班检查工程质量，组织各工种交接及质量保证措施的执行情况，对工程质量负责 |
| 测量工 | 2 | 施工现场 | 负责放样，桩基位置高程等测量 |
| 压桩机组 | 7 | 整个施工现场 | 负责桩机的操作及日常维修保养，并按照设计要求的施工工艺，正确操纵机械进行桩的定位，调整桩的垂直度，静压桩基入土及桩机的移位行走等 |
| 起重工及辅助工 | 6 | 施工现场 | 负责桩的起吊运输及喂桩，并配合桩机司机进行桩的定位 |
| 施工员 | 1 | 施工现场 | 负责桩基的定位及校正桩的垂直度，施工中及时作好各种原始记录，并及时解决施工中出现的技术问题 |
| 电焊工 | 2 | 施工现场 | 负责桩的焊接并切割角钢等 |
| 电工 | 1 | 整个施工现场 | 负责现场全套施工机械电器设备的安装及其安全使用。负责现场全套机械的正常运转和维修保养 |
| 材料员 | 1 | 材料仓库 | 负责施工材料供应及管理 |
| 杂工 | 4 | 整个施工现场 | 负责混凝土浇筑、钢筋捆绑、搬运及现场清理等 |
| 总计 | 29 | | |

注：此表为一个作业班施工配备人员，未计后勤、行政等人员。

(2)施工作业人员上岗前必须进行岗位培训，考核合格后，方可持证上岗。

(3)施工作业人员在施工前，必须充分了解地质资料、施工图纸和设计说明，并熟知桩施工规范、质量标准、施工程序等。

(4)施工作业人员在上岗前，应进行体检，并持有健康检查合格证明。高血压、心脏病、癫痫病患者不得参加作业。

## 18.4　工艺设计和控制要求

### 18.4.1　技术要求

(1)施工场地应平整，地基承载力不小于0.2～0.3 MPa，打桩前要认真检查施工设备。

(2)按施工方案合理安排压桩路线，避免压桩或挤桩。

(3)桩位放样应采用不同方法二次核样。

(4)桩间距小于3.5$d$时，宜采用跳压，应控制每天压桩根数，同一区域内不宜超过12根桩，避免桩体上浮，桩身倾斜。

(5)接桩时焊接要连续饱满，焊渣要清除，焊接自然冷却时间应不少于1 min，地下水位较高的应适当延长冷却时间，避免焊缝遇水淬火脆裂，对接后间隙要用不超过5 mm钢片嵌填，保证打桩时桩顶不偏心受力，避免接头脱落。

### 18.4.2 材料质量要求

(1)预制桩强度应达到设计强度的100%后才能开始压桩。应按设计要求施加压桩力，严禁压桩力超过桩的允许压桩力，避免桩身混凝土断裂破坏。

(2)预制桩在运输、吊桩及堆放过程中应正确叠放，轻起轻吊，避免使用前桩身已经断裂。

(3)压桩时要保证桩体的垂直度，避免桩身倾斜；避免压桩因偏心受力导致桩顶破碎、桩身断裂。

(4)预制桩、桩尖规格必须符合设计要求，必须具备出厂合格证及原材料检验报告。常用截面尺寸为40 cm×40 cm、45 cm×45 cm和50 cm×50 cm，常用节长为7 m和9 m，可根据设计桩长按不同的节长进行搭配或需要接长(最大深度可达35 m)，桩强度要求达到设计强度等级的100%。

(5)接桩用的焊条其型号、性能必须符合设计要求和有关标准规定，一般采用国产E43焊条，其质量应符合《碳钢焊条》(GB/T 5117—2012)的规定；采用保护焊专用焊丝时必须符合相关规定。

(6)硫磺胶泥：

钢筋混凝土方桩接桩时，所使用的硫磺胶泥的抗压强度、抗拉强度、抗折强度和粘结强度必须达到设计要求和施工规范的规定，接桩用焊条或半成品硫磺胶泥应有成品合格证书，或送有关部门检验，硫磺胶泥半成品应每100kg做一组试件(3件)。其物理性能指标应达到设计要求和施工规范的规定(表18-2、表18-3)。

**表18-2 硫磺胶泥灌注后的停歇时间**

| 项次 | 桩截面/(mm×mm) | 不同气温下的停歇时间/min | | | | | | | | | |
|---|---|---|---|---|---|---|---|---|---|---|---|
| | | 0~10℃ | | 11~20℃ | | 21~30℃ | | 31~40℃ | | 41~50℃ | |
| | | 打桩 | 压桩 | 打桩 | 压桩 | 打桩 | 压桩 | 打桩 | 压桩 | 打桩 | 压桩 |
| 1 | 400×400 | 6 | 4 | 8 | 5 | 10 | 7 | 13 | 9 | 17 | 12 |
| 2 | 450×450 | 10 | 6 | 12 | 7 | 14 | 9 | 17 | 11 | 21 | 14 |
| 3 | 500×500 | 13 | / | 15 | / | 18 | / | 21 | / | 24 | / |

表 18-3 硫磺胶泥的主要物理性能指标

| 项次 | 项目 | 物理力学性能指标 |
|---|---|---|
| 1 | 物理性能 | 1. 热变性：60℃以内强度无明显变化；120℃变液态；140～145℃密度最大且和易性最好；170℃开始沸腾；超过180℃开始焦化，且遇明火燃烧；<br>2. 密度：2280～3320 kg/$m^3$；<br>3. 吸水率：0.12%～0.24%；<br>4. 弹性模量：5×105 kPa；<br>5. 耐酸性：常温下能耐盐酸、硫酸、磷酸、40%以下的硝酸、25%以下的铬酸、中等浓度乳酸和醋酸 |
| 2 | 力学性能 | 1. 抗拉强度：4 MPa；<br>2. 抗压强度：40 MPa；<br>3. 握裹强度：与螺纹钢筋为11MPa，与螺纹孔混凝土为4MPa；<br>4. 疲劳强度：对照混凝土的试验方法，当疲劳应力比值 p 为 0.38 时，疲劳修正系数 >0.8 |

### 18.4.3 职业健康安全要求

(1)桩机性能应符合安全生产要求。场地平整，并设专人指挥、监护。

(2)操作人员需持证上岗，操作工必须穿戴防护用品，以保证人员安全。并在机械旁挂牌注明安全操作规程。

(3)施工现场用电，严格执行有关规定，加强电源管理，防止发生电器火灾。

(4)机械要设专人维护维修，定期检查机械零部件。

(5)施工现场应挂配醒目的安全警示牌，无关人员严禁入内，夜间施工必须有充足的灯光照明。

(6)电焊作业人员必须使用防护面罩，戴防护手套，穿绝缘鞋。

(7)雨天不宜进行压桩施工，暴雨及台风天气要暂停施工，并及时做好机械设备的遮盖工作。

### 18.4.4 环境要求

(1)压桩过程不得在休息时间进行施工，噪声扰民，在居民住宅区附近施工，早7：30时前、晚10时后不得压桩作业。

(2)施工过程要采取有效措施控制现场的各种废气、污水、固体垃圾对环境的污染和危害，不在现场燃烧各种有毒的物质。

(3)工程施工过程中及时清理各种垃圾、废油、废渣。

(4)电焊用的电焊头不得随意丢弃，必须统一集中收集后处理。

# 18.5 施工工艺

## 18.5.1 工艺流程

静力压桩施工工艺流程如图18－1所示。

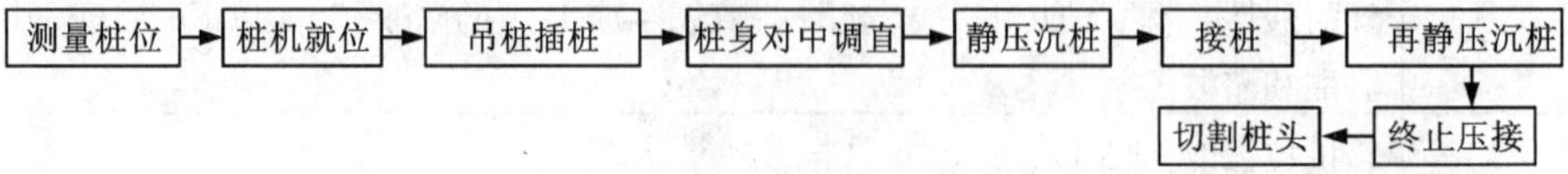


**图18－1　静力压桩施工工艺流程图**

## 18.5.2 操作工艺

(1)机械静力压桩的施工程序。

①施工前应对成品桩(锚杆静压成品桩一般均由工厂制造，运至现场堆放)做外观及强度检验，压桩用压力表、锚杆规格及质量进行检查。

②压桩机的安装，必须按有关程序或说明书进行。压桩机的配重应平衡配置于平台上。压桩机就位时应对准桩位，启动平台支撑油缸，校正平台处于水平状态。

③启动门架支撑油缸，使门架作微倾15°，以便吊插预制桩。起吊预制桩时先拴好吊装用的钢丝绳及索具，然后应用索具捆绑桩上部约50 cm处，起吊预制桩，使桩尖垂直对准桩位中心缓缓插入土中，回复门架在桩顶扣好桩帽，卸去索具，桩帽与桩顶之间应有相适应的衬垫，一般采用硬木板，其厚度为10 cm左右。

④当桩尖插入桩位后，微微启动压桩油缸，待桩入土至50 cm时，再次校正桩的垂直度和平台的水平度，使桩的纵横双向垂直偏差不超过0.5%。然后再启动压桩油缸把桩徐徐压下，控制施压速度不超过2 m/min。

⑤压桩的顺序：当建筑面积较大，桩数较多时，可将基桩分为数段，压桩在各段范围内分别进行。对多桩台，应由中央向两边或由中心向外施压。在粉质黏土及黏土地基施工，应避免沿单一方向进行，以免向一边挤压，造成压入深度不一，地基挤密程度不均。

⑥桩长度不够时，可采用浆锚法接桩。方法：起吊上节桩，矫直外露锚固钢筋，对准下节桩放下，使上节桩的外露锚筋全部插入下节桩的预留孔中，目测上下两节桩确保其垂直和接触面吻合，然后稍微提升上节桩，使上下节桩保持20～25 cm的间隙，在下节桩四侧箍上特制的夹箍，及时将熔融的硫磺胶泥注入预留孔内，直到溢出孔外至桩顶整个平面，送下上节桩使两端面贴合，等硫磺胶泥自然冷却5～10 min后，拆除夹箍继续压桩。接桩一般在距离地面1 m处进行。

⑦桩的接头节点处理必须符合设计要求和施工规范的规定。

⑧压桩应连续进行，用硫磺胶泥接桩间歇不宜过长(常温下为10～18 min)；接触面应保持干净，浇筑时间不应超过2 min；上下桩中心线应对齐，偏差不大于10 mm；节点矢高不得

大于0.1%桩长。

⑨当压桩力已达到2倍设计荷载或桩端已到达持力层时，应随即进行稳压。当桩长小于15 m或黏性土为持力层时，宜取略大于2倍设计荷载作为最后稳压力，并稳压不少于5次，每次1 min；当桩长大于15 m或密实砂土为持力层时，宜取2倍设计荷载作为最后稳压力，并稳压不少于3次，每次1 min。测定其最后各次稳压时的贯入度。

⑩压桩施工时，应由专人或开启自动记录设备做好施工记录，开始压桩时应记录桩每沉下1 m油压表压力值，当下沉至设计标高或2倍于设计荷载时，应记录最后三次稳压时的贯入度。桩的贯入度必须符合设计要求，最后几次的贯入度不能依次递增。

⑪施工结束后，应做桩的承载力及桩体质量检验。

(2)注意事项。

①压桩施工前应清除桩位下的障碍物，必要时应对每个桩位进行钎探清查一遍。对桩平直度要进行检查，发现桩身弯曲度超过1/1000桩长，并大于20 mm，或桩尖不在桩纵轴线上的，不应使用，以避免压桩时出现断裂或桩顶位移。

②接桩施工时，应对连接部位上的杂质、油污、水分等清理干净；上下节桩应在同一轴线上；使用硫磺胶泥严格按操作规程进行，保证配合比、熬制时间、施工温度符合要求，以防接桩处出现松脱开裂。

③沉桩时预制桩强度必须达到设计强度的100%；蒸汽养护的预制桩应再经自然养护一个月后方准施打。

④沉桩时如发现设计要求的土层与地质资料或实际土层不符时，应停止施工，与有关单位研究处理。

⑤在邻近有建筑物或岸边、斜坡上沉桩时，应会同有关单位采取有效的防护措施，施工应加强观测。

⑥送桩拔出后留下的桩孔，应及时回填和加盖。

## 18.6 质量标准

### 18.6.1 主控项目

(1)静压桩(预制桩)的桩位偏差，必须符合表18-4的规定。斜桩倾斜度的偏差不得大于倾斜角正切值的15%(倾斜角系桩的纵向中心线与铅垂线间夹角)。

**表18-4 预制桩桩位的允许偏差**

| 序号 | 项目 | 允许偏差/mm |
|---|---|---|
| 1 | 盖有基础梁的桩:(1)垂直基础梁的中心线<br>(2)沿基础梁的中心线 | $100+0.01H$<br>$150+0.01H$ |
| 2 | 桩数为1~3根桩基中的桩 | 100 |
| 3 | 桩数为4~16根桩基中的桩 | 1/2桩径或边长 |

续表 18－4

| 序号 | 项目 | 允许偏差 |
|---|---|---|
| 4 | 桩数大于 16 根桩基中的桩：(1)最外边的桩<br>(2)中间桩 | 1/3 桩径或边长<br>1/2 桩径或边长 |

注：*H* 为施工现场地面标高与桩顶设计标高的距离。

(2)桩在现场预制时，应对原材料、钢筋骨架(表 18－5)、混凝土强度进行检查；若采用工厂生产的成品桩时，桩进场后应进行外观及尺寸检查，其质量必须符合设计要求和施工规范的规定，并有出厂合格证。

**表 18－5　预制桩钢筋骨架质量检验标准**

| 项目 | 序号 | 检查项目 | 允许偏差或允许值/mm | 检查方法 |
|---|---|---|---|---|
| 主控项目 | 1 | 主筋距桩顶距离 | ±5 | 用钢尺量 |
| | 2 | 多节桩锚固钢筋位置 | 5 | 用钢尺量 |
| | 3 | 多节桩预埋铁件 | ±3 | 用钢尺量 |
| | 4 | 主筋保护层厚度 | ±5 | 用钢尺量 |

(3)静压桩质量检验标准应符合表 18－6 的规定。

**表 18－6　静力压桩质量检验标准**

| 项目 | 序号 | 检查项目 | 允许偏差或允许值 | | 检查方法 |
|---|---|---|---|---|---|
| | | | 单位 | 数值 | |
| 主控项目 | 1 | 桩体质量检验 | 按基桩检测技术规范 | | 按基桩检测技术规范 |
| | 2 | 桩位偏差 | 见表 18－4 | | 用钢尺量 |
| | 3 | 承载力 | 按基桩检测技术规范 | | 按基桩检测技术规范 |

### 18.6.2　一般项目

(1)压桩过程中应检查压力、桩垂直度、接桩间歇时间、桩的连接质量及压入深度。重要工程应对电焊接桩的接头做 10% 的探伤检查。对承受反力的结构应加强观测。

(2)锚杆静压桩质量检验标准应符合表 18－7 的规定。

**表 18－7　静力压桩质量检验标准**

| 项目 | 序号 | 检查项目 | | 允许偏差或允许值 | | 检查方法 |
|---|---|---|---|---|---|---|
| | | | | 单位 | 数值 | |
| 一般项目 | 1 | 成品桩质量：外观 | | 表面平整，颜色均匀，掉角深度小于 10 mm，蜂窝面积小于总面积 0.5%； | | 直观 |
| | | 外形尺寸 | | 符合规范要求； | | 符合规范要求 |
| | | 强度 | | 满足设计要求 | | 查产品合格证或钻芯试压 |
| | 2 | 硫磺胶泥质量(半成品) | | 设计要求 | | 查产品合格证书或抽样送检 |
| | 3 | 接桩 | 电焊接桩：焊缝质量 | 按基桩检测技术规范 | | 按基桩检测技术规范 |
| | | | 电焊结束后间歇时间 | min | >1.0 | 秒表测定 |
| | | | 硫磺胶泥接桩：胶泥浇注时间 | min | <2 | 秒表测定 |
| | | | 浇注后停歇时间 | min | >7 | 秒表测定 |
| | 4 | 电焊条质量 | | 设计要求 | | 查产品合格证 |
| | 5 | 压桩压力(设计有要求时) | | % | ±5 | 查压力表读数 |
| | 6 | 接桩时上下节平面偏差 | | mm | <10 | 用钢尺量 |
| | | 接桩时节点弯曲矢高 | | mm | <1/1000$L$ | 用钢尺量，$L$ 为桩长 |
| | 7 | 桩顶标高 | | mm | ±50 | 水准仪 |

### 18.6.3　质量控制点

(1)施工前应对成品桩(锚杆静压成品桩一般均由工厂制造，运至现场堆放)做外观及强度检验，接桩用焊条或半成品硫磺胶泥，应有成品合格证书，或送有关部门检验，压桩用压力表、锚杆规格及质量进行检查。硫磺胶泥半成品应每 100 kg 做一组试件(3 件)。钢筋混凝土桩接桩时，所使用的硫磺胶泥的抗压强度、抗拉强度、抗折强度和粘结强度必须达到设计要求和施工规范的规定，并有出厂合格证。

(2)各工序应按本标准进行质量控制，每道工序完成后，应进行检查。

(3)相关各专业工种之间，应进行交接检验，并形成记录。未经监理工程师(建设单位技术负责人)检查认可，不得进行下道工序施工。

## 18.7　成品保护

(1)桩应达到设计强度的 75% 方可起吊，达到 100% 才可运输，以防出现裂缝或断裂。

(2)桩起吊和搬运时吊点应符合设计要求，并应平稳，不得损伤。

(3)桩的堆放场地应平整、坚实，不得产生不均匀沉降；垫木应放在靠近吊点处，并应保持在同一平面内；同规格的桩应堆放在一起，桩尖应朝向同一端；桩重叠堆放时，上下层垫木应对齐，堆放层数一般不宜超过4层。

（4）妥善保护桩基的轴线桩和水平基点桩，不得受到碰撞和振动而造成位移。

（5）在软土地基中打桩完毕，基坑开挖应制定合理的开挖顺序和采取一定的技术措施，防止桩倾斜或位移。

（6）在凿除高出设计标高的桩顶混凝土时，应自上而下进行，不可横向凿打，以免桩受水平冲击力而受到破坏或松动。

## 18.8 安全环保措施

（1）机械司机在施工操作时，听从指挥信号，不得随意离开岗位，应经常注意机械的运转情况，发现异常应立即检查处理。

（2）桩应达到设计强度75%方可起吊，达到100%方可运输和压桩。

（3）桩在起吊和搬运时，吊点应符合设计要求，如设计无规定时，当桩长在16 m内，可用一个吊点起吊，吊点位置应设在距桩端0.29$L$桩长处。

（4）硫磺胶泥的原料及制品在运输、贮存和使用时应注意防火。熬制胶泥时，操作人员应穿戴防护用品，熬制场地应通风良好，人应在上风操作，严禁水溅入锅内。胶泥浇注后，上节桩应缓慢放下，防止胶泥飞溅伤人。

（5）沉桩前应先全面检查机械各个部件及润滑情况，钢丝绳是否完好，发现有问题时应及时解决；检查后要进行试运转，严禁带病作业。沉桩机械设备应由专人操作，并经常检查机架部分有无脱焊和螺栓松动，注意机械的运转情况。加强机械的维护保养，以保证机械正常使用。

（6）沉桩机架安设应铺垫平稳、牢固。吊桩就位时，起吊要慢，并拉住溜绳，防止桩头冲击桩架，撞坏桩身。吊立后要加强检查，发现不安全情况，及时处理。

（7）在沉桩过程中遇有地坪隆起或下陷时，应随时对机架及路轨调平或垫平。

（8）现场操作人员要戴安全帽，高空作业系安全带。高空检修桩机，不得向下乱丢物件。

（9）机械司机在沉桩操作时，要精力集中，服从指挥信号，并应经常注意机械运转情况，发现异常情况，立即检查处理，以防止机械倾斜、倾倒。

（10）夜间施工，必须有足够的照明设施；雷雨、大风、大雾，应停止沉桩作业。

（11）施工过程危害辨识及控制措施见表18－8。

**表18－8 施工过程危害辨识及控制措施**

| 序号 | 作业活动 | 危险源 | 控制措施 |
|---|---|---|---|
| 1 | 吊桩喂桩 | 高空坠落物体 | 对桩帽及垫木、焊接物体加固检查，高空作业必须戴安全带、安全帽，钢丝绳、扣件使用前必须经过检查，并定期保养 |
| 2 | 桩机行走 | 地面桩坑、井、孔洞和沟槽 | 均应铺设与地面平齐的固定盖板或设围栏、警告标志牌。危险处夜间设置警示红灯 |

续表 18 -8

| 序号 | 作业活动 | 危险源 | 控制措施 |
|---|---|---|---|
| 3 | 机械传动部分检修 | 施工机具裸露部分(轴、风扇、传动部分、滑动机构等 | 应装设安全保护罩 |
| 4 | 运输、喂桩 | 起重机吊桩时绳索的松脱 | 钢丝绳必须绑牢，起吊离地面 100 mm，停止起吊进行全面检查，确认良好后，方可起吊 |
| 5 | 压桩过程 | 液压接头松脱高压胶管破裂 | 经常检查及时更换 |
| 6 | 电气设备检查 | 施工用电、电源线及电气设备 | 电气设备要经常检查，机械检修要拉闸断电挂警告牌，电气作业要有监护人，漏电保护器、接地线及二次接地必须牢固可靠(三相五线制)接地电阻应小于 10Ω。机械检修用的行灯电压不得超过 24 V |
| 7 | 桩吊装、搬运过程 | 堆放桩倒塌 | 应设置木楔挡块防止滚落和倒塌，吊装和搬动过程中应从上部逐根进行以防止发生事故 |
| 8 | 接桩焊接 | 易燃物品火灾 | 氧气、乙炔气瓶、电焊机、消防器材及安全防护设施不得随意搬动，现场动火必须有动火证，操作时有人监护 |

(12)环境因素辨识及控制措施如表 18 -9 所示。

表 18 -9　环境因素辨识及控制措施

| 序号 | 作业活动 | 环境因素 | 控制措施 |
|---|---|---|---|
| 1 | 压桩过程 | 施工噪声和对周围居民生活的影响 | 在居民住宅区附近施工，早 7: 30 时前，晚 10 时后不得压桩作业 |
| 2 | 机械维修 | 污水、废油等排放对周围环境的影响 | 对污水进行处理；对废油进行回收 |
| 3 | 现场整平 | 弃土及废弃物对周围环境的影响 | 弃土按甲方指定路线运至弃土场地，并不得沿路抛洒，现场不得丢弃快餐盒、饮料瓶等生活垃圾 |

## 18.9　质量记录

(1)现场预制桩所用的钢筋、水泥应有出厂质量证明和水泥进场复试报告；砂子和石子的试验报告。混凝土配合比通知单和混凝土试块强度试压报告，混凝土强度评定记录；电焊条或焊丝出厂合格证。

(2)工厂生产的成品桩应有出厂合格证及试验报告。

(3)接桩用焊条或半成品硫磺胶泥应有成品合格证书，或送有关部门检验，硫磺胶泥半成品应每 100 kg 做一组试件(3 件)。

(4)图纸会审记录、设计变更通知书；施工组织设计和技术交底；施工日志。

(5)静压桩的施工记录及汇总表。
(6)预制桩接头隐蔽验收记录。
(7)桩位测量放线图，标高引测记录。
(8)预制桩桩身质量及承载力检验报告。
(9)桩竣工图。

# 19 水上钢便桥施工工艺标准

## 19.1 总则

### 19.1.1 适用范围

本标准适用于各级公路桥梁水上施工，其他水上工程施工可参照执行。

### 19.1.2 编制参考标准及规范

(1)《公路工程技术标准》(JTG B01—2014)。
(2)《公路工程质量检验评定标准》(JTG F80/1—2017)。
(3)《公路桥涵施工技术规范》(JTG/T F50—2011)。
(4)《公路工程施工安全技术规范》(JTG F90—2015)。
(5)《公路桥涵设计通用规范》(JTG D60—2015)。

## 19.2 术语

钢便桥：为了保障桥梁水上施工材料、设备的运输，采用各种型钢搭建的钢质便桥，是施工时常采用的一种方式。

## 19.3 施工准备

### 19.3.1 技术准备

根据现场地形地貌、水文情况并结合工程实际情况，进行钢便桥设计，确定钢便桥基础的形式，通过计算确定便桥跨度、宽度及主梁结构等。

### 19.3.2 材料准备

(1)原材料：钢管桩应符合规定要求，按规定进行检验，确保其原材料质量。
(2)焊条：焊条直径必须适合于母材的钢种、板厚、焊缝根部面积及焊缝根部间隙等要求。

(3)贝雷片、横梁工字钢、分配梁工字钢、便桥桥面板、护栏钢管准备。

### 19.3.3 主要机具

主要机具及其用途如表 19－1 所示。

表 19－1 主要机具及用途

| 机械名称 | 用途 |
|---|---|
| 打桩船 | 打钢管桩、水上吊装作业 |
| 驳船 | 水上运输 |
| 振动锤 | 打钢管桩 |
| 吊车 | 陆上吊装作业 |
| 全站仪 | 测量放样 |
| 平板车 | 陆上运输 |
| 电焊机 | 焊接 |
| 割具 | 切割材料 |

### 19.3.4 作业条件

(1)施工场地三通一平准备完成。

(2)施工所需工、料、机准备就绪。

(3)施工前所有技术人员、施工人员及班组人员技术交底完成，人员能够熟练掌握施工工艺要求、质量要求及安全文明施工要求。

(4)施工天气条件满足施工要求，遇大风、大雾、暴雨等恶劣天气环境，必须停止作业。

(5)办理好航道安全通航手续及措施。

### 19.3.5 劳动力组织

(1)为优质高效地完成钢便桥施工任务，设一名现场施工总负责人，相关安全、生产、技术、质检、机料等人员协作。

(2)根据作业面划分和施工需要，设置作业队长 1 名，技术主管 1 名、施工技术员 3 名、质检员 1 名、专职安全员 1 名。

## 19.4 工艺设计和控制要求

### 19.4.1 技术要求

(1)根据设计承载力要求，钢管桩施工采用深度控制和锤击力双重控制标准。

(2)刚便桥应有足够的强度、刚度、稳定性，需满足设计通行能力的要求。

(3)根据设计跨径，经测量放样，确保钢管桩位置准确。

(4)沉桩过程中严密注视钢管桩的锤击下沉速度，若在沉桩过程中出现急速下沉或无法下沉到设计标高时，以锤击力控制为主，同时需满足最小入土深度的要求。

(5)钢管桩间采用型钢平联，沉桩过程中要随时测量桩的平面位置，沉桩应符合以下要求：

①桩平面位置：单排桩，±80 mm；双排状，±50 mm。

②桩顶标高：不高于图纸规定。

③桩身垂直度：1%。

(6)贝雷架与横梁利用骑马栓固定，确保施工过程中便桥的稳定性。

### 19.4.2 材料质量要求

钢管桩通常采用外径630 mm，壁厚6 mm，Q235材质(根据方案设计)。

主梁采用“321”型贝雷梁，材质为16Mn，外表应无变形、无损伤、无磕碰，漆面良好。

分配梁、桥面板等由型钢及钢板组成，均为工厂采购材料，工地加工制作。

### 19.4.3 职业健康安全要求

所有作业人员必须按照有关规定配备符合国家标准的劳动防护用品，焊工佩戴防护手套、防护面罩；高空作业系安全带；水上作业穿救生衣等。未按规定佩戴和使用劳动防护用品的，不得上岗作业。

### 19.4.4 环境要求

(1)施工过程中的废弃物、边角料等及时收集、清理。

(2)施工船舶上的生活垃圾分类收集后，集中运至岸上垃圾站进行处理。

(3)加强机械设备废弃物的回收管理制度，对维修或保养机械设备过程中产生的废机油、废手套、废棉纱等废弃物，指定专人负责回收，并设立收集废弃物的专门容器。

## 19.5 施工工艺

### 19.5.1 工艺流程

钢便桥施工工艺流程如图19－1所示。

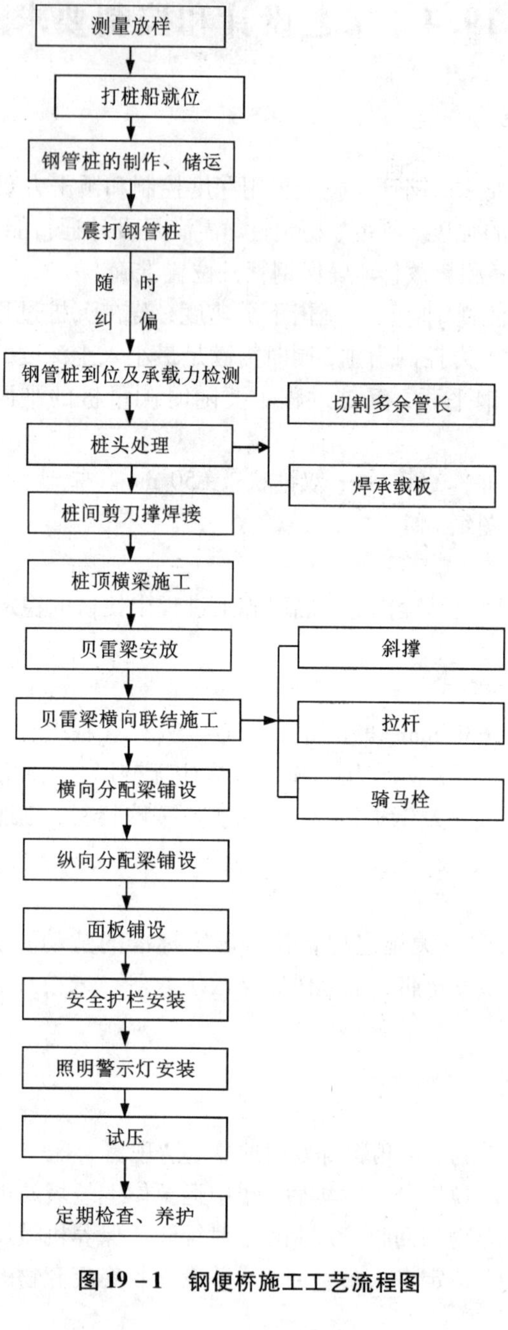


**图 19－1　钢便桥施工工艺流程图**

### 19.5.2　操作工艺

(1)测量网复核及施工基线布置：

①在钢管桩基础施工之前，对本工程的测量点、测量网进行全面的复核。

②结合主桥平面位置，根据钢便桥桩位图计算出各钢管桩的中心平面坐标。

③按施工先后顺序放样钢管桩位置。

(2)打桩船就位。

根据施工前计算好的钢管桩中心平面坐标，打桩船进行粗定位。按照沉桩顺序进行打桩船的抛锚定位，抛锚方法是：打桩船的首尾各抛两只锚，成“八”字形，另外在船首尾各抛设一只带前进缆的锚，吊桩及桩位的调整依靠6根锚缆进行。抛锚定位总原则：所有锚缆不影响已施沉的桩，否则，打桩船需要重新抛锚定位，同时应方便运桩船喂桩。

(3)钢管桩制作、运输。

①钢管桩制作：

(A)钢管桩制作时，纵向焊缝在任何一横截面内宜采用一条焊缝，最多不得超过两条。若必须使用两条焊缝时纵缝的间距应大于300 mm。

(B)为了减少环缝的数量，管节制作长度不宜过短，一般不小于1.5 m。

(C)钢管桩的分段长度应根据运输条件、起吊能力、设计要求综合决定。

(D)焊接钢管必须采用对接焊接，并达到与母材等强的要求。

(E)卷管方向应与钢板压延方向一致。

(F)卷制钢管前应根据要求将板端开好坡口，卷板过程中应注意管端平面与管轴线垂直。

②钢管桩运输：钢管桩在生产加工区加工好后，用驳船运输到施工地点。驳船两侧设置栏杆或其他障碍物保护钢管桩，同时利用缆绳紧固，防止坠落；驳船装桩应采用多支垫堆放，垫木均匀放置，垫木顶面宜在同一平面上；钢管桩堆放形式木均匀放置，垫木顶面宜在同一平面上；钢管桩堆放形式应使驳船在装桩、运输和起吊时保持平稳，避免钢管桩变形。

(4)钢管桩对位插桩。

当打桩船将钢管桩竖起后，利用全站仪配合船上的“八”字锚调整船位，使钢管桩的平面位置到达设计桩位处。平面位置及垂直度满足设计要求后，在测量引导下依靠钢管桩和桩锤的自重下桩、稳桩、压锤，复测桩位和倾斜度，调整船位，直到满足设计及规范要求后，开始锤击。

(5)打桩下沉、接长。

每根桩的下沉不可中途停顿或较长时间的间隙，以免桩周土恢复造成继续下沉困难。打桩下沉过程中测量用仪器随时监控垂直度。在沉桩过程中要进行测量监控，并做好沉桩记录。钢管桩的垂直度主要是靠打桩船的夹具及架子来控制，夹具及架子对钢管桩起到导向的作用。垂直度控制以预防为主，纠偏为辅。观测密度适当加大，随时了解沉桩状况。如发现钢管桩下沉时有倾斜趋势，及时采取相应措施调整垂直度。停打标准以最后贯入度指标为检验依据，检验时需满足测量贯入度条件。

①钢管桩接长。

钢管桩运输到现场后，需接长时按照以下工艺进行：

(A)接口清理：钢管桩对接前接口两侧30 mm内的铁锈、氧化铁皮、油污、水分清除干净，并显露出钢材的金属光泽。

(B)焊接：焊接为手工焊，按焊接工艺要求，焊接应控制走向顺序、焊接电流、焊缝尺寸。接头处加劲板必须保证走向顺序、焊接电流、焊缝尺寸。接头处加劲板必须保证焊缝密贴；每一焊道熔敷金属的深度或熔敷的最大宽度不应超过焊道表面的宽度，同一焊缝应连续施焊，一次完成。

(C)焊缝清理及处理：焊缝焊接完成后，清理焊缝表面的熔碴和金属飞溅物，焊工自行检查焊缝的外观质量；如不符合要求，应补焊或打磨，修补后的焊缝应光滑圆顺，不影响原焊缝的外观质量要求。

(D)焊接环境：湿度不宜高于80%；温度不得低于0℃。

②沉桩施工中注意事项：

(A)应采取可靠措施以确保管桩的垂直度，如导向架。

(B)钢便桥钢管桩按顶标高控制，且钢管桩垂直度满足小于1%的要求。

(C)打桩船利用棱镜全站仪进行定位，然后通过调整锚定系统，将打桩船船桩架精确定位在桩位上。

(D)为确保沉桩质量，钢管桩沉入施工应选择在流速较小或低水位时。

(E)插桩初入土时依靠自重下沉，及时检查位置。如在桩沉入初期(1~2 m)发生较大倾斜，及时修正或拔出重打。

(F)钢管桩平面位置偏差应符合《公路桥涵施工技术规范》的相关规定。

(G)应尽量使船体与水流方向一致，以提高钢管桩的定位精准。

(H)沉放钢管桩时应防止船体挤靠已沉钢管桩，并禁止锚缆挂靠钢管桩。

(I)已沉放好的桩应按设计要求及时安装下平联，尽量缩短单桩抗流时间。

(J)钢便桥施工期间确保做好水上通航水域施工安全标志，特别在夜间施工时，要按规定设置水上交通指示灯。

(6)沉桩顺序。

钢管桩沉桩总体按照先下游后上游，先岸侧后江侧的施工顺序进行。

(7)钢管桩桩头抄平。

钢管桩打设好后，测量放点按照设计标高抄平。抄平完成后在桩顶焊接20 mm封头钢板。封头板顶面必须水平，且封头板轴线与便桥轴线平行。

(8)同排钢管桩联系。

同排钢管桩施打就位后，按照设计方案，进行剪刀撑连接。钢管桩与联系梁之间的连接通过焊接连接。在联系梁与钢管桩焊接位置应做加固处理，增加联系梁与钢管桩之间的接触面积，同时应保证焊接质量。

(9)主横梁施工。

主横梁是由型钢构成，通过在钢管桩桩顶加焊直径为20 mm封头板，将横梁放置在板上。横梁均在后场加工、现场焊接安装，焊接满足规范要求。施工方法：首先在封头板上放出横梁轴线及下边线位置，使横梁轴线和钢管桩排架轴线重合，以保证钢管桩轴心受压。起吊安装横梁，焊接连接板及加劲板。

(10)贝雷梁安装。

主横梁安装完毕后，在主横梁上测量放样定出贝雷梁位置。为吊装方便，贝雷梁可在后场拼装。利用吊车安装就位。贝雷梁的节点应放在横梁上，然后各组贝雷梁之间用［8剪刀撑联结成整体。

(11)分配梁安装。

贝雷梁拼装完毕，根据便桥受力情况确定纵、横向分配梁型号及间距，分配梁与贝雷梁之间采用“U”形骑马栓固定。

(12)面板施工。

钢便桥面板采用钢板。钢板纵向分幅铺设，每幅之间留有3 cm空隙以便与分配梁焊接。焊接采用间断焊，焊缝长度3 cm，间距30 cm，防止重车行驶引起钢板反卷。

(13)栏杆及警示灯设置。

完成面板铺设后需及时进行两边安全护栏焊接，便桥两侧均设置栏杆。护栏高2 m，横、竖杆均采用$\phi$48 mm×3.5 mm脚手管，横杆设置上下两根，间距50 cm；每1.5 m设置一道竖杆焊接在桥面系横梁上。便桥栏杆刷红白相间油漆警示，外挂安全网，以达到简洁美观的效果。

栏杆施工完成后进行电力管线、泵管及水管铺设，并在便桥上设置航道警示灯。桥上隔15 m交替布置路灯。

## 19.6　质量标准

每项工程开工前，技术人员应熟悉结构图纸，领会设计意图，考察施工条件，编制实施性施工组织设计。实施性施工组织设计一经批准，层层交底，使全体技术工人同操作人员均做到岗位明确，职责明确，技术标准明确，质量要求明确，操作规程明确。钢便桥施工质量标准如下所述。

### 19.6.1　下部结构

(1)桩的连接：桩的每一接头必须严格按照图纸要求，确保接头质量，使其能抵抗在沉桩过程中各种荷载产生的应力和变形。接头处的环缝采取等强的坡口焊接。

(2)质量检验标准应符合表19-2的规定。

**表19-2　沉桩检查项目**

| 项次 | 检查项目 | | 规定值或允许偏差 | 检查方法 |
|---|---|---|---|---|
| 1 | 桩位 | 双排桩 | 80 | 用经纬仪检查20% |
| | | 单排桩 | 50 | |
| 2 | 桩尖高程/mm | | 不高于图纸规定 | 查沉桩记录 |
| | 贯入度/mm | | 小于图纸规定 | |
| 3 | 倾斜度/mm | | 1% | 查沉桩记录 |

### 19.6.2　上部结构

(1)范围：本节内容包括贝雷主梁、分配梁、桥面板、栏杆、附属设施等。

(2)制作：

①型钢按设计要求截断，断面应平滑，下料长度按照设计要求，其偏差不大于±1 cm。

②桥面板为工厂制作标准化模块，其加工尺寸偏差不大于±1 cm。平整度满足设计要求。

③在桥面两侧设桥面栏杆，栏杆立柱使用 $\phi$48 mm×3 mm 脚手架钢管，栏杆立柱间距按 2 m 间距布置，栏杆立柱高 1.2 m，栏杆立柱间沿竖向水平间距 50 cm 设两道 $\phi$48 mm 钢管作为桥面栏杆。

④小型构件的外形轮廓清晰、线条直须，无翘曲现象。

(3)质量检验应符合表 19－3～表 19－5 的要求。

**表 19－3　桥面板安装的允许偏差**

| 项目 | | 允许偏差/mm |
|---|---|---|
| 1 | 安装高 | ±15 |
| 2 | 轴线偏位 | ±10 |
| | 相邻两板表面高差 | 2 |
| 3 | 表面平整度 | 5 |

**表 19－4　栏杆的允许偏差**

| 项次 | 检查项目 | 允许偏差 | 检查方法 |
|---|---|---|---|
| 1 | 平面偏位/mm | 4 | 30 m 或每 4 节段拉线检查 |
| 2 | 断面尺寸/mm | ±5 | 每 100 m 用尺量 3 个断面 |
| 3 | 竖直度/mm | 4 | 每 100 m 用垂线检查 3 处 |
| 4 | 护栏接缝两侧高差/mm | 5 | 用尺量，每 100 m 每侧 3 处 |

**表 19－5　贝雷梁、型钢梁安装的允许偏差**

| 项目 | | 允许偏差/mm |
|---|---|---|
| 1 | 安装高 | ±10 |
| 2 | 轴线偏位 | ±10 |
| 3 | 相邻两梁表面高差 | 2 |
| 4 | 平面偏位 | ±10 |

## 19.6.3　焊接

(1)主控项目。

①焊条、焊丝、焊剂、点渣焊熔嘴等焊接材料与母材的匹配应符合设计要求及国家现行行业标准《建筑钢结构焊接技术规程》的规定。焊条、焊剂、药芯焊丝、熔嘴等在使用前，应按其产品说明书及焊接工艺文件的规定进行烘焙和存放。

检查数量：全数检查。

检验方法：检查质量证明书和烘焙记录。

②焊工必须经考试合格并取得合格证书。持证焊工必须在其考试合格项目及其认可范围

内施焊。

检查频率：100%；

检验方法：检查焊工合格证及其认可范围、有效期。

③对其首次采用的钢材、焊接材料、焊接方法、焊后热处理等，应进行焊接工艺评定，并应根据评定报告确定焊接工艺。

检查频率：100%；

检验方法：检查焊接工艺评定报告。

④设计要求全焊透的一、二级焊缝应采用超声波探伤进行内部缺陷的检验，超声波探伤不能对缺陷做出判断时，应采用射线探伤，其内部缺陷粉剂及探伤方法应符合现行国际标准《钢焊缝手工超声波探伤方法和探伤结果分级法》(GB 11345)或《钢熔化焊对接接头射线照相和质量分级》(GB 3323)的规定。一级、二级焊缝的质量等级及缺陷分级应符合表19－6的规定。

**表19－6　一、二级焊缝质量等级及缺陷分级**

| 焊缝质量等级 | | 一级 | 二级 |
|---|---|---|---|
| 内部缺陷超深波探伤 | 评定等级 | Ⅱ | Ⅲ |
| | 检验等级 | B级 | B级 |
| | 探伤比例 | 100% | 20% |
| 内部缺陷射线探伤 | 评定等级 | Ⅱ | Ⅲ |
| | 检验等级 | AB级 | AB级 |
| | 探伤比例 | 100% | 20% |

注：探伤比例的计数方法应按以下原则确定：(1)对工厂制作焊缝，应按每条焊缝计算百分比，且探伤长度应不小于200 mm，当焊缝长度不足200 mm时，应对整条焊缝进行探伤；(2)对现场安装焊缝，应按同一类型、同一施焊条件的焊缝条数计算百分比，探伤长度不小于200 mm，并应不小于1条焊缝。

检查数量：全数检查。

检验方法：检查超声波或射线探伤记录。

⑤焊缝表面不得有裂纹、焊瘤等缺陷。一级、二级焊缝不得有表面气孔、夹渣、弧坑裂纹、电弧擦伤等缺陷。且一级焊缝不得有咬边、未焊满、根部收缩等缺陷。

检查数量：每批同类构件抽查10%，且不应少于3件；被抽查构件中，每一类型焊缝按条数抽查5%，且不应少于1条；每条检查1处，总抽查数不应少于10处。

检验方法：观察检查或使用放大镜、焊缝规量和钢尺检查，当存在问题时，采用渗透或磁粉探伤检查。

(2)一般项目。

①对于需要进行焊前预热或焊后热处理的焊接，其预热温度或后热温度应符合国家现行有关标准的规定或通过工艺试验确定。预热区在焊道两侧，每侧宽度应大于焊接厚度的1.5倍以上，且不应小于100 mm；后热处理应在焊后立即进行，保温时间应根据板厚按每25 mm板厚1 h确定。

检查数量：全数检查。

检验方法：检查预、后热施工记录和工艺试验报告。

②二级、三级焊缝外观质量标准应符合表19－7的规定。三级对接焊缝应按二级焊缝标准进行外观质量检验。

**表19－7　二级、三级焊缝外观质量标准**

| 项目 | 允许偏差/mm | |
|---|---|---|
| 缺陷类型 | 二级 | 三级 |
| 未焊满（指不满足设计要求） | ≤0.2+0.02t，且≤1.0 | ≤0.2+0.04t，且≤2.0 |
| | 每100.0焊缝内缺陷总长≤25.0 | |
| 根部收缩 | ≤0.2+0.02t，且≤1.0 | ≤0.2+0.04t，且≤2.0 |
| | 长度不限 | |
| 咬边 | ≤0.05t，且≤0.5；连续长度≤100.0，且焊缝两侧咬边总长≤10%焊缝全长 | ≤0.1t且≤1.0，长度不限 |
| 弧坑裂纹 | — | 允许存在个别长度≤5.0的弧坑裂纹 |
| 电弧擦伤 | — | 允许存在个别电弧擦伤 |
| 接头不良 | 缺口深度0.05t，且≤0.5 | 缺口深度0.1t，且≤1.0 |
| | 每1000.0焊缝不应超过1处 | |
| 表面夹渣 | — | 深≤0.2t长≤0.5t，且≤20.0 |
| 表面气孔 | — | 每50.0焊缝长度内允许直径≤0.4t，且≤3.0的气孔2个，孔距≥6倍孔径 |

注：表内t为连接处较薄的板厚。

检查数量：每批同类构件抽查10%，且不应少于3件；被抽查构件中，每一类型焊缝按条数抽查5%，且不应少于1条；每条检查1处，总抽查数不应少于10处。

检查方法：观察检查或使用放大镜、焊缝量规和钢尺检查。

③焊成凹形的角焊缝，焊缝金属与母材间应平缓过渡；加工成凹形的角焊缝，不得在其表面留下切痕。

检查数量：每批同类构件抽查10%，且不应少于3件。

检验方法：观察检查。

④焊缝感观应达到：外形均匀、成型较好，焊道与焊道、焊道与基本金属间过渡较平滑，焊渣和飞溅物基本清除干净。

检查数量：每批同类构件抽查10%，且不应小于3件；被抽查构件中，每种焊缝按数量各抽查5%，总抽查处不应少于5处。

检验方法：观察检查。

### 19.6.4　成桥检测

(1)桥梁总体检测应符合表19－8的规定。

表19－8　桥梁总体实测项目

| 项次 | 检查项目 | 规定值或允许偏差 | 检查方法和频率 |
|---|---|---|---|
| 1 | 桥面中线偏位/mm | 30 | 全站仪或经纬仪：检查3～8处 |
| 2 | 桥宽/mm | ±20 | 尺量：每孔3～5处 |
| 3 | 桥长/mm | +500，－200 | 全站仪或经纬仪、钢尺检查 |
| 4 | 引道中心线与桥梁中心线的衔接/mm | 30 | 尺量：分别将引道中心线和桥梁中心线延长至两岸桥长端部比较其平面位置 |
| 5 | 桥头高程衔接/mm | ±5 | 水准仪：在桥头搭板范围内顺延桥面纵坡，每米1点测量标高 |
| 6 | 平整度/mm | ±5 | 3 m直尺：每100 m测3处×3尺 |

## 19.7　成品保护

由于钢便桥使用时间较长，合理使用和必要的维护是维持便桥使用寿命的有力保障。定期对钢便桥进行全方位的检查和保养，以确保钢便桥的使用安全。

注意事项：

(1)合理安排施工，尽量减少重型机械对钢便桥的碾压。重型机械在钢便桥上行驶要居中慢行，减小对钢便桥的冲击。

(2)尽量少在钢便桥上堆放荷载。堆放时在不影响施工前提下，要摊开均匀堆放，不得集中堆放造成局部受力过大。

(3)施工期间，避免重物等对钢便桥结构的撞击，尤其是钢管桩。

(4)在每根钢管桩上都设置沉降观测点，做好钢便桥的监控测量。定期监测钢管桩的沉降情况，尤其是相邻钢管桩基之间的相对沉降。如出现相对沉降超限时，应停止施工，采取一些措施(如垫小钢板抬高贝雷梁，但应保证其与桁架和桩端横梁的连接)来减小相对沉降量。

(5)定期观测便桥钢管桩的冲刷情况，对于冲刷过大的位置采用抛砂袋、片石的办法进行维护。

(6)定期检查贝雷桁架纵梁连接处的销子、定位销的松动脱落情况。如有松动应及时加固。

(7)检查螺栓松动情况，对螺栓、螺帽脱落的部位及时安装紧固。

(8)经常检查钢便桥各钢件之间的焊缝。如出现焊缝断裂等，及时补焊。

(9)对钢便桥面板发生翘曲或损坏的部位，及时修复或更换。

(10)经常检查钢便桥各钢构件的工作状况，如发现不良变形的钢构件应及时更换。

(11)台风、龙卷风、汛情、大潮、大雾等灾害性天气时，在保证水上各墩设备、人员安全撤退后及时关闭便桥，禁止一切人员、车辆上桥，待解除警报后再使用。

## 19.8 安全环保措施

在施工过程中，自始至终坚持“安全第一，预防为主，科学管理，狠抓落实”的安全工作方针。从思想上、制度上、组织上、技术上加强安全管理，制定并落实好安全预控措施，防患于未然。水上钢便桥施工时尤其要注意：

(1)所有施工船舶严格遵照交通部颁布的《中华人民共和国水上水下施工作业通航安全管理规定》，规范化施工作业。

(2)施工水域内做好相关警示标识如航标灯、锚浮标等。对于已施工的钢便桥部分要安装警示灯。

(3)施工船必须派人昼夜值班，密切关注船舶状况及周围环境，防止船舶意外事故的发生。

(4)施工现场及施工船上做好防护工作如防护栏杆、安全网等防止人员落水。并按规定配备一定数量的救生衣、救生圈。所有作业人员作业过程中必须穿戴好劳动防护用品，尤其是救生衣。

(5)水上作业人员必须遵守安全操作规程，严格执行施工组织设计和安全技术措施，不得违章作业。施工遇到问题时必须认真对待，采取有效措施，确保安全作业。

(6)水上作业，如遇突发风浪、涌浪、碰撞等异常情况时，应保持镇定，听从指挥，分批迅速撤离。

(7)钢便桥施工必须严格遵守环保等有关部门的规定，切实执行各项环保措施，确保不污染环境，尤其是对水体的污染。

(8)施工船舶、施工机械等产生的废油水等，必须集中收集、科学处理，不得随意排放。

(9)生产用油料必须严格保管，防止泄漏，污染江水。

(10)水上施工人员的生活废弃物用固定容器收集，统一运到岸上集中处理。

## 19.9 质量记录

(1)工程放样与定位测量记录、测量复核记录、沉桩施工记录表。

(2)支架安全检查验收表。

(3)钢管桩检验记录表、贝雷架检验合格记录表。

# 20　钢管桩支架平台施工工艺标准

## 20.1　总则

### 20.1.1　适用范围

本标准适用于水中钢管桩支架平台的搭设施工。

### 20.1.2　编制参考标准及规范

(1)中华人民共和国行业标准《公路桥涵施工技术规范》（JTG/T F50—2011）。

(2)中华人民共和国行业标准《公路工程质量检验评定标准》（JTG F80/1—2017）。

(3)中华人民共和国行业标准《公路工程施工安全技术规范》（JTG F90—2015）。

## 20.2　术语

(1)最后贯入度：是用来衡量打桩施工时打入桩是否满足承载力要求的控制指标。施工时，最后贯入度的测定和记录，对于落锤、单动汽锤和柴油锤取最后10击的入土深度；而对于双动汽锤取最后1 min的桩入土深度。

(2)测量贯入度的条件：即桩顶无损坏、锤击无偏心、在规定锤的落距下和桩帽与桩垫工作正常。如果贯入度已经达到要求而桩尖标高尚未达到时，应继续锤击3阵，其每阵10击的平均贯入度不应大于规定的数值。

## 20.3　施工准备

### 20.3.1　技术准备

(1)根据现场地质情况、水文情况及支架平台的工作要求，编制专项施工方案，经审核、报监理工程师批准后组织实施。

(2)熟悉和分析施工现场地质、水文资料，对施工人员进行全面技术、安全交底。

(3)施工放样，测定桩位中心点，在水中用浮标标出中心位置。

### 20.3.2 材料准备

(1)原材料：钢管桩、焊条等应符合规定要求。

(2)焊条：焊条直径必须适合于母材的钢种、板厚、焊缝根部面积及焊缝根部间隙等要求。

### 20.3.3 机具设备

(1)锤击设备：振动锤、施工船、铁锚。

(2)提升设备：浮吊、吊车、卷扬机、倒链。

(3)安全防护用品：救生衣、安全帽、安全带。

(4)运输设备：运输船、运输车辆等。

(5)焊接设备：电焊机、气割设备、切割器。

(6)测量设备等应符合规定要求：水平仪、全站仪、钢尺、皮尺等。

### 20.3.4 作业条件

(1)钢管桩施工前应完成“三通一平”。钢管桩焊接场地平整，排水系统完善，运输道路畅通，临时电力线路、安全设施准备就绪；做好与当地航道相关部门的协调工作，及时清理作业区水面杂物及渔具设施；挂牌示出作业区段及桩号。

(2)施工人员要求：应由工班长和现场技术人员对钢管桩施工操作工人进行培训、技术、安全交底；做到熟练掌握水上作业，钢管桩的焊接、运输、提升、钢管桩打设等技术；要有应对安全紧急救援措施；操作人员要保持稳定。

(3)单根钢管桩长度不够时，应选择平整场地进行焊接接长。钢管桩顶部受锤击部位，必须加固处理，然后运输至施工地点。

### 20.3.5 劳动力组织

单个作业面的劳动力组织如表20－1所示。

**表20－1 钢管支架平台工程施工劳动力组织**

| 工种 | 人数/人 | 工作地点 | 职责范围 |
|---|---|---|---|
| 施工队长 | 1 | 整个施工现场 | 负责跟班组织施工管理工作、协助总指挥工作等 |
| 工班长 | 1 | 整个施工现场 | 负责跟班组织施工，协调各工种交叉作业等 |
| 技术员 | 1 | 整个施工现场 | 负责跟班解决施工中的技术问题，编写技术措施等 |
| 安全员 | 1 | 整个施工现场 | 负责跟班检查安全措施、安全措施的执行情况及安全教育工作，对安全生产负责 |
| 质量检查员 | 1 | 整个施工现场 | 负责跟班检查工程质量，组织各工种交接及质量保证措施的执行情况，对工程质量负责 |
| 测量工 | 2 | 施工现场 | 负责边钢管支架放样，平台高程等测量 |

续表 20－1

| 工种 | 人数/人 | 工作地点 | 职责范围 |
|---|---|---|---|
| 电工 | 1 | 整个施工现场 | 负责现场动力、照明、通信等电器系统的维修保护 |
| 焊工 | 2 | 整个施工现场 | 负责现场材料焊接 |
| 材料员 | 1 | 材料仓库 | 负责施工材料供应及管理 |
| 杂工 | 4 | 整个施工现场 | 负责钢管桩吊装、搬运、现场清理等 |
| 总计 | 15 | | |

注：此表为一个作业班施工配备人员，未计后勤、行政等人员

## 20.4 工艺设计和控制要求

### 20.4.1 技术要求

(1)根据设计承载力要求，选择合适的钢管桩直径，通过计算确定钢管桩锤入深度。

(2)选择配合施工的的浮吊和振动锤型号。

(3)施工前需经测量放样，确保钢管桩位置准确。

(4)沉桩过程中严密注视钢管桩的锤击下沉速度，若在沉桩过程中出现急速下沉或无法下沉到设计标高时，综合考虑各种因素，并分析情况予以处理。

(5)钢管桩沉桩过程中要随时测量桩的平面位置，沉桩应符合以下要求：

①桩平面位置：±10 cm；

②桩顶标高：±10 cm；

③桩身垂直度：1%。

### 20.4.2 材料质量要求

(1)钢管桩根据施工方案，验收合格才能使用(常用采用外径 630 mm，壁厚 6 mm，Q235 材质)。

(2)贝雷架，横梁等材料技术指标均应满足规范及设计要求。

### 20.4.3 职业健康安全要求

(1)作业人员上岗前，项目部应组织职业健康安全培训。

(2)作业人员上岗前要进行职业健康体检，施工过程中要定期进行职业健康体检，公司定期对职工进行职业病防治知识培训。

(3)所有作业工人员必须按照有关规定配备符合国家标准的劳动防护用品。未按规定佩戴和使用劳动防护用品的，不得上岗作业。

(4)设计方案、材料、施工现场应符合安全要求。

(5)现场操作人员要遵守公司的劳动纪律，严格按本工种操作规程(制度)和施工机械安全操作规程操作。

### 20.4.4 环境要求

按照施工组织设计平面布置图，认真搞好施工现场规划，做到布局合理，井然有序，尽量少占或者不占农田，对施工中破坏的植被，施工完后予以恢复。施工所用的机械设备、材料存放避免侵入未征迁的土地内。施工场地内各种材料堆放整齐，挂设标牌，标识材料规格、产地等。作业完工后及时清理施工场地，周转材料及时返库，做到工完料尽、场地清洁。

## 20.5 施工工艺

### 20.5.1 工艺流程

钢管桩支架平台施工工艺流程如图 20－1 所示。

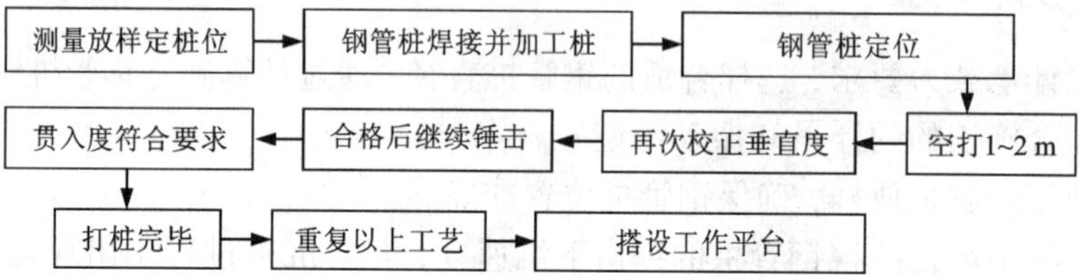


**图 20－1 钢管桩支架平台施工工艺流程图**

### 20.5.2 操作工艺

(1)测量放样及定位。

根据施工图纸，复核桩位轴线控制网和高程基准点。确定桩位中心，在水中用浮标标出桩心位置。

(2)钢管桩的焊接及桩帽处理。

钢管桩的焊接应符合设计要求，钢管桩的分段长度应满足桩架的有效高度、制作场地条件、运输与装卸能力。焊接钢管的制作工艺应符合有关规定。钢管桩接头现场焊接时，第一层建议用低氢电焊条。焊条的直径必须适合母材的钢种、板厚、焊缝根部面积及焊缝根部间隙。使用焊条直径，第一层为 3.2 mm，第二层为 4 ~5 mm，不得使用 6 mm 以上的。焊缝根部间隙定位要临时装上内加固环，焊前对焊接部位进行清理(铁锈、泥土、油脂、灰、水垢)如有必要用钢丝刷打磨。桩的接头部位如因搬运、操作、打入等原因发生变形，必须在焊接前进行校正。接桩保证上下钢管桩的轴线在同一直线上。焊接饱满要求饱满，不得有夹渣、气孔、焊瘤等缺陷。

单根钢管桩的长度不够时，应选择一块平整场地进行焊接加长；因桩壁厚一般为 8 ~10 mm，顶部受撞击时，桩头易损坏，必须对桩头进行加固处理。处理方法：在桩上端内部加焊厚 10 mm 的底横隔板，距桩顶高度等于桩径；并在桩顶面加焊厚 20 mm 的顶盖板，中间加设直径 20 mm 孔，并在盖板顶上现浇混凝土填实。

(3)钢管桩的堆放和运输。

钢管桩按规格分堆存放，堆放形式及层数应安全可靠，避免产生纵向变形和局部压曲变形。起吊，运输过程中应尽量避免碰撞、摩擦等原因造成涂层破损、管身变形和损伤。

(4)钢管桩定位。

在浮吊进入墩位前，先测定桩位并用浮标标示。定位船抛锚就位后，选使用支架平台中的一根钢管桩作为定桩位，先行振入然后就此桩作为其他各桩的定位依据。

(5)钢管桩的锤击打设。

打桩时先用全站仪，架在桩架的正面或者侧面，校正桩架导线杆及桩的垂直度，并保持锤、桩帽与桩在同一轴线，然后空打 1 ~2 m，再次校正垂直度后正式打桩。当沉至一定深度并复核沉桩良好时，再继续打击。贯入度控制：钢管桩直接开口打入，土体由桩口涌入桩管内，至一定高度后，即闭塞封死，其效用与闭口桩类似。钢管桩打入持力层深度为桩径的 5 ~10 倍。锤击桩顶时对桩产生的锤击应力不超过钢管桩材料允许应力。停打标准以最后贯入度指标为检验依据，检验时需满足测量贯入度条件。

(6)原始记录。

打桩时要做好原始记录，记录打桩过程中遇到的问题及处理措施。

(7)钢管桩桩头抄平。

钢管桩打设好后，测量放点按照设计标高抄平。抄平完成后在桩顶焊接 20 mm 封头钢板。封头板顶面必须水平，且封头板轴线与平台轴线平行。

(8)同排钢管桩联系。

同排钢管桩施打就位后，开始钢管桩的连接，钢管桩与联系梁之间的连接通过焊接连接。在联系梁与钢管桩焊接位置应做加固处理，增加联系梁与钢管桩之间的接触面积，同时应保证焊接质量。

(9)主横梁施工。

主横梁是由 I36b 型钢构成，通过在钢管桩桩顶加焊直径为 20 mm 封头板，将横梁放置在板上。横梁均在后场加工、现场焊接安装，焊接满足规范要求。

施工方法：先在封头板上放出横梁轴线及下边线位置，使横梁轴线和钢管桩排架轴线重合，以保证钢管桩轴心受压。起吊安装横梁，焊接连接板及加劲板。

(10)贝雷架安装。

主横梁安装完毕后，在主横梁上测量放样定出贝雷梁位置。为吊装方便，贝雷梁可在后场拼装。利用吊车安装就位。贝雷梁的节点应放在横梁上，然后各组贝雷梁之间每隔 6 m 用[10 剪刀撑联结成整体，全部贝雷梁安装就位后，用型钢骑马焊接固定在横梁上。

(11)分配梁安装。

贝雷梁拼装完毕，其上铺设横向分配梁，分配横梁与贝雷梁间采用 $\phi$16“U”形螺栓固定，每个节点 1 套螺栓。然后在分配横梁上铺设纵向分配梁，横梁与纵梁采用焊接形成整体。

(12)平台面板施工。

平台面板焊接在纵向分配梁上，钢板纵向分幅铺设，每幅之间留有 3 cm 空隙以便与分配梁焊接。焊接采用间断焊，焊缝长度 3 cm，间距 30 cm。

(13)栏杆及警示灯设置。

完成面板铺设后需及时进行两边安全护栏焊接，栈桥两侧均设置栏杆。护栏高 2 m，横、竖杆均采用$\phi$48 mm×3 mm 脚手管，横杆设置上下两根，间距50 cm；每1.5 m 设置一道竖杆焊接在平台系横梁上。栈桥栏杆刷红白相间油漆警示，外挂安全网，以达到简洁美观的效果。

(14)钢管桩的拔除。

钢管桩使用完毕后，必须拔除回收利用。拔不出的，可用氧气吹割。

## 20.6 质量标准

(1)核对材料是否与设计符合。对施工工序、工艺流程也应进行检查。

(2)施工过程中做好原始记录。

(3)钢管桩的管节偏差应符合表20－2的规定。

**表20－2 钢管桩管节偏差限值**

| 偏差部位 | 允许偏差 | 备注 |
| --- | --- | --- |
| 外周长 | ±0.5‰周长，且不大于10 mm | 测量外周长 |
| 管端椭圆度 | 0.5‰$d$，且不大于5 mm($d$为钢管直径) | 管端两互相垂直直径之差 |
| 管端平整度 | 2 mm | |
| 管端平面倾斜 | 2 mm | |

(4)管节对口拼接时相邻管节的管径偏差应符合表20－3的规定。

**表20－3 钢管桩管径偏差限值**

| 管径/mm | 相邻管节的管径偏差/mm | 测量方法 |
| --- | --- | --- |
| ≤700 | ≤2 | 用两管节外周长之差来表示 |
| ≥700 | ≥3 | 同上 |

(5)管节对口拼接时相邻管节对口的板边高差要求不大于2 mm。

①桩在吊运时严格按照设计吊点起吊，其吊点偏差不大于5 cm。

②桩在搬运时，其支承点应与吊点位置相一致。

③钢管在堆放时，$\phi$60 cm的可放置4层，同时做好安全防护措施。

## 20.7 成品保护

(1)钢管桩施工完毕用剪力撑焊接形成整体，并采取防护措施，防止水流冲击或船只及其他漂流物的撞击。

(2)钢管桩施工完毕后，应在施工平台四周打设护桩，以防止船只停靠时对钢管桩的撞击。

(3)对通航的河流，钢管桩施工时应开启夜间照明及警示装置。

(4)应对突发事件有应急措施。

## 20.8 安全环保措施

钢管桩支架平台施工安全责任重于泰山。在施工过程中，自始至终坚持"安全第一，预防为主，综合治理"的安全工作方针。从思想上、制度上、技术上、组织上加强安全管理，制定并落实好安全预控措施，防患于未然。

### 20.8.1 安全措施

(1)所有施工船舶严格遵照交通部颁布的《中华人民共和国水上水下施工作业通航安全管理规定》，规范化施工作业。

(2)施工水域内做好相关警示标识(如航标灯、锚浮标等)。对于已施工的钢栈桥部分要安装警示灯。

(3)船上必须派人昼夜值班，密切关注船舶状况及周围环境，防止船舶意外事故的发生。

(4)施工现场及施工船上做好防护(工作如防护栏杆、安全网等防止人员落水)。并按规定配备一定数量的救生衣、救生圈。所有作业人员作业过程中必须穿戴好劳动防护用品尤其是救生衣。

(5)水上作业人员必须遵守安全操作规程，严格执行施工组织设计和安全技术措施，不得违章作业。施工遇到问题时必须认真对待，采取有效措施，确保安全作业。

(6)水上作业，如遇突发风浪、涌浪、碰撞等异常情况时，应保持镇定，不可恐慌，听从指挥，分批迅速撤离。

### 20.8.2 环保措施

(1)施工船舶、施工机械等产生的废油水等，必须集中收集、科学处理，不得随意排放。

(2)生产用油料必须严格保管，防止泄漏，污染江水。

(3)水上施工人员的生活废弃物用固定容器收集，统一处理。

## 20.9 质量记录

(1)柴油锤和双动汽锤沉桩记录；每个平台的沉桩记录应包括桩号、打桩日期、桩规格，打入深度、焊接质量情况、锤击次数、入锤高度、贯入度、回弹量、平面位移，以及打桩过程中出现的问题及处理措施等。

(2)测量记录。

# 21 土(土袋)围堰筑岛施工工艺标准

## 21.1 总则

### 21.1.1 适用范围

本标准适用于水深不大于3 m，流速不大于1.5 m/s，河床渗水性较小的基础施工，土围堰可用于扩大基础开挖施工的围挡物，也可作为基础施工的水中平台。

### 21.1.2 编制参考标准和规范

(1)《公路桥涵施工技术规范》(JTG/T F50—2011)。

(2)《公路工程质量检验评定标准》(土建工程)(JTG F80/1－217)。

(3)《公路工程施工安全技术规程》(JTG F90—2015)。

(4)《公路环境保护设计规范》(JTG B04—2010)。

## 22.2 术语

(1)围堰：水下基础施工时，在基坑周围用于水下施工的临时性挡水设施。

(2)筑岛：在水中某一特定区域，用土或砂石填筑高于水面的构造物，形成“岛屿”。

## 22.3 施工准备

### 21.3.1 技术准备

(1)熟悉和分析施工现场的地质、水文资料。

(2)开工前，技术人员应阅读、熟悉施工图纸及相关的规范。

(3)编制实施性施工组织设计，制定安全保障措施及应急预案。

(4)对进场作业人员进行岗前技术、安全培训和考核，合格后持证上岗。对考核合格的人员进行技术交底。

### 21.3.2 材料准备

(1)黏质土或者砂质土、中粗砂、碎石、砾卵石等。
(2)袋土、石用的草袋、麻袋或者编织袋。
(3)扎袋口用的麻绳或铁丝。

### 21.3.3 机具准备

(1)机具设备：装载机、翻斗车、推土机、压路机或者小型打夯机、抽水机等。
(2)工具：铁锹(尖、平头两种)、铁耙、铁钩、手推车、钢卷尺等。
(3)测量仪器：全站仪、水准仪、塔尺、标钢尺等。

### 21.3.4 作业条件

(1)施工组织设计已批复(包括航道、水利部门的批复)。
(2)材料运输通道已贯通。
(3)完成所有材料、设备及人员的准备工作。
(4)安全、环保设施已布置妥当。
(5)与气象、电力、航道等有关部门联系，在一切正常的条件下进行施工。
(6)按施工组织设计文件要求完成测量放样工作。
(7)有通航要求的，已按航道管理部门的要求设置有关通航标志。

### 21.3.5 劳动力组织

(1)施工人员应结合施工方案、机械、人员、工期要求进行合理配置。
(2)施工人员配备如表21－1所示。

**表21－1 劳动力组织**

| 工种 | 人数/人 | 工作地点 | 职责范围 |
|---|---|---|---|
| 施工负责人 | 1 | 整个施工现场 | 负责跟班组织施工管理工作、负责现场指挥工作等 |
| 技术负责人 | 1 | 整个施工技术负责 | 负责跟班解决施工中的技术问题，协调总编写技术措施 |
| 施工技术员 | 1 | 整个施工现场 | 负责跟班解决施工中的施工技术问题 |
| 现场施工员 | 2 | 整个施工现场 | 负责跟班解决施工中的问题 |
| 质量检查员 | 1 | 施工现场 | 负责跟班检查工程质量，组织各工种交接及质量保证措施的执行情况，对工程质量负责 |
| 测量人员 | 2 | 施工现场 | 负责围堰放样，位置高程等测量 |
| 专职安全员 | 1 | 施工现场 | 负责跟班检查安全措施、安全措施的执行情况及安全教育工作，对安全生产负责 |
| 机械工 | 2 | 施工现场 | 负责围堰抽水 |
| 电工 | 2 | 整个施工现场 | 负责现场动力、照明、通信等电器系统的维修保护 |

续表 21－1

| 工种 | 人数/人 | 工作地点 | 职责范围 |
|---|---|---|---|
| 装载机手 | 1 | 施工现场 | 负责材料的运输及转运 |
| 推土机手 | 1 | 施工现场 | 负责填土 |
| 压路机手 | 1 | 施工现场 | 负责压实土方 |
| 翻斗车司机 | 3 | 施工现场 | 负责围堰土料的运输 |
| 潜水员 | 2 | 施工现场 | 负责清除堰底河床上的杂物、树根、石块等 |
| 材料员 | 1 | 材料仓库 | 负责施工材料供应及管理 |
| 作业工人 | 40 | 整个施工现场 | 负责装土、扎袋口、堆码土袋及配合工人 |
| 总计 | 62 | | |

注：此表为一个作业班施工配备人员，未计后勤、行政等人员。

## 21.4 工艺设计和控制要求

### 21.4.1 技术要求

(1)土(土袋)围堰技术要求如表 21－2 所示。

表 21－2 土(土袋)围堰技术要求

| 类别 | 填料 | 顶宽/m | 边坡(高:宽) | |
|---|---|---|---|---|
| | | | 内侧 | 外侧 |
| 土围堰 | 渗透性较小的黏质土、砂质黏土 | 1～2 | (1:1.5)～(1:1.0) | (1:3)～(1:2) |
| 土袋围堰 | 袋内装黏质土 | 1～2 | (1:0.5)～(1:0.2) | (1:1)～(1:0.5) |
| | 有黏质土心墙，内外侧内装黏质土或砂土 | 2～2.5 | | |

注：堰内坡脚至基坑边缘距离根据河床土质及基坑深度而定，但不得小于 1.0 m。

(2)施工布置的技术要求：

①土、土袋围堰的修筑应密切结合主体工程所在位置、现场情况，在满足一般规定需要的前提下，做出合理的施工布置。

②河宽不影响河流和通航者，可在墩台位置设置局部围堰，如图 21－1(a)。

③如受河宽限制应先开挖临时性引水渠，然后在桥位上、下游拦河筑堰[图 21－2(b)]。

(3)围堰堰顶宜高出施工期间可能出现的最高水位(包括浪高)50～70 cm，用于防御地下水的围堰宜高出水位或地面 20～40 cm。

(4)围堰的外形应考虑围堰期间河流断面被压缩后，流速增大引起水流对围堰、河床的集中冲刷及对通航、导流、农用排灌等的影响。

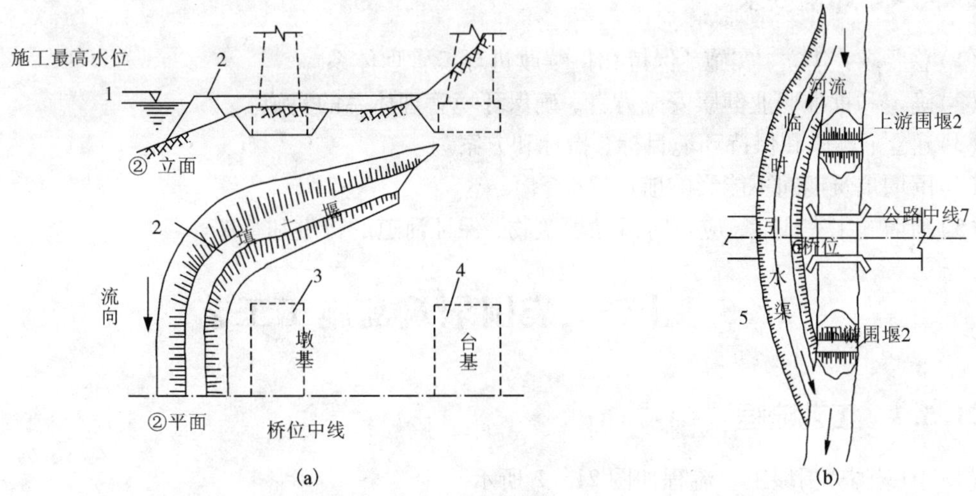


**图 21－1 围堰施工布置示例**

(a)河宽不限，于墩台处局部围堰；(b)河宽限制，引水后于上、下游拦河筑堰

1—施工期间最高水位；2—围堰；3—墩基；

4—台基；5—临时引水渠；6—桥位；7—公路中线

(5)堰内面积应能满足基础施工的需要。

(6)围堰断面应能满足堰身强度和稳定(防止滑动、倾覆)的要求。

(7)施工放样，用全站仪测出围堰的四个角点后，再进行围堰施工。

### 21.4.2 材料质量要求

(1)土：如为基坑开挖施工，应用渗透性较小的黏质土、砂质黏土。

(2)袋：质地较好、中等大小的麻袋或者编织袋。

(3)麻绳或铁丝：麻绳要求大小适中、强度好、柔性好难断的优质麻绳；铁丝要求18～20号。

### 21.4.3 职业健康安全要求

(1)总要求：建立、实施、保持和持续改进职业健康安全管理体系。

(2)确定和批准职业健康安全方针，确保职业健康安全方针的实施。

(3)建立、实施并保持程序，持续进行危险源辨识、风险评价和必要的控制措施。

(4)建立、实施并保持程序，识别和获取适用法律法规和其他职业健康安全要求。

(5)建立、实施并保持职业健康安全目标。

(6)加强职业健康安全的培训。

(7)水上施工人员应穿救生衣，防止落水。

(8)施工现场应配备救生圈、救生艇，以及时救援落水人员。

(9)运输道路应无飞尘，否则应经常洒水降尘，防止灰尘吸入影响施工人员健康。

(10)运输车辆应有人指挥、协调，防止交通事故的发生。

### 21.4.4 环境要求

(1)总要求：建立、实施、保持和持续改进环境管理体系。

(2)确定和批准职业健康安全方针，确保环境管理体系的实施。

(3)建立、实施和保持环境目标、指标和方案。

(4)围堰填筑期间不能影响航运安全。

(5)围堰施工完成后，应及时清除填筑物，保证河道的行洪和行船。

## 21.5 土、土袋围堰筑岛施工工艺

### 21.5.1 工艺流程

(1)土(土袋)围堰工艺流程如图21－2所示。

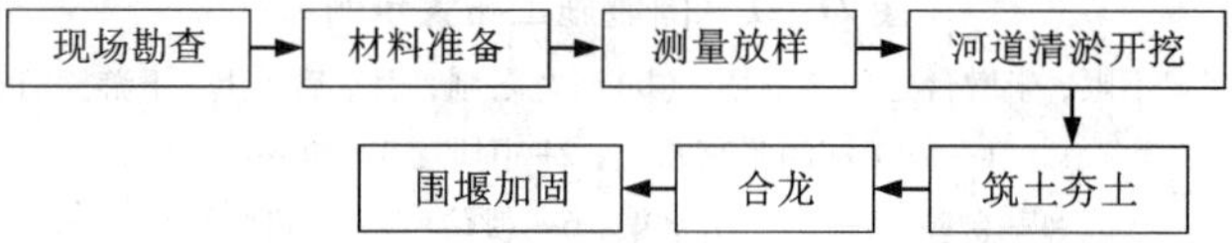


图21－2 土(土袋)围堰工艺流程图

### 21.5.2 操作工艺

(1)土围堰操作工艺。

①做好施工测量工作，测定桥墩台的中心桩、基础纵横边线和中心线及临时测量水准点，同时还必须做好断面测量，放出围堰的边线标志杆。

②先清除堰底河床上的杂物、树根、石块等，以减少渗漏，自上游开始填筑至下游合龙。

③围堰填筑不要直接向水中倒土，而应将土倒在已出水面的堰头上，顺坡送入水中，以免离析，水面以上的填土要分层压实或夯实，以减少渗漏，加强堰堤的强度和稳定。

④因围堰引起流速增大使堰外坡面有可能受到冲刷时，可在外坡面铺草皮、材排、片石或土袋加以防护。当缺黏质土时也可用河砂填筑，必要时加设黏土心墙。砂堰填筑完成后，开始时应徐徐抽水，以便水中悬浮物渗过砂堰时，形成一道土障，减少渗漏。

(2)土袋围堰操作工艺。

①进行现场勘查，查看现场水文地质情况，另外选择好围堰用取土场地，准备好麻袋或编织袋装及其他有关工具、材料。

②根据现场实际情况确定开挖坡度程度及留出工作面，并测定围堰位置。

③麻袋或编织袋装土量为袋容量的2/3～4/5，袋口用麻袋线或细铁丝缝合，有黏土心墙的围堰，也可用砂土袋装，堆码土袋时，要求上下左右互相错缝，并尽可能堆码整齐。在水中堆码土袋可用一对带钩的杆子钩送到位。

④流速较大时，为了增强土袋抗水流冲刷，防止土袋随水流滑移，必要时可在土袋外侧

间隔一定距离打入几根松木桩或预埋好用于加固土袋的拉结铁丝网或钢筋等拉结件。外圈土袋也可装小卵石或粗砂，以防被水冲走，必要时并抛片石防护，或者外圈改用竹篓或荆条筐内装砂石。

⑤在内外圈土袋堆码至一定高度或出水面后，即可填筑黏土心墙，填筑方法同土堰，如图 21－3(a)所示。

⑥在水不深但河床有一层不厚的易于透水的覆盖层时，为免渗漏，可在外圈围堰完成后，先行抽水，至深约 50 cm 时，挖出内堰底下的覆盖层，然后堆码内堰土袋，填筑心墙，即可防止河床漏水，如图 21－3(b)所示。

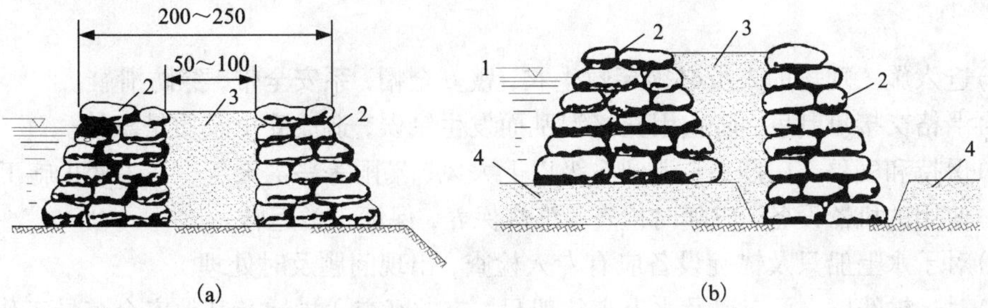


**图 21－3　土袋围堰/cm**

1—施工期间最高水位；2—土袋；3—黏土心墙；4—透水覆盖层

## 21.6　质量标准

(1)围堰要求填筑密实，减少渗漏。

(2)围堰平面尺寸应根据水深、流速、土质等因素来确定。

(3)堰内平面尺寸应满足基础尺寸及施工工作空间的需要。

(4)围堰顶面应高出施工期最高水位 50～100 cm。

## 21.7　成品保护

(1)待围堰结束后，视水流的大小，必要时用防水布将围堰外侧进行整体包封，防水布要保证一定量的搭接长度，以减少渗漏，避免土袋被水流冲刷流失，防水布的河床端和堰顶端要用土袋压牢，以免被流水冲刷或被风吹跑。

(2)为保证围堰结构的稳定性、安全性，围堰结束后，应派专人对堰体随时进行观察、测量，发现问题及时采取加固措施。

## 21.8 安全环保措施

### 21.8.1 安全措施

(1)配备专职安全员，特殊工种(如电工、机械工等)必须持证上岗操作，杜绝违章作业。

(2)严格执行三级安全教育和技术交底制度，未经安全教育和安全交底的人员，不准上岗作业。

(3)围堰施工时，必须设置安全标志标牌，安全防护网、安全防护栏栅等明显的安全措施。

(4)进入施工现场的人员必须穿救生衣，戴安全帽，系安全带，穿防滑鞋。

(5)严格交接班制度，防止因交接混乱而发生错误，造成安全及质量事故。

(6)保持和气象部门联系，遇到6级以上大风、暴雨等恶劣天气，一律禁止施工作业。

(7)使用的机器设备，应随时检查、维修保养，保证正常运转。

(8)对于水上船只及锚碇设备应有专人检查，出现问题及时处理。

(9)对运输线路、平交道及水上来往船只，应做好交通指示及其他安全疏导工作。

(10)救生船只和救生员随时在围堰边待命。

(11)基础完成混凝土达到设计要求的强度后方可拆除围堰。

### 21.8.2 环保措施

(1)围堰施工时，严禁向水中或陆地抛弃杂物。

(2)施工和生活中的废物集中堆置，并及时处理。

(3)对施工时产生的废水及时导流至监理允许流入的地点，严防施工废水、废油流入农田、耕地、饮用水源、灌溉渠道和河流，以充分保护水资源，并防止废水对沿线环境的污染。

(4)车辆在运料过程中，对易飞扬的物料用篷布覆盖严，且装料适中，不得超限；车辆轮胎及车外表用水冲洗干净，不得污染当地的道路。

(5)施工作业产生的扬尘，除作业人员配备必要的劳保用品外，还要随时洒水，将灰尘公害降至最低程度，并符合当地环保部门的有关规定。

(6)使用的机器设备，应随时检查、维修保养，避免油污水面。

## 21.9 质量记录

(1)水准、坐标测量复核记录。

(2)土、土袋围堰分项工程质量验收记录表。

(3)土、土袋围堰施工方案。

# 22 钢板桩围堰施工工艺

## 22.1 总则

### 22.1.1 适用范围

本标准适用于深水或深基坑，流速较大的砂类土、黏质土、碎石土及风化岩等坚硬的河床。防水性能好，整体刚度较强。

### 22.1.2 主要应用标准和规范

编制参考标准及规范有：

(1)《公路桥涵施工技术规范》(JTG/T F50—2011)。

(2)《公路工程质量检验评定标准》(土建工程)(JTG F80/1—2017)。

(3)《公路工程施工安全技术规程》(JTG F90—2015)。

(4)《环境空气质量标准》(GB 3095—2012)。

(5)《公路环境保护设计规范》(JTG B04—2010)。

(6)《公路工程水泥及水泥混凝土试验规程》(JTG E30—2005)。

## 22.2 术语

(1)钢板桩：是带有锁口的一种型钢，其截面有直板形、槽形及“Z”形等，用于深水或深基坑作围堰。

(2)围堰：基础施工时，在基坑周围用于挡水或支撑的临时设施。

## 22.3 施工准备

### 22.3.1 技术准备

(1)熟悉和分析施工现场的地质、水文资料，必要时在施工点重新做地质钻探，获取精确的地质数据资料。

(2)根据水文地质、设计文件进行钢板桩的受力计算，根据计算结果选择钢板桩型号并进行围堰内围笼和内支撑设计。

(3)开工前，编制钢板桩围堰施工方案。对进场作业人员进行岗前技术、安全培训和考核，合格后持证上岗。对考核合格人员进行技术交底。深基坑防护必须编制专项技术方案，并经过监理单位审批。

(4)测量放样，安装导向架，再打定位桩，保证钢板桩围堰位置准确。

### 22.3.2　材料准备

(1)根据施工图纸的地质资料及现场实际情况选择合适大小和长度的钢板桩。

(2)水中作业时需准备止水条或棉布条。

(3)围笼、内支撑工字钢、槽钢、管桩。

### 22.3.3　机具准备

(1)机具设备：钢板桩围堰施工机具包括打入钢板桩机械、拔除钢板桩机械、拖轮、铁驳、浮吊、潜水设备、水泵等。

(2)钢板桩施工机具的选择，钢板桩的施工机具按照打入方式的不同分为以下几种：

①冲击打入机械：自由落锤、蒸汽锤、空气锤、柴油锤等。

②振动打入机械：可用于打桩，也可用于拔桩，如振动打拔桩锤。

③振动冲击打桩机械：在振动打桩机的机体与夹具间设置冲击结构，在激振机产生上下振动的同时产生冲击力，使施工效率大大提高。

④静力压入机械：依靠静力将钢板桩压入土中，如液压压桩机、钢索卷扬机压桩机。

各种类型打桩机械只要适合于打桩的锤击能量以及其使用系数合适时，均可用打钢板桩。采用单动气锤和落锤时，一般锤宜大于桩重，过轻的锤效率不高且容易打坏桩头或桩尖(桩尖卷口)。如果限于已有打桩机具，不合适上述条件时，可另外配置高压射水装置辅助沉桩。

### 22.3.4　作业条件

(1)施工技术方案已经各级审核、批准。

(2)完成对所有施工人员进行技术和安全交底。

(3)完成所有材料、设备及人员的准备工作。

(4)搭设钢板桩施工操作平台，搭设材料运输通道。

(5)布置安全、环保设施。

(6)与气象、电力、航道等有关部门联系，确保外界条件正常。

(7)组织有关人员全面检查准备工作的就绪程度。

(8)按施工组织设计文件要求完成测量放样工作。

(9)钢板桩、内支撑及各种有关材料和机械设备等均已批准检验合格后方可施工。

### 22.3.5　劳动力组织

劳动力组织如表22－1所示。

表 22－1 劳动力组织表

| 工种 | 人数/人 | 工作地点 | 职责范围 |
|---|---|---|---|
| 施工现场负责人 | 1 | 整个施工现场 | 负责现场施工总体策划、管理、协调，协助总指挥工作等 |
| 技术员 | 1 | 整个施工现场 | 对现场施工技术把关、负责现场技术管理 |
| 安全员 | 1 | 整个施工现场 | 负责现场施工安全管理、保障工作 |
| 质量检查员 | 1 | 整个施工现场 | 负责跟班检查工程质量，组织各工种交接及质量保证措施的执行情况，对工程质量负责 |
| 测量工 | 2 | 施工现场 | 负责平面位置、高程等测量 |
| 潜水员 | 2 | 水下 | 负责水下作业 |
| 电工 | 2 | 整个施工现场 | 负责现场用电正常及机械动力、照明、通信等电器系统的维修保护 |
| 机械操作手 | 4 | 施工现场 | 负责起重机、沉桩设备等操作 |
| 电焊工 | 4 | 整个施工现场 | 负责钢板桩的内围笼、内撑焊接等工作 |
| 杂工 | 4 | 整个施工现场 | 负责搬运、现场清理等工作 |
| 总计 | 22 | | |

注：此表为一个作业班施工配备人员，未计后勤、行政等人员。

## 22.4 工艺设计和控制要求

### 22.4.1 技术要求

(1)钢板桩型号的选择必须根据水文地质情况、设计要求进行受力计算，根据计算结果结合钢板桩自身机械性能合理选用。

(2)围笼设置、内撑形式应根据钢板桩选型经受力分析确定，内撑设置应不影响基坑开挖和混凝土施工。

(3)钢板桩施打前应先进行测量放样准确定位并安装导向装置。

(4)经焊接修复的钢板桩在使用前应仔细检查焊缝，并进行锁口试验确保水密性。

(5)围笼、内撑应随基坑开挖及时安装。

(6)钢板桩围堰完成后应对围堰变形、周围土体位移、支撑内力等进行持续观测并对比数据变化情况。

### 22.4.2 材料质量要求

(1)钢板桩质量必须符合国家规定要求。

(2)工字钢、槽钢应符合国家标准《热轧型钢》(GB/T 706—2016)的标准。

(3)钢管桩加工用钢板应符合《热轧钢板和钢带的尺寸、外形、重量及允许偏差》(GB/T 709—2006)要求，加工成型的钢管桩应满足围堰受力计算的要求。

### 22.4.3 职业健康安全要求

(1)总要求：建立、实施、保持和持续改进职业健康安全管理体系。
(2)确定和批准职业健康安全方针，确保职业健康安全方针的实施。
(3)建立、实施并保持程序，以持续进行危险源辨识、风险评价和必要的控制措施。
(4)建立、实施并保持程序，以识别和获取适用法律法规和其他职业健康安全要求。
(5)建立、实施并保持职业健康安全目标。
(6)加强职业健康安全的培训。

### 22.4.4 环境要求

(1)在施工中注意保护生态环境，保护好原有植被树木及文物，处理好“三废”(废水、废气、废渣)，严禁废水、废渣、废弃物倒入河渠。
(2)搞好施工现场清洁工作，创造优美施工环境。

## 22.5 钢板桩围堰施工工艺

### 22.5.1 工艺流程

钢板桩围堰施工工艺流程如图 22－1 所示(以水中基础施工为例)。

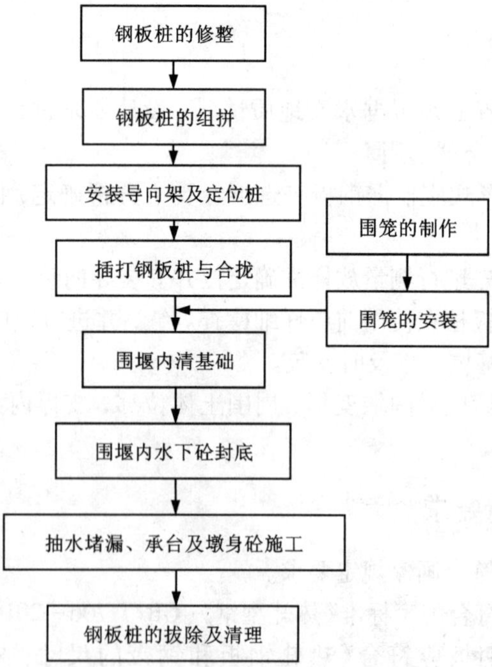


图 22－1 钢板桩围堰施工工艺流程图

### 22.5.2 施工程序及操作方法

(1)准备工作。

①插打钢板桩前的准备工作：钢板桩经过装卸、运输，可能会出现撞伤、弯扭及锁口变形，钢板桩在拼组前必须进行检查，剔除锁口破裂、扭曲、变形的钢板桩；剔除钢板桩表面因焊接钢板、钢筋留下的残渣瘤。在钢板桩锁口内涂抹黄油以减少插打时锁口间的摩擦和减少钢板桩围堰的渗漏。新钢板桩验收时，应备有出厂合格证，机械性能和尺寸应符合要求。经整修或焊接后的钢板桩，应用同类型的钢板桩做锁口通过试验检查。验收或整修后的钢板桩，应进行分类、编号、登记存放。锁口内不得积水。

②钢板桩锁口检查：用一块长 1.5 ~ 2.0 m 符合类型、规格的钢板桩做标准，将所有同类型的钢板桩做锁口通过检查。检查用绞车或卷扬机拉动标准钢板平车，从桩头至桩尾进行。

③钢板桩检修、凡钢板桩有弯曲、破损、锁口不合的均应整修，按照具体情况分别用冷弯、热敲、焊补、铆补、割除或接长。

④钢板桩的接长，钢板桩长度不够时，可用同类型的钢板桩等强度焊接接长，焊接时先对焊或将接口补焊合缝，在焊接加固板，相邻钢板桩接长焊缝应注意错开。

⑤预留吊、拔桩用孔：如需要有吊装孔及拔桩孔时，应事先钻好孔，拔桩孔应焊接加强板，以免拔桩时断裂。

⑥搭设施工平台或清理场地。

⑦采用全站仪对施工点进行测量放样。

⑧安装导向架及定位桩。按照施工方法，一般先打定位桩，在定位桩上安置导梁，组成框架式的围檩作为插桩时的导向设备，因此在施打前必须制作导向架。导向架由导梁和围檩桩等组成，在平面上分单面和双面；高度上分单层和双层。钢板桩施工一般采用单层双面导架。围檩桩间距为 2.5 ~ 3.5 m，双面围檩之间间距比板桩墙厚度大 8 ~ 15mm。导向架位置不能与钢板桩相碰。围檩桩不能随钢板桩打设而下沉或变形。导梁的高度适宜，要有利于控制钢板桩的施工高度和提高工效，用全站仪控制导梁位置和高度。

⑨ 检查振动锤(机械设备)。

振动锤是打拔钢板桩的关键设备，在打拔前一定要进行专门检查，如采用电动振动锤要确保线路畅通，功能正常，夹板牙齿不能有太多磨损。

(2)钢板桩安装施工工艺。

①插打钢板桩。为了确保插打位置准确，第一片钢板桩是插打的关键。插打在导向架上设置一个限位框架，大小比钢板桩每边放大 1 cm，插打时钢板桩背紧靠导向架，边插打边将汽车吊钩缓慢下放。这时在互相垂直的两个方向用全站仪观测，以确保钢板桩插正、插直，然后以第一根钢板桩为基准，再向两边对称插打钢板桩。在整个钢板桩围堰施打过程中，开始时插一根打一根，即将每一片钢板桩打到设计位置，到剩下最后 5 片时，要先插后打，若合拢有误，用特制的异型钢板桩使之合拢，合拢后，再逐根打到设计深度。

钢板桩的插打作业步骤和技术要点：

(A)在钢板桩锁口内涂黄油，安置吊点。

(B)在钢板桩下端系揽风绳两根，汽车吊起吊钢板桩接近垂直状态时，利用揽风绳控制正反方向。

(C)钢板桩就位下插，第一片钢板桩沿活动导向架下插是整个围堰的基准，要反复测量检查，使其方向垂直，位置准确，必要时可加辅助设施，控制桩在导向架内的左右位置。

(D)移动机械设备，将桩夹住后，进一步复核桩的垂直度、位置，认可后进行插打。使钢板桩(第一片或第一组)下沉到设计标高，其他钢板桩则以插打好的桩为准。对准锁口，控制好方向，利用自重下插，当自重不能迫使下插时，可利用配重或打桩机加压。

②合拢。

(A)合拢前的准备。

在即将合拢时，开始测量并计算出钢板桩底部的直线距离，再根据钢板桩的宽度，计算出所需钢板桩的片数，按此确定下一步钢板材如何插打(是增加钢板桩，还是钢板桩插打时向外绕圆弧)。

(B)合拢时桩的调整处理。

为了便于合拢，合拢处的两片桩应一高一低。方形钢围堰有4个面，打完的每一片钢板桩都要沿导向架的法线和切线方向垂直，合拢应选择在角桩附近(一般离角桩4~5片)，如果距离有差距，可调整合拢边相邻一边离导向架的距离。为了防止合拢处两片桩不在一个平面内，一定要调整好角桩方向，让其一面锁口与对面的钢板桩锁口尽量保持平行。

③安装围笼、内支撑。

(A)抽水与止水。

(a)当围堰合拢后，机械配合人工采用干挖法(抽水)开挖基坑，在开挖(抽水)至设计深度：0.5 m、2.5 m、6.25 m时，须在基坑内进行内支撑的安装，以防土压力过大影响围堰内的施工安全。

(b)在水中施工时须请专业的潜水员进行止水。具体做法是：采用大功率的水泵在围堰内进行抽水，潜水员在堰外采用止水条进行止水，使围堰内外水位高差控制在0.5~1 m，潜水泵应不停地进行抽水，直到所有内支撑安装完毕为止。

(B)围笼与支撑安装。

(a)根据围堰受力计算结果设置围笼和内撑，精确放样标识围笼和支撑的平面位置、控制标高。

(b)按照开挖步序、围堰内降水情况分层分块安装围笼和内撑。

(c)在钢板桩内焊接围笼托架、支架；采用汽车吊或浮吊向围堰内吊入围笼并焊接。

(d)在围笼上焊接内撑钢管桩连接件、紧固件，采用汽车吊或浮吊向围堰内吊入钢管桩，将钢管桩与围笼连接形成整体。

④拔桩。围堰的施工结束，立即拔除钢板桩。拔桩前向围堰内回填土至周边地面一样高，填平后逐渐向围堰内灌水。自下而上拆除内支撑。拔桩时先用打拔桩机夹住钢板桩头部振动1~2 min，使钢板桩周围的土松动，产生“液化”，减少土对桩的摩阻力，然后慢慢地往上振拔。拔桩时注意桩机的负荷情况，发现上拔困难或拔不上来时，应停止拔桩，先振动1~2 min后再往下锤0.5~1.0 m再往上振拔，如此反复即可将桩拔出。

### 22.5.3 钢板围堰施工的一般规定

(1)围堰高度应高出施工期间可能出现的最高水位或地面约0.5 m。

(2)围堰外形一般有圆形、圆端形、矩形、尖端矩形等。围堰外形的设计还应考虑水域的水深和覆盖层深度，且应考虑设置围堰河道变窄后流速增大引起水流对围堰、河床的集中冲刷，对航道、导流的影响。

(3)堰内平面尺寸应满足基础施工工作空间的需要。

(4)围堰要求防水严密，减少渗漏。

(5)堰体外坡面有受冲刷危险时，应在外坡面设置防冲刷设施。

### 22.5.4 钢板桩围堰质量检查

(1)钢板桩桩顶高程符合工艺设计要求，安装钢板桩过程中，钢板桩桩顶高程达到设计要求时，平面位置偏差，水中打桩允许 20 cm，陆地打桩允许 10 cm。

(2)经过整修或焊接的钢板桩应做锁口，并要求通过检验。

(3)钢板桩因施工原因不能合拢时，需采用特制的异型钢板桩进行合拢，异型钢板桩的宽度不的超过桩长的 2%。

(4)对组拼的钢板桩两端要平齐，误差不大于 3 mm，钢板桩组上下一致，误差不大于 30 mm，全部的锁口均要涂防水混合材料，使锁口嵌缝严密。

(5)为保证插桩顺利合拢，要求桩身垂直。每组钢板桩在顺围堰周边方向及其垂直方向的倾斜度均不大于 5‰。

(6)打桩时必须在桩顶安装桩帽，以免桩顶破坏，切忌锤击过猛，以免桩尖弯卷，造成拔桩困难。

## 22.6 质量标准

钢板桩检验标准按表 22－2 的规定。

表 22－2 钢管桩质量检验标准

| 序号 | 检查项目 | 允许偏差或允许值 | | 检查方法 |
|---|---|---|---|---|
| | | 单 位 | 数 值 | |
| 1 | 桩身垂直度 | % | <1 | 钢尺量 |
| 2 | 桩身弯曲度 | | <2%L | 钢尺量(L 为桩长) |
| 3 | 齿槽平直光滑度 | 无电焊渣或毛刺 | | 取桩段做实验 |
| 4 | 桩长度 | 不小于设计长度 | | 钢尺量 |

## 22.7 成品保护

(1)应有专人随时检查钢板桩围堰的结构稳定性和渗漏情况，出现问题及时采取有效措施解决。

(2)河流水位涨落较大地区的围堰，应采取措施防止围堰内水位高于外侧。

## 22.8 安全环保措施

### 22.8.1 安全措施

(1)配备专职安全员，特殊工种(如电工、焊工、机械工、架子工、起重工)必须持证上岗操作，杜绝违章作业。

(2)严格执行三级安全教育和技术交底制度，未经安全教育和安全交底人员，不准上岗作业。

(3)钢板桩施工时，必须设置安全标志标牌，设立安全操作平台、安全防护网、安全防护栏栅等明显的安全措施。导向架及所有工作平台一定要坚固可靠；上下通道及平台周围应加拉杆防护，平台间及通道外的空间应设安全网防护。

(4)进入施工现场人员按规定穿救生衣，戴安全帽，系安全带，穿防滑鞋等。

(5)潜水员下水需穿潜水服，佩戴氧气罩，同时携带通迅设备随时与岸上沟通。吊装作业必须由专业人员采用对讲机指挥，以保证指挥正确，操作安全可靠。

(6)严格交接班制度，防止因交接混乱而发生错误，造成安全及质量事故。

(7)保持和气象部门联系，遇到六级以上大风、暴雨等恶劣天气，一律禁止施工作业；浮吊、运输船等机械设备，停止移动和使用，并有相应的防御措施。

(8)使用的机器设备，应随时检查、维修保养，保证正常运转。

(9)对于水上船只及锚碇设备应有专人检查，出现问题及时处理。

(10)对运输线路、平交道及水上来往船只，应做好交通指示及其他安全疏导工作。

### 22.8.2 环保措施

(1)钢板桩施工时，严禁向水中或陆地抛弃杂物。

(2)施工和生活中的废物集中堆置，并及时处理。

(3)对施工时产生的废水及时导流至允许流入的地点，严防施工废水，废油流入农田、耕地、饮用水源、灌溉渠道和河流，以充分保护水资源，并防止废水对沿线环境的污染。

(4)钢板桩修整时，不得将废弃物抛至江河中。

(5)车辆在运料过程中，对易飞扬的物料用篷布覆盖严，且装料适中，不得超限；车辆轮胎及车外表用水冲洗干净，不得污染当地的道路。

(6)施工作业产生的扬尘，除作业人员配备必要的劳保用品外，还要随时洒水，将灰尘公害程度降至最低，并符合当地环保部门的有关规定。

(7)使用的机器设备，应随时检查、维修保养，避免油污水面。

## 22.9 质量记录

(1)钢板桩出厂合格证

(2)水准测量复核记录。

(3)钢板桩围堰检验批质量验收记录表。

(4)钢板桩围堰分项工程质量验收记录表。

# 23　无底钢套箱施工工艺

## 23.1　总则

### 23.1.1　适用范围

本标准适用于河床易清淤吸泥，河床覆盖软弱层较薄的低桩承台的施工。

### 23.1.2　编制参考标准及规范

(1)《公路桥涵施工技术规范》(JTG/T F50—2011)。

(2)《公路工程施工安全技术规范》(JTG F90—2015)。

(3)《公路工程质量检验评定标准》(JTG F80/1—2017)。

(4)《钢结构工程施工质量验收规范》(GB 50205—2001)。

## 23.2　术语

(1)钢套箱：为解决承台和桥墩施工而设计的临时阻水结构，其作用是通过钢套箱围堰和封底混凝土阻水，为水上承台和水上桥墩的施工提供无水的干施工环境。

(2)拼装：将钢套箱分块制作的部件通过螺栓连接或焊接等方法，拼凑成一个整体。

(3)下沉：钢套箱定位后通过平台上设置的起吊系统使套箱缓慢下降的过程。

## 23.3　施工准备

### 23.3.1　技术准备

(1)熟悉和分析设计资料和施工现场的水文资料，编制无底钢套箱施工组织设计。

(2)对施工人员进行全面的技术、操作、安全交底，确保在水上作业施工过程中的工程质量和人身安全。

(3)根据河道的水流、水位情况，做好通航、天气预报等工作。

(4)施工放样：测定承台四角的沿线至平台支撑的固定位置，并测出高程。

### 23.3.2 材料准备

钢套箱制作材料：型钢、钢板、紧固件、焊接材料。
钢套箱安装材料：型钢、钢丝绳。

### 23.3.3 主要机具

无底钢套箱施工机械及设备表如表 23－1～表 23－5 所示。

**表 23－1 钢套箱制作机械及设备表**

| 序号 | 机械及设备名称 | 规格及型号 | 单位 | 数量 | 备 注 |
|---|---|---|---|---|---|
| 1 | 等离子切割机 | LGK－8 | 台 | 若干 | 数量根据工程量大小确定 |
| 2 | 电焊机 | | 台 | 若干 | 数量根据工程量大小确定 |
| 3 | 汽车吊 | 16t | 台 | 若干 | 数量根据工程量大小确定 |
| 4 | 带链滑车 | 5t | 台 | 6 | |
| 5 | 顶杆 | 自制 | 支 | 4 | |
| 6 | 氧气瓶 | | 个 | 若干 | 数量根据工程量大小确定 |
| 7 | 乙炔瓶 | | 个 | 若干 | 数量根据工程量大小确定 |

**表 23－2 潜水设备(浅水作业)**

| 序号 | 机械设备及名称 | 规格及型号 | 单位 | 数量 | 备注 |
|---|---|---|---|---|---|
| 1 | 手压空压机 | | 台 | 1 | 超过 45 m 为深水作业，应配备医疗和减压设备 |
| 2 | 潜水空气压缩机 | 3.0 MPa 0.3 $m^3$ | 台 | 1 | |
| 3 | 潜水服 | | 套 | 4 | |
| 4 | 救生服 | | 套 | 10 | |
| 5 | 水下通风设备 | | 套 | 1 | |
| 6 | 轻潜设备 | | 套 | 1 | |
| 7 | 扩音电话 | 12 V | 部 | 2 | |
| 8 | 高压胶管 | 3.0 MPa $\phi$13/$\phi$25 | m | 100 | |

**表 23－3 水下切割设备**

| 序号 | 机械设备及名称 | 规格及型号 | 单位 | 数量 | 备注 |
|---|---|---|---|---|---|
| 1 | 直流弧焊机 | AX3－300－2 | 台 | 2 | |
| 2 | 石板闸 | HRT 额定电压 500 V | 个 | 2 | |
| 3 | 氧电弧切割水炬 | | | 2 | |
| 4 | 空心切割条 | CDESS104$\phi$12 | | 若干 | 根据实际需要确定 |
| 5 | 氧气 | | 瓶 | 若干 | 根据实际需要确定 |

续表 23-3

| | | | | | |
|---|---|---|---|---|---|
| 6 | 氧压表 | 2.5~25 MPa | 支 | 2 | 柳州自动化仪表厂 |
| 7 | 电缆 | | m | 若干 | 根据实际需要确定 |
| 8 | 胶管 | | m | 若干 | 根据实际需要确定 |
| 9 | 电焊墨镜 | | 副 | 2 | |
| 10 | 橡皮手套 | 绝缘 | 副 | 4 | |

**表 23-4 水上施工设备**

| 序号 | 名称 | 单位 | 数量 | 备注 |
|---|---|---|---|---|
| 1 | 交通船 | 艘 | 1 | |
| 2 | 打桩船 | 艘 | 1 | |
| 3 | 抛锚艇 | 艘 | 1 | |
| 4 | 振动沉桩机 | 台 | 1 | |
| 5 | 浮吊 | 艘 | 1 | |
| 6 | 驳船 | 艘 | 1 | |
| 7 | 拖轮 | 艘 | 1 | |

**表 23-5 吸泥施工设备**

| 序号 | 名称 | 规格、型号 | 单位 | 数量 | 备注 |
|---|---|---|---|---|---|
| 1 | 空压机 | 12 $m^3$ | 台 | 1 | |
| 2 | 吸泥机 | | 台 | 若干 | 根据需要自行加工 |
| 3 | 砂石泵 | | 台 | 若干 | 根据需要确定 |
| 4 | 钻吸机 | | 台 | 若干 | 根据需要确定 |
| 5 | 大功率高扬程抽水机 | | 台 | 若干 | 数量及功率根据需要确定 |

## 23.3.4 作业条件

(1)围堰加工场地完成三通一平、硬化、排水等工作，临时电力设施、加工车间、安全设施准备就绪。

(2)围堰底节下水码头及块件运输码头必须在底节加工完成之前修建完成并验收合格。

(3)围堰锚定系统、导向工作平台系统必须在底节加工完成之前完成并验收合格。

(4)主要机械设备使用良好。

(5)施工作业人员培训完毕，能够熟练上岗、持证上岗。

## 23.3.5 劳动力组织

无底钢套箱施工劳动力组织如表 23-6 所示。

表 23-6　无底钢套箱施工劳动力组织表

| 工种 | 人数/人 | 工作地点 | 职责范围 |
|---|---|---|---|
| 施工队长 | 1 | 整个施工现场 | 负责跟班组织施工管理工作、协助总指挥工作等 |
| 技术员 | 1 | 整个施工现场 | 负责跟班解决施工中的技术问题，编写技术措施等 |
| 安全员 | 1 | 整个施工现场 | 负责跟班检查安全措施、安全措施的执行情况及安全教育工作，对安全生产负责 |
| 质量检查员 | 1 | 整个施工现场 | 负责跟班检查工程质量，组织各工种交接及质量保证措施的执行情况，对工程质量负责 |
| 测量工 | 1 | 施工现场 | 负责钢套箱定位放样，套箱拼装完成后检测，套箱下放过程监控 |
| 电焊、钢板切割工人 | 10 | 套箱制作场 | 钢套箱制作 |
| 普通工人 | 2 | 制作场至拼装现场 | 配合吊车将钢套箱从加工场地运至拼装现场 |
| 吊车司机 | 1 | 套箱制作场 | 负责钢套箱材料、块件、成品构件起吊 |
| 拖车司机 | 1 | 制作场至拼装现场 | 负责钢套箱运输 |
| 普通工人 | 4 | 钢套箱安放现场 | 负责岸上钢套箱节段拼 |
| 吊车司机 | 1 | 钢套箱安放现场 | 负责钢套箱起吊、就位 |
| 普通工人 | 4 | 钢套箱安放现场 | 负责墩位处钢套箱拼接 |
| 普通工人 | 4 | 钢套箱安放现场 | 负责钢套箱升降控制 |
| 普通工人 | 4 | 钢套箱安放现场 | 负责钢套箱下沉过程中清基、吸泥 |
| 普通工人 | 8 | 钢套箱安放现场 | 负责钢套箱到位后堵漏、封底混凝土浇筑、混凝土养护 |
| 电工 | 1 | 整个施工现场 | 负责现场动力、照明、通信等电器系统的维修保护 |
| 材料员 | 1 | 材料仓库 | 负责施工材料供应及管理 |
| 总计 | 46 | | |

注：此表为一个作业班施工配备人员，未计后勤、行政等人员。

## 23.4　工艺设计和控制要求

### 23.4.1　技术要求

(1)钢围堰、锚锭系统应综合考虑设计文件、地质资料、水利水文资料(含锚锭处河床覆盖层、冲刷资料)、航道航运资料、工地吊装、移运能力、锚锭系统、使用期等专门设计。

(2)钢围堰强度、刚度及结构稳定性，锚锭系统受力及稳定性验算要符合设计要求。

(3)钢围堰、锚锭系统施工要符合规范要求。

(4)按航道航运管理部门的要求编制《水上施工作业专项方案》，并报批。

### 23.4.2 材料质量要求

**23.4.2.1 钢材**

(1)加工制造用钢材其屈服、抗拉强度应满足：Q235 钢屈服强度不小于 235 MPa，抗拉强度为 370 ~500 MPa；Q345 钢屈服强度不小于 345 MPa，抗拉强度为 470 ~630 MPa。

(2)型钢几何形状偏差(弯曲度、边宽、边厚、顶角等)不得超出标准规定，表面不得存在分层、结疤、裂缝等使用上有害的缺陷。

(3)钢板延伸率为 15% ~20%，室温冲击韧性大于 600 ~800 kJ/m。

(4)具有良好的焊接性能、冷成型性能、较高的断裂韧性、耐蚀性。

(5)具有较低的冷脆转变温度。

**23.4.2.2 钢丝绳**

(1)钢丝绳直径的计算与选择应符合设计的规定。在起重机工作时，承载钢丝绳的实际直径不应小于 6 mm。

(2)用钢丝绳夹固接时，固接强度不应小于钢丝绳破断拉力的 85%。

(3)用编结固接时，编结长度不小于钢丝绳直径的 20 倍，且不小于 300 mm，固接强度不小于钢丝绳破断拉力的 75%。

(4)用楔与楔套固接时，固接强度不应小于钢丝绳破断拉力的 75%。

**23.4.2.3 焊接材料**

(1)钢结构焊接工程中所选用的焊条、焊丝、焊剂和电渣焊熔嘴等焊接材料应与母材相匹配。焊条、焊丝必须符合现行国家标准。

(2)钢结构焊接工程应优先选用已列入国家标准或部颁标准的焊接材料。

(3)焊条、焊剂、药芯焊丝、电渣焊熔嘴环等在使用前，必须按照产品说明书及有关焊接工艺文件的规定进行烘焙。如说明书无特殊规定时，对酸性焊条，根据受潮情况，在温度 75 ~150℃中烘焙 1 ~2 h，对碱性低氢焊条应在温度 350 ~400℃中烘焙 1 ~2 h，并放在保温箱内，随用随取。

**23.4.2.4 紧固件**

(1)普通螺栓紧固标准件及螺母、垫圈等标准配件应具有质量证明书或出厂合格证，其品种、型号、规格及质量应符合设计要求和国家现行有关产品标准的规定。

(2)普通螺栓紧固应牢固、可靠、外露丝扣不应少于 2 扣。

### 23.4.3 职业健康安全要求

(1)特种机械操作人员必须经过专业的技术培训及专业考试，合格后方可持证上岗，并必须定期进行体格检查合格。

(2)所有进入施工现场的人员必须按规定佩戴安全防护用具。

(3)遵守所有安全规定，服从管理人员指挥。

(4)设置安全通道和安全防护设施，配备相关救援用品和设备。

### 23.4.4 环境要求

在施工中注意保护生态环境，保护好原有植被树木及文物，处理好“三废”(废水、废气、废渣），严禁废水、废渣、废弃物倒入河渠。搞好施工现场和公共场所清洁工作，创造优美施工环境。

# 23.5 施工工艺

## 23.5.1 工艺流程

无底钢套箱施工工艺流程如图 23－1 所示。

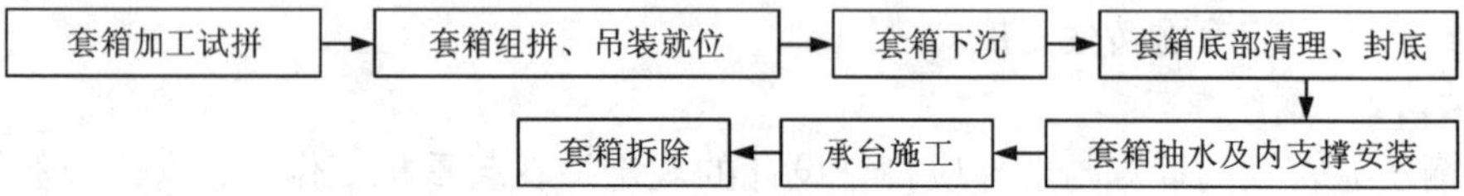


**图 23－1 无底钢套箱施工工艺流程图**

## 23.5.2 操作工艺

### 23.5.2.1 钢套箱的加工与试拼

（1）钢套箱加工及试拼的总体要求。

为拼装、拆卸、吊装的方便，根据起重能力对钢套箱进行分节、分块。一般采用薄钢板制成长2.5～4.0 m、宽1.0～1.5 m的钢模板，模板四周采用角钢焊接作为骨架，中间用角钢或槽钢焊成肋条，其间距可根据强度需要酌定。为便于拼装，钢模板可制成中间模板和角模板两种，模板间设5～8 mm防水橡胶垫圈，用螺栓联接成型。

（2）钢套箱的加工。

每个钢套箱块件由钢板和型钢骨架焊接而成。钢板按分块、分段尺寸采用自动切割机进行下料，型钢骨架采用手动切割机或氧割设备按相应套箱节段尺寸下料。钢套箱在专门制作平台上进行焊接加工，先将钢板平铺在加工平台上，然后将骨架型钢布设在钢板上，按照左右对称原则进行焊接；框型结构先焊对角，再焊另外两个对角；长焊缝先断焊再满焊；小件可以用胎具压牢焊接，大件根据变形预测做反变形拼接。钢板加工完成后加工套箱时严格控制栓接面顺直平整，确保栓接处的密封橡胶条的密贴。为保证栓接孔位置的准确，采用配钻的加工方法。

（3）钢套箱的试拼。

无底钢套箱试拼工作在工地钢结构加工场进行，搭设高约1 m的支架，在支架上先放两跟托梁，然后在上面铺设钢板，测量放线确定位置，符合要求后，将钢板临时点焊固定。侧模拼装从长方向中间开始，顺序延伸，最后拼装短方向并合拢。侧模试拼过程中，应检测侧模与侧模间的栓孔连接情况。安装侧模平面尺寸、垂直度及对角线方正情况。

（4）钢套箱的水密试验。

钢套箱每个分块加工完成后，应进行煤油渗透试验。即用刷子在焊缝两侧刷上石灰水，待其干后在围堰内侧焊缝刷上煤油，等30～60 mm后察看围堰外侧是否有煤油痕迹。

试验检查不合格的部位应进行补焊，补焊后还须进行复验，合格后才能进入。钢套箱壁板在现场拼装完成为整体后，对现场拼装焊缝同样要求进行煤油渗透试验，保证套箱壁板整体密水性能。

**23.5.2.2 钢套箱组拼、吊装就位**

(1)钢套箱组拼。

根据拼装钢套箱时下方支撑形式的不同，钢套箱组拼有两种形式：

①利用已有墩位钻孔平台作为拼装钢套箱时的支撑。在墩位平台上拼装钢套箱，接高钻孔灌注桩钢护筒，在其顶面设起吊分配梁，悬挂系统滑轮组，起吊卷扬机设置在钻孔平台上。起吊钢套箱，距离平台 1 m 左右位置停止起吊，拆除墩位平台，将钢套箱缓慢下放入水后，停止起吊。在钢护筒上焊接支撑牛腿，然后转换吊点，由多根吊杆将钢套箱吊挂于钢护筒支撑钢牛腿上。

②以钻孔灌注桩钢护筒为拼装钢套箱时的支撑。在钻孔灌注桩钢护筒上同一水平高度焊接承重牛腿，在牛腿上放置工字钢作为套箱临时底梁，然后在底梁上拼装成箱体。也可在牛腿上搭设平台，由驳船将块件运至平台上拼装。在钢护筒顶面设千斤顶支架，由千斤顶起吊钢套箱，割除牛腿，下沉钢套箱。此法不需要大型起吊设备，起吊时受周围环境的影响相对较小。

(2)钢套箱吊装。

当钢套箱平面尺寸较小，重量较轻时，可以采用浮吊整体起吊。在岸边组拼钢套箱，顶升后牵引下水，或在岸边滑道上拼装钢套箱，拼装完毕，借助滑移设备滑移入水。用推轮将钢套箱推至浮吊作业区，然后用浮吊起吊钢套箱下沉就位。

钢套箱分节吊装：当钢套箱整体重量较重，高度较高时，可以在岸上分节组拼，然后采用浮吊分节吊装。

(3)钢套箱的定位。

用全站仪或经纬仪在平台上将该墩的纵横轴线放出，并标示于作业平台上。在钢套箱的外壁板上标示出钢套箱的中心线，安放过程中，严格控制壁板中心与平台上标示的纵横轴线对齐。

套箱下沉入水后受水流及水压力的作用，套箱会随水流漂移，因此需采取定位措施来确保套箱符合施工要求。定位装置分下定位和上定位两部分。上定位利用墩位施工平台的外围钢管桩，在其侧面横向焊接工字钢作为套箱的导向定位框架，水面以下钢套箱底部的定位，水流流速较小时，则通过在钻孔平台每边钢管支撑桩上设置倒链葫芦调整，水流流速较大时，则通过设置于其下部 1/3 处的锚缆调整。

**23.5.2.3 钢套箱的下沉**

(1)浮吊辅助下沉。

钢套箱制作好后拖运至施工现场，然后用驳船运至桥墩位置水域根据设计的吊点，用浮吊直接起吊钢套箱下沉就位。

(2)墩位作业平台上倒链葫芦、铰车等辅助下沉。

当为中小型钢套箱时，可以将在岸上分块加工的钢套箱运至墩位作业平台上组拼。在钻孔钢护筒上设起吊分配梁，再由起吊系统滑车组起吊钢套箱，并将钢套箱临时悬挂于钢护筒支撑牛腿上。拆除墩位平台，解除临时吊挂，由起吊滑车组将钢套箱缓缓下沉就位。

当钢套箱分层接高时，待第一层套箱下沉到比水面高 0.5 m 位置时停止下沉，临时固定好后，第二层套箱直接在第一层套箱上进行拼装，按第一层施工方法进行安装。如此循环作业，分层下沉，分层安装，直到到达设计高程，至此整个套箱下沉作业全部完成。

(3)无底钢套箱河床以下部分的除土下沉。

根据地质资料及实测情况，探明淤泥的厚度。为减少围堰着床后的吸泥工作量，在围堰着床前可以先用挖泥船清淤，待无底钢套箱着床后，再用高压水管和吸泥机除土下沉。

无底钢套箱河床以下部分除土下沉的主要设备为吸泥机和与之配套的风压机。当钢套箱围堰精密着床后，即进行吸泥下沉。

当水深较小时，用高压水破土，砂石泵吸泥；当水深较深时，用高压水破土，2 台 $\phi273$ 空气吸泥机吸泥(管径及台数根据土质情况确定)，后期，当刃尖进入黏土层下沉较慢时，增加钻吸机出土吸泥。施工中因下沉系数太小，自重下沉难的问题，可采用在套箱的顶部加载的方法助沉，直至沉入需要的河床土层及标高。

吸泥时注意要由钢套箱的周边往中心均匀出土，以使钢套箱围堰均匀下沉。

(4)钢套箱下沉时的纠偏措施。

钢套箱下沉过程中，要采用多次测量和系统比较的方法确定钢套箱的下沉情况，测定节段基准点的坐标，求得各轴线偏移和高程、底中心偏移、刃脚高程、扭角、倾斜等钢套箱观测资料，指导钢套箱接高下沉和纠偏的实施。

常用的纠偏方法：

①围堰内偏挖：在刃脚较高一侧多挖土，在围堰下沉的同时把倾斜纠正过来。

②偏心压重：在围堰顶面较高的一侧压重，可利用钢轨进行悬吊压重，以纠正其倾斜。

③堰外挖土或填土：在围堰较高的一侧挖土，以减小摩擦力；在低的一侧填土增加其摩擦力，通过多次调整，使围堰恢复到设计位置。

**23.5.2.4　钢套箱底部清理、封底**

(1)无底钢套箱河床清淤。

当钢套箱通过除土下沉至设计位置，在进行封底混凝土前，要用高压水管和吸泥机在钢套箱内侧彻底清除河床沉淀下的淤泥，以免影响封底混凝土的质量。

(2)钢套箱封底混凝土施工。

根据套箱平面位置关系布设封底导管，考虑封底混凝土 3 m 的流动半径，导管按 2 ~3 m 布设 3 ~4 根。封底混凝土从套箱一侧向另一侧灌注。

封底混凝土按水下混凝土灌注执行。封底过程中必须连续不能中断，保证混凝土的连续性。封底先从一根导管开始，当灌注的混凝土流至附近一根导管并埋住该导管时，开始对另一根导管灌注，先前的导管不能拔出移位。当封底混凝土高度达到设计要求后，将先前的导管移至下一灌注位置，以此类推，直至封底完成。

套箱封底过程与封底后未抽水之前，套箱内外水位均保持一致，使套箱底部内外压力基本平衡，避免水压力对封底混凝土产生附加压力。封底混凝土达到设计强度要求后，抽出钢套箱围堰内的水，清除杂物，找平封底混凝土顶面，验收合格后进入下一道工序。

**23.5.2.5　钢套箱抽水及内支撑安装**

(1)已安装内支撑的整体吊装、分节吊装钢套箱抽水。

当封底混凝土强度达到设计强度后，即可封闭钢套箱上所设的连通管，进行抽水施工。若在承台施工中，内支撑对其有碍，则需对内支撑进行置换。

(2)墩位处分块组拼的钢套箱抽水及内支撑安装。

当封底混凝土强度达到设计强度后，即可封闭钢套箱上所设的连通管，进行抽水施工。根据钢套箱内支撑的设计位置，可以将底层的内支撑用钢丝绳先下沉至封底混凝土上，并将钢丝绳引出；然后抽水，当抽水至第一层内支撑时，停止抽水，安装第一层内支撑，接着抽水安装第二层内支撑，直至内支撑安装完毕，将套箱内水抽干，进行承台施工。

**23.5.2.6　承台施工**

按图纸绑扎钢筋，并根据实际情况设置冷却管，验收合格后逐层浇筑混凝土，直至设计标高。砼浇筑完毕后及时进行养护，养护时间不少于7 d。

**23.5.2.7　钢套箱的拆除**

承台砼达到设计强度后，可以进行钢套箱拆除。根据浮吊的起吊重量可分段切割后整体吊出或分块切割解体起吊拆除。其具体方法是：

(1)拆除套箱内、外相干的物件，凿开吊耳眼孔，由潜水工在外壁板用潜水氧电弧切割作业来实现。

当为双壁钢套箱时，视其水流速度，其方法：

①水流速度小于1 m/s时，潜水工在围堰外沿着围堰下沉前焊的导向环进行切割。

②水流速度不小于1 m/s时，内壁板应先切割高度1.2 m，堰内补水与堰外水位一致时由潜水工在堰内沿事前准备的切割线进行切割。

当为单壁钢套箱时，则潜水工直接在围堰外沿着围堰下沉前焊的导向环进行切割。

每切割一段，潜水工用检查工具(自作环形铅丝)检查一遍，检查是否割通。

(2)当切割完毕，由潜水工再进行一次检查外壁板割缝，确认无一漏割后，再由潜水工挂好吊钩，待潜水工及设备撤离安全地点后，全面进行水域检查，确认无一障碍后起吊，运至岸上。

当套箱较小时，在套箱加工时可在承台顶面以上20 cm位置处分节，此处采用螺栓连接，拆除时由潜水工拧掉螺栓即可。

## 23.6　质量标准

(1)施工前对钢套箱原材料进行检查，并有合格签证记录，同时对施工程序、工艺流程检测手段进行检查。

(2)施工过程中对套箱拼装、下沉、浇筑封底混凝土、钢筋加工、承台混凝土浇筑等进行全过程检查。

(3)每个钢套箱壁板块段加工完成后均单独进行检验，其加工精度要求如下：

宽度方向尺寸偏差：±15 mm。

壁板厚度偏差：±2 mm。

外形对角线偏差：±20 mm。

高度方向偏差：0，-30 mm。

焊缝检验：

①焊缝高度的检验。焊缝尺寸允许偏差应符合《钢结构工程施工质量验收规范》相关规定。检验方法：用焊缝量规检查。

②外观检验。所有焊缝均应冷却后进行外观检查，并填写检查记录。所有焊缝不得有裂纹、未熔合、焊瘤、夹渣、未填满及漏焊等缺陷，外观检查不合格的焊接件，在未返修合格前不得进入下一道工序。

③内部质量检验。对钢吊箱下放吊点位置的受力焊缝应沿焊缝进行全长超声波探伤，质量等级要求为Ⅰ级。

(4)钢套箱内撑加工精度：根据内支撑结构的受力要求，保证块之间顶、底层内支撑在同一高度很关键，加工时其偏差不得大于2 mm，保证在拼装阶段能够顺利对接。

每个内支撑块段加工完成后均单独进行检验，其加工精度要求如下：

平面长宽尺寸偏差：±20 mm。

高度方向尺寸偏差：±5 mm。

(5)钢套箱检查标准如表23－7所示。

**表23－7　钢套箱检查标准**

| 序号 | 项目 | | 允许偏差 | 检验方法 |
|---|---|---|---|---|
| 1 | 内侧平面尺寸 | 长、宽 | 长、宽的1/700 | 尺量检查不少于2处 |
| 2 | | 对角线 | 对角线的1/500 | 尺量上、下口 |
| 3 | 套箱中线扭角 | | 1° | 测量检查 |
| 4 | 套箱倾斜度 | | 箱高的1/50 | |
| 5 | 套箱做承台外模时轴线偏位 | | 15 mm | |

(6)水中承台检查标准如表23－8所示。

**表23－8 水中承台检查标准**

| 项次 | 检查项目 | 规定值和允许偏差 | 检查方法和频率 |
|---|---|---|---|
| 1 | 混凝土强度 | 在合格标准内 | 按检查评定标准JTG F80/1—2017(附录D检查) |
| 2 | 尺寸/cm | ±30 | 尺量：长、宽、高检查2点 |
| 3 | 顶面高程/mm | ±20 | 水准仪：检查5处 |
| 4 | 轴线偏位/mm | 15 | 全站仪或经纬仪：纵横各测量2点 |

## 23.7　成品保护

(1)套箱部件加工完成后及时有序存放，底部塞垫枕木，上面用彩条布覆盖，以免部件损伤和锈蚀。

(2)套箱运输过程中固定牢靠，避免套箱直接与拖车摩擦或发生倾倒变形。

(3)浇筑混凝土前应注意钢筋保护，不得攀踩钢筋。

(4)钢筋保护层厚度按设计图纸要求设置，保护层垫块不得遗漏。

(5)在承台施工时，避免施工船、漂浮物等撞击承台，在承台3 m范围内设置防撞桩，对通航流域，在承台上设照明灯等。

(6)拆除钢套箱过程中，严禁重撬、硬砸，以免损伤混凝土和套箱模板。

# 23.8　安全环保措施

## 23.8.1　职业健康安全措施

(1)作业人员应接受过职业健康安全培训，如未接受过此类培训，由公司对其进行宣传教育后方可进行作业。

(2)作业人员上岗前要进行职业健康体检，施工过程中要定期进行职业健康体检，公司定期对职工进行职业病防治知识培训。

(3)施工期间按规定设置临时码头、航行标志及救护等措施。

(4)应掌握和及时了解当地的气象和水文情况，遇到大风天气应加固钢套箱及钢平台等。

(5)套箱施工前了解作业区域的水深、流速等有关情况，为施工做好安全准备工作。

(6)使用浮吊起重作业时，船体应按施工要求进行加固。

(7)套箱拆除要进行水上起吊作业时，应根据被吊物特点和当地的水情制订方案。

(8)起吊时，潜水员应将沉落物栓牢，经检查确认栓挂牢靠，待潜水员出水后再起吊。

(9)潜水员不得在水中悬吊的物体上工作或从悬吊物件下穿越。

(10)制订水上作业的应急预案、防汛预案等。

(11)配备专职安全员，施工现场的潜水员、电工、焊工、机械工等特殊工种人员必须持证上岗操作，水上作业遵照水上作业安全规定执行(如穿救生衣等)，杜绝违章作业。

## 28.8.2　环保措施

(1)施工过程应保持工地道路通畅，保持场地平整清洁，特别是不能阻碍运输车辆安全通行；现场办公区、预制加工厂、安装阶段的主要通道要按规划铺设，达到通行方便，不起尘。

(2)工地建筑垃圾及开挖的土方要随时清理，边角余料和废料要及时回收，集中堆放到指定地点，并有“废料”标志；工地要划分卫生责任区指定专人清扫。

(3)焊工作业时，焊条头要随时回收，不准随处乱丢。

(4)场地平整不积水，无散落的杂物及散物，道路畅通、平坦、整洁；场地排水畅通不堵，建筑垃圾必须集中堆放，及时处理。

(5)材料集中堆放，布局合理、安全、整洁。

(6)水上施工作业要做到不随便扔垃圾、乱排杂物、不污染水资源、减少周边噪声影响等。

(7)在工程的实施期，采取合理可行的措施以疏通施工区域内部环境的污水设计施工必要的导流设施导引水流，使之对施工区域及其中的工程设施等不会导致侵蚀或污染；设置必要的拦污净化处理设施，以防止将含有污染物或可见悬浮物的污水直接排放入河流。

(8)机械设备操作时，尽量减少噪声、废气等污染。

## 23.9 质量记录

(1)原材料(水泥、砂、石、钢筋、外加剂等)进场复验报告。

(2)桩位记录、承台测量记录。

(3)混凝土浇筑记录。

(4)钢筋隐蔽验收记录及评定。

(5)钢筋焊接接头拉伸试验报告。

(6)混凝土试块 28 d 标准养护抗压强度试验及评定。

(7)模板高程、尺寸的检测记录。

(8)钢套箱加工、拼装检验记录。

# 24 有底钢套箱水下承台施工工艺

## 24.1 总则

### 24.1.1 适用范围

有底钢套箱适用于承台底面距河床面较高，或承台以下为较厚的软弱土层，且水深流急的水中承台的施工。

### 24.1.2 编制参考标准及规范

(1)中华人民共和国行业推荐性标准《公路桥涵施工技术规范》(JTG/T F50—2011)。
(2)中华人民共和国行业标准《公路工程施工安全技术规范》(JTG F90—2015)。
(3)中华人民共和国行业标准《公路工程质量检验评定标准》(JTG F80/1—2017)。
(4)中华人民共和国行业标准《公路工程水泥及水泥混凝土试验规程》(JTG E30—2005)。
(5)中华人民共和国国家标准《建筑施工场界环境噪声排放标准》(GB 12523—2011)。
(6)中华人民共和国国家标准《钢结构工程施工质量验收规范》(GB 50205—2001)。

## 24.2 术语

(1)钢套箱：为解决承台和桥墩在水中施工而设计的临时围水结构，其作用是通过钢套箱围堰和封底混凝土阻水，为水中承台和水中桥墩的施工提供无水的干施工环境。

(2)扁担梁：安装在钢套箱内，用于起吊、定位及承受套箱全部质量。

## 24.3 施工准备

### 24.3.1 技术准备

(1)熟悉和分析设计资料和施工现场的水文资料，编制水中承台施工技术方案和有底钢套箱施工设计图，并向施工班组进行书面技术交底和水上作业安全技术交底。

(2)施工放样：测定承台四角的沿线至平台支撑的固定位置，并测出高程。

(3)深水施工前对施工人员进行全面的技术、操作、安全交底，确保在水上作业施工过程中的工程质量和人身安全。

(4)根据河道的水流、水位情况，做好通航、天气预报等工作。

(5)做好钢材、机械设备的到场工作。

### 24.3.2 材料准备

钢套箱制作材料：型钢、钢板、紧固件、焊接材料。

钢套箱安装材料：钢筋、钢丝绳。

施工辅助材料：水泥、碎石、砂。

### 24.3.3 主要机具

有底钢套箱施工机械及设备如表23－1～表23－4所示。

### 24.3.4 作业条件

(1)深水作业前应搭好水上施工平台，临时电力线安全设施就绪，并做好平台四周围护，挂牌示出承台中心桩号。

(2)应由工长和现场技术员对操作套箱的工人进行培训及技术、安全交底，做到熟悉和掌握深水作业钢套箱拼装、钢套箱下沉、封底混凝土浇筑，投料、搅拌、运输、浇筑、振捣等技术；要有应对深水作业安全紧急救援措施，操作人员保持稳定；潜水员必须持有特种作业证才能上岗。

(3)深水施工材料刷防锈漆，防止套箱锈蚀。

(4)钢套箱设备已加工并试拼，已根据测量结果定出扁担梁位置。

(5)混凝土有关配合比已获批准使用，各种施工设备、原材料检验、临时设施等所有工作都准备就绪。

### 24.3.5 劳动力组织

有底钢套箱施工劳动力组织如表24－1所示。

**表24－1 有底钢套箱施工劳动力组织表**

| 工种 | 人数/人 | 工作地点 | 职责范围 |
|---|---|---|---|
| 施工队长 | 1 | 整个施工现场 | 负责跟班组织施工管理工作、协助总指挥工作等 |
| 技术员 | 1 | 整个施工现场 | 负责跟班解决施工中的技术问题，编写技术措施等 |
| 安全员 | 1 | 整个施工现场 | 负责跟班检查安全措施、安全措施的执行情况及安全教育工作，对安全生产负责 |
| 质量检查员 | 1 | 整个施工现场 | 负责跟班检查工程质量，组织各工种交接及质量保证措施的执行情况，对工程质量负责 |
| 测量工 | 1 | 施工现场 | 负责钢套箱定位放样，套箱拼装完成后检测，套箱下放过程监控 |

续表 24－1

| 工种 | 人数/人 | 工作地点 | 职责范围 |
|---|---|---|---|
| 电焊、钢板切割工人 | 10 | 套箱制作场 | 钢套箱制作 |
| 普通工人 | 2 | 制作场至拼装现场 | 配合吊车将钢套箱从加工场地运至拼装现场 |
| 吊车司机 | 1 | 套箱制作场 | 负责钢套箱材料、块件、成品构件起吊 |
| 拖车司机 | 1 | 制作场至拼装现场 | 负责钢套箱运输 |
| 普通工人 | 4 | 钢套箱安放现场 | 负责岸上钢套箱节段拼 |
| 吊车司机 | 1 | 钢套箱安放现场 | 负责钢套箱起吊、就位 |
| 普通工人 | 4 | 钢套箱安放现场 | 负责墩位处钢套箱拼接 |
| 普通工人 | 4 | 钢套箱安放现场 | 负责钢套箱升降控制 |
| 普通工人 | 8 | 钢套箱安放现场 | 钢套箱下沉、起吊系统转换、到位后的固定 |
| 普通工人 | 8 | 钢套箱安放现场 | 负责钢套箱到位后堵漏、封底混凝土浇筑、混凝土养护 |
| 电工 | 1 | 整个施工现场 | 负责现场动力、照明、通信等电器系统的维修保护 |
| 材料员 | 1 | 材料仓库 | 负责施工材料供应及管理 |
| 总计 | 50 | | |

注：此表为一个作业班施工配备人员，未计后勤、行政等人员。

## 24.4　工艺设计和控制要求

### 24.4.1　技术要求

(1)有底钢套箱应综合考虑设计文件、地质资料、水利水文资料、航道航运资料、工地吊装、移运能力、使用期等专门设计。

(2)钢套箱强度、刚度及结构稳定性验算要符合设计要求。

(3)有底钢套箱施工要符合规范要求。

(4)按航道航运管理部门的要求编制《水上施工作业专项方案》，并报批。

### 24.4.2　材料质量要求

#### 24.4.2.1　钢材

(1)加工制造用钢材其屈服、抗拉强度应满足：Q235 钢屈服强度不小于 235 MPa，抗拉强度为 370～500 MPa；Q345 钢屈服强度不小于 345 MPa，抗拉强度为 470～630 MPa。

(2)型钢几何形状偏差(弯曲度、边宽、边厚、顶角等)不得超出标准规定，表面不得存在分层、结疤、裂缝等使用上有害的缺陷。

(3)钢板延伸率为 15%～20%，室温冲击韧性大于 600～800 kJ/m。

(4)具有良好的焊接性能、冷成型性能、较高的断裂韧性、耐蚀性。

(5)具有较低的冷脆转变温度。

#### 24.4.2.2　钢丝绳

钢丝绳直径的计算与选择应符合设计要求。在起重机工作时，其安全系数应符合规范要求。

#### 24.4.2.3　焊接材料

钢结构焊接工程中所选用的焊条、焊丝、焊剂和电渣焊熔嘴等焊接材料应与母材相匹配。焊条、焊丝必须符合现行国家标准。

#### 24.4.2.4　紧固件

(1)普通螺栓紧固标准件及螺母、垫圈等标准配件应具有质量证明书或出厂合格证，其品种、型号、规格及质量应符合设计要求和国家现行有关产品标准的规定。

(2)普通螺栓紧固应牢固、可靠、外露丝扣不应少于2扣。

### 24.4.3　职业健康安全要求

(1)特种机械操作人员必须经过专业的技术培训及专业考试合格，持证上岗，并必须定期进行体格检查合格。

(2)所有进入施工现场的人员必须按规定佩戴安全防护用具。

(3)遵守所有安全规定，服从管理人员指挥。

(4)设置安全通道和安全防护设施，配备相关救援用品和设备。

### 24.4.4　环境要求

在施工中注意保护生态环境，保护好原有植被树木及文物，处理好“三废”(废水、废气、废渣)，严禁废水、废渣、废弃物倒入河渠。搞好施工现场和公共场所清洁工作，创造优美施工环境。

## 24.5　施工工艺

### 24.5.1　工艺流程

有底钢套箱施工工艺流程如图24－1所示。

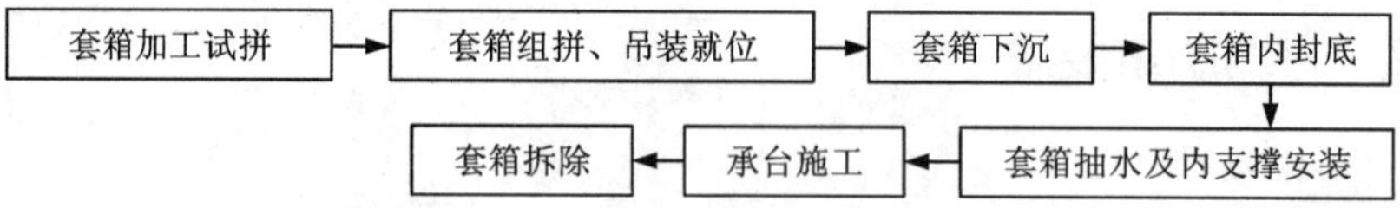


**图24－1　有底钢套箱施工工艺流程图**

## 24.5.2 操作工艺

### 24.5.2.1 钢套箱的加工与试拼

(1)钢套箱加工及试拼的总体要求。

为方便拼装、拆卸、吊装，根据起重能力对钢套箱进行分节、分块。一般采用薄钢板制成长为2.5～4.0 m、宽为1.0～1.5 m的钢模板，模板四周采用角钢焊接作为骨架，中间用角钢或槽钢焊成肋条，其间距可根据强度需要酌定。为便于拼装，钢模板可制成中间模板和角模板两种，模板间设5～8 mm防水橡胶垫圈，用螺栓联接成型。

(2)钢套箱的加工。

每个钢套箱块件由钢板和型钢骨架焊接而成。钢板按分块、分段尺寸采用自动切割机进行下料，型钢骨架采用手动切割机或氧割设备按相应套箱节段尺寸下料。钢套箱在专门制作平台上进行焊接加工，先将钢板平铺在加工平台上，然后将骨架型钢布设在钢板上，按照左右对称原则进行焊接；框型结构先焊对角，再焊另外两个对角；长焊缝先断焊再满焊；小件可以用胎具压牢焊接，大件根据变形预测做反变形拼接。钢板加工完成后加工套箱时严格控制栓接面顺直平整，确保栓接处的密封橡胶条的密贴。为保证栓接孔位置的准确，采用配钻的加工方法。

(3)钢套箱的试拼。

钢套箱试拼工作在工地钢结构加工场进行，搭设高约1 m的支架，在支架上先放2跟托梁，然后在上面铺设钢板，测量放线确定位置，符合要求后，将钢板临时点焊固定。侧模拼装从长方向中间开始，顺序延伸，最后拼装短方向并合拢。侧模试拼过程中，应检测侧模与侧模间的栓孔连接情况。安装侧模平面尺寸、垂直度及对角线方正情况。

对有分层接高的套箱，还需对层与层之间的套箱进行试拼。

(4)钢套箱的水密试验。

钢套箱每个分块加工完成后，应进行煤油渗透试验。即用刷子在焊缝两侧刷上石灰水，待其干后在围堰内侧焊缝刷上煤油，等30～60 min后察看围堰外侧是否有煤油痕迹。

试验检查不合格的部位应进行补焊，补焊后还须进行复验，合格后才能进入。钢套箱壁板在现场拼装完成为整体后，对现场拼装焊缝同样要求进行煤油渗透试验，保证套箱壁板整体密水性能。

### 24.5.2.2 钢套箱组拼、吊装就位

(1)钢套箱组拼。

根据拼装钢套箱时下方支撑形式的不同，钢套箱组拼有两种形式：

①利用已有墩位钻孔平台作为拼装钢套箱时的支撑。在墩位平台上拼装钢套箱，接高钻孔灌注桩钢护筒，在其顶面设起吊分配梁，悬挂系统滑轮组，起吊卷扬机设置在钻孔平台上。起吊钢套箱，距离平台1 m左右位置停止起吊，拆除墩位平台，将钢套箱缓慢下放入水后，停止起吊。在钢护筒上焊接支撑牛腿，然后转换吊点，由多根吊杆将钢套箱吊挂于钢护筒支撑钢牛腿上。

②以钻孔灌注桩钢护筒为拼装钢套箱时的支撑。在钻孔灌注桩钢护筒上同一水平高度焊接承重牛腿，在牛腿上放置工字钢作为套箱临时底梁，然后在底梁上拼装成箱体。也可在牛

腿上搭设平台，由驳船将块件运至平台上拼装。在钢护筒顶面设千斤顶支架，由千斤顶起吊钢套箱，割除牛腿，下沉钢套箱。此法不需要大型起吊设备，起吊时受周围环境的影响相对较小。

(2)钢套箱吊装。

钢套箱整体吊装：当钢套箱平面尺寸较小，重量较轻时，可以采用浮吊整体起吊。在岸边组拼钢套箱，顶升后牵引下水，或在岸边滑道上拼装钢套箱，拼装完毕，借助滑移设备滑移入水。用推轮将钢套箱推至浮吊作业区，然后用浮吊起吊钢套箱下沉就位。

钢套箱分节吊装：当钢套箱整体重量较重，高度较高时，可以在岸上分节组拼，然后采用浮吊分节吊装。

(3)钢套箱的定位。

用全站仪或经纬仪在平台上将该墩的纵横轴线放出，并标示于作业平台上。在钢套箱的外壁板上标示出钢套箱的中心线，安放过程中，严格控制壁板中心与平台上标示的纵横轴线对齐。

套箱下沉入水后受水流及水压力的作用，套箱会随水流漂移，因此需采取定位措施来确保套箱符合施工要求。定位装置上下定位两部分。上定位利用墩位施工平台的外围钢管桩，在其侧面横向焊接工字钢作为套箱的导向定位框架，水面以下钢套箱底部的定位，水流流速较小时，则通过在钻孔平台每边钢管支撑桩上设置倒链葫芦调整，水流流速较大时，则通过设置于其下部1/3处的锚缆调整。

**24.5.2.3　钢套箱的下沉**

(1)浮吊辅助下沉。

钢套箱制作好后拖运至施工现场，然后用驳船运至桥墩位置水域根据设计的吊点，用浮吊直接起吊钢套箱下沉就位。

(2)墩位作业平台上倒链葫芦、铰车等辅助下沉。

当为中小型钢套箱时，可以将在岸上分块加工的钢套箱运至墩位作业平台上组拼。在钻孔钢护筒上设起吊分配梁，再由起吊系统滑车组起吊钢套箱，并将钢套箱临时悬挂于钢护筒支撑牛腿上。拆除墩位平台，解除临时吊挂，由起吊滑车组将钢套箱缓缓下沉就位。

当钢套箱分层接高时，待第一层套箱下沉到比水面高0.5 m位置时停止下沉，临时固定好后，第二层套箱直接在第一层套箱上进行拼装，按第一层施工方法进行安装。如此循环作业，分层下沉，分层安装，直到到达设计高程，至此整个套箱下沉作业全部完成。

(3)钢套箱下沉时的纠偏措施。

钢套箱下沉过程中，要采用多次测量和系统比较的方法确定钢套箱的下沉情况，测定节段基准点的坐标，求得各轴线偏移和高程、底中心偏移、扭角、倾斜等钢套箱观测资料，指导钢套箱接高下沉和纠偏的实施。

**24.5.2.4　钢套箱内封底**

根据套箱平面位置关系布设封底导管，考虑封底混凝土3 m的流动半径，导管按2~3 m布设3、4根。封底混凝土从套箱一侧向另一侧灌注。

封底混凝土按水下混凝土灌注执行。封底过程中必须连续不能中断，以保证混凝土的连续性。封底先从一根导管开始，当灌注的混凝土流至附近一根导管并埋住该导管时，开始对另一根导管灌注，先前的导管不能拔出移位。当封底混凝土高度达到设计要求后，将先前的导管移至下一灌注位置，以此类推，直至封底完成。

套箱封底过程与封底后未抽水之前，套箱内外水位均保持一致，使套箱底部内外压力基本平衡，避免水压力对封底混凝土产生附加压力。封底混凝土达到设计强度要求后，抽出钢套箱围堰内的水，清除杂物，找平封底混凝土顶面，验收合格后进入下一道工序。

**24.5.2.5　钢套箱抽水及内支撑安装**

(1)已安装内支撑的整体吊装、分节吊装钢套箱抽水。

当封底混凝土强度达到设计强度后，即可封闭钢套箱上所设的连通管，进行抽水施工。若在承台施工中，内支撑对其有碍，则需对内支撑进行置换。

(2)墩位处分块组拼的钢套箱抽水及内支撑安装。

对于墩位处分块组拼的钢套箱，当封底混凝土强度达到设计强度后，即可封闭钢套箱上所设的连通管，进行抽水施工。根据钢套箱内支撑的设计位置，可以将底层的内支撑用钢丝绳先下沉至封底混凝土上，并将钢丝绳引出；然后抽水，当抽水至第一层内支撑时，停止抽水，安装第一层内支撑，接着抽水安装第二层内支撑，直至内支撑安装完毕，将套箱内水抽干，进行承台施工。

**24.5.2.6　承台施工**

按图纸绑扎钢筋，并根据实际情况设置冷却管，验收合格后逐层浇筑混凝土，直至设计标高。砼浇筑完毕后及时进行养护，养护时间不少于7 d。

**24.5.2.7　钢套箱的拆除**

承台砼达到设计强度后，可以进行钢套箱拆除。根据浮吊的起吊重量可分段切割后整体吊出或分块切割解体起吊拆除。其具体方法是：

(1)拆除套箱内、外相干的物件，凿开吊耳眼孔，由潜水工在外壁板用潜水氧电弧切割作业来实现。

(2)当切割完毕，由潜水工再进行一次检查外壁板割缝，确认无一漏割后，再由潜水工挂好吊钩，待潜水工及设备撤离安全地点后，全面进行水域检查，确认无一障碍后起吊，运至岸上。

当套箱较小时，在套箱加工时可在承台顶面以上20 cm位置处分节，此处采用螺栓连接，拆除时由潜水工拧掉螺栓即可。

## 24.6　质量标准

(1)施工前对钢套箱原材料进行检查，并有合格签证记录，同时对施工程序、工艺流程检测手段进行检查。

(2)施工过程中对套箱拼装、下沉、浇筑封底混凝土、钢筋加工、承台混凝土浇筑等进行全过程检查。

(3)钢套箱每个壁板块段加工完成后均单独进行检验，其加工精度要求如下：

宽度方向尺寸偏差：±15 mm。

壁板厚度偏差：±2 mm。

外形对角线偏差：±20 mm。

高度方向偏差：0，-30 mm。

焊缝检验：

①焊缝高度的检验。焊缝尺寸允许偏差应符合《钢结构工程施工质量验收规范》相关规定。检验方法：用焊缝量规检查。

②外观检验。所有焊缝均应冷却后进行外观检查，并填写检查记录。所有焊缝不得有裂纹、未熔合、焊瘤、夹渣、未填满及漏焊等缺陷，外观检查不合格的焊接件，在未返修合格前不得进入下一道工序。

③内部质量检验。对钢吊箱下放吊点位置的受力焊缝应沿焊缝进行全长超声波探伤，质量等级要求为Ⅰ级。

(4)钢套箱每个内支撑块段加工完成后均单独进行检验，其加工精度要求如下：

平面长宽尺寸偏差：±20 mm。

高度方向尺寸偏差：±5 mm。

(5)钢套箱检查标准见表23－7。

(6)水中承台检查标准见表23－8。

## 24.7 成品保护

(1)套箱部件加工完成后及时有序存放，底部塞垫枕木，上面用彩条布覆盖，以免部件损伤和锈蚀。

(2)套箱运输过程中固定牢靠，避免套箱直接与拖车摩擦或发生倾倒变形。

(3)浇筑混凝土前应注意钢筋保护，不得攀踩钢筋。

(4)钢筋保护层厚度按设计图纸要求设置，保护层垫块不得遗漏。

(5)在承台施工时，避免施工船、漂浮物等撞击承台，在承台3 m范围内设置防撞桩，对通航流域，在承台上设照明灯等。

(6)拆除钢套箱过程中，严禁重撬、硬砸，以免损伤混凝土和套箱模板。

## 24.8 安全环保措施

### 24.8.1 安全措施

(1)作业人员应接受过职业健康安全培训，如未接受过此类培训，由公司对其进行宣传教育后方可进行作业。

(2)作业人员上岗前要进行职业健康体检，施工过程中要定期进行职业健康体检，公司定期对职工进行职业病防治知识培训。

(3)施工期间按规定设置临时码头、航行标志及救护等措施。

(4)应掌握和及时了解当地的气象和水文情况，遇到大风天气应加固钢套箱及钢平台等。

(5)套箱施工前了解作业区域的水深、流速等有关情况，为施工做好安全准备工作。

(6)使用浮吊起重作业时，船体应按施工要求进行加固。

(7)套箱拆除要进行水上起吊作业时，应根据被吊物特点和当地水情制订方案。

(8)起吊时，潜水员应将沉落物栓牢，经检查确认栓挂牢靠，待潜水员出水后再起吊。

(9)潜水员不得在水中悬吊的物体上工作或从悬吊物件下穿越。

(10)制订水上作业的应急预案、防汛预案等。

(11)配备专职安全员，施工现场的潜水员、电工、焊工、机械工等特殊工种人员必须持证上岗操作，水上作业遵照水上作业安全规定执行(如穿救生衣等)，杜绝违章作业。

### 24.8.2 环保措施

(1)施工过程应保持工地道路通畅，保持场地平整清洁，特别是不能阻碍运输车辆安全通行；现场办公区、预制加工厂、安装阶段的主要通道要按规划铺设，达到通行方便，不起尘。

(2)工地建筑垃圾及开挖的土方要随时清理，边角余料和废料要及时回收，集中堆放到指定地点，并有“废料”标志；工地要划分卫生责任区指定专人清扫。

(3)焊工作业时，焊条头要随时回收，不准随处乱丢。

(4)场地平整不积水，无散落的杂物及散物，道路畅通、平坦、整洁；场地排水畅通不堵，建筑垃圾必须集中堆放，及时处理。

(5)材料集中堆放，布局合理、安全、整洁。

(6)水上施工作业要做到不随便扔垃圾、乱排杂物、不污染水资源、减少周边噪声影响等。

(7)在工程的实施期，采取合理可行的措施以疏通施工区域内部环境的污水设计施工必要的导流设施导引水流，使之对施工区域及其中工程设施等不会导致侵蚀或污染；设置必要的拦污净化处理设施，以防止将含有污染物或可见悬浮物的污水直接排放入河流。

(8)机械设备操作时，尽量减少噪声、废气等污染。

## 24.9 质量记录

(1)原材料(水泥、砂、石、钢筋、外加剂等)进场复验报告。

(2)桩位记录、承台测量记录。

(3)混凝土浇筑记录。

(4)钢筋隐蔽验收记录及评定。

(5)钢筋焊接接头拉伸试验报告。

(6)混凝土试块28 d标准养护抗压强度试验及评定。

(7)模板高程、尺寸的检测记录。

(8)钢套箱加工、拼装检验记录。

# 25 双壁钢围堰制作、安装施工工艺标准

## 25.1 总则

### 25.1.1 适用范围

本标准适用于在水深、急流、河面宽阔的江河上建造大跨径桥梁等深水基础的施工。

### 25.1.2 编制参考标准及规范

编制参考标准及规范有：

(1)中华人民共和国行业标准《公路桥涵施工技术规范》(JTJ 041—2011)。

(2)中华人民共和国行业标准《公路工程施工安全技术规范》(JTG F90—2015)。

(3)中华人民共和国行业标准《公路工程质量检验评定标准》(土建工程)(JTG F80/1—2017)。

(4)《桥梁用结构钢》(GB/T 714—2015)。

## 25.2 术语

双壁钢围堰：是由型钢和薄钢板焊制成的底节浮式(刃脚)钢壳，钢壳内布置骨架，用作大型桥梁深水基础施工的围水结构，可作为桩基钻孔平台、承台外侧模板、根据设计要求参与结构受力和永久防撞设施。

## 25.3 施工准备

### 25.3.1 技术准备

(1)熟悉设计图纸、地质水文等技术文件资料。

(2)对现场进行详尽勘察，包括：与当地水文站联系取得水力水文、水文预报资料，对河床断面复测，必要时对墩位处地质情况进行补勘。

(3)专项施工方案，其技术措施主要内容应包括：

①双壁钢围堰系统总体设计。

②双壁钢围堰底节(刃脚段)加工设计图,标准段、加强段、过渡段加工设计图。

③双壁钢围堰底节加工下水、浮运、就位施工方案。

④定位船、导向船、锚定系统施工方案。

⑤双壁钢围堰单元块件制作、吊装、接高拼装施工方案。

⑥双壁钢围堰着床、封底施工方案。

⑦双壁钢围堰焊接工艺及焊缝检测。

(4)组织专家对双壁钢围堰制作、安装施工方案进行论证,根据专家意见修改完善施工方案。

(5)逐级进行技术及安全交底,保存交底记录。

## 25.3.2 材料准备

(1)双壁钢围堰一般采用 Q235 钢材焊接而成。主要材料型号及规格如表 25 -1 所示。

**表 25 -1 双壁钢围堰主要材料型号、规格表**

| 部位 | 采用材料型号或规格 |
|---|---|
| 刃脚 | 12 ~ 15 mm 厚钢板 |
| 围堰内外壁板 | 8 ~ 10 mm 厚钢板 |
| 竖肋 | <7.5 mm 角钢或[10 mm 槽钢 |
| 水平环板 | 10 ~ 12 mm 厚钢板 |
| 水平斜撑 | <7.5 mm 角钢或[10 mm 槽钢 |
| 隔仓板 | 8 ~ 10 mm 厚钢板 |

(2)焊接材料。

①二氧化碳气体保护焊。

焊丝:H08Mn2SiA $\phi$1.0 mm、$\phi$1.2 mm

气体:20% $CO_2$ +80% Ar

②手工电弧焊。

电焊条:结 422(3 级)、结 427(3H 级)、结 506(3YH 级)

③碳弧气刨材料。

碳棒:$\phi$4 mm 或 $\phi$5 mm

④恒温自动埋弧焊。

焊丝:H08R $\phi$4 mm

焊剂:HG431

## 25.3.3 主要机具及设备

### 25.3.3.1 围堰加工主要机具及设备

20 t 龙门吊机、50 t 汽车式吊机、12 m 长平板车、$CO_2$ 气体保护焊机、交流电焊机、卷板机、自动气氧切割机、手动气氧割设备。

**25.3.3.2 围堰底节下水、浮运就位主要机具及设备**

下水码头、大吨位拖轮、卷扬机(或千斤顶)、水泵、10 t 葫芦、指挥船(或根据码头地形、水深等情况直接采用挖泥船和大型浮吊)、大型浮驳和贝雷架或万能杆件组拼的导向船。

**25.3.3.3 锚定系统主要机具及设备**

铁锚或砼锚、拖轮、抛锚船、定位船、卷扬机。

**25.3.3.4 围堰接高下沉主要机具及设备**

塔吊(或桅杆吊或浮吊等)、50 t 汽车式吊机、驳船、交通船、拖轮、千斤顶、空压机和导管或射水下沉设备、潜水设备。

## 25.3.4 作业条件

(1)围堰加工场地完成三通一平、硬化、排水等工作，临时电力设施、加工车间、安全设施准备就绪。

(2)围堰底节下水码头及块件运输码头必须在底节加工完成之前修建完成并验收合格。

(3)围堰锚定系统、导向工作平台系统必须在底节加工完成之前完成并验收合格。

(4)主要机械设备使用良好。

(5)施工人员培训完毕，能够熟练上岗、持证上岗。

(6)原材料进场复验合格，数量满足。

## 25.3.5 劳动力组织

**25.3.5.1 钢围堰制作劳动力组织**

钢围堰制作劳动力组织如表 25－1 所示。

**表 25－1 钢围堰制作劳动力组织表**

| 工种 | 人数/人 | 工作地点 | 职责范围 |
|---|---|---|---|
| 施工班长 | 1 | 整个施工现场 | 负责跟班组织施工管理工作、协助总指挥工作等 |
| 施工员 | 1 | 制作施工现场 | 负责跟班组织施工，协调各工种交叉作业等 |
| 技术员 | 2 | 整个施工现场 | 负责跟班解决施工中的技术问题，编写技术措施等 |
| 安全员 | 1 | 整个施工现场 | 负责跟班检查安全措施、安全措施的执行情况及安全教育工作，对安全生产负责 |
| 质量检查员 | 1 | 制作施工现场 | 负责跟班检查工程质量，组织各工种交接及质量保证措施的执行情况，对工程质量负责 |
| 测量工 | 2 | 制作施工现场 | 负责胎膜支架平面、垂直位置控制 |
| 架子工 | 4 | 制作施工现场 | 负责配合电焊工搭设焊接支架 |
| 吊装工 | 10 | 整个施工现场 | 负责钢围堰块件制作过程中的所有吊装、拼接安装 |
| 电焊工 | 30 | 制作施工现场 | 负责钢围堰单元块件各组成部分材料下料、焊接 |
| 吊车司机 | 2 | 整个施工现场 | 负责吊车安全运行 |
| 货车司机 | 2 | 整个施工现场 | 负责加长车安全运行 |

续表 25－1

| 工种 | 人数/人 | 工作地点 | 职责范围 |
|---|---|---|---|
| 门吊司机 | 2 | 制作施工现场 | 负责门吊安全运行 |
| 电工 | 1 | 整个施工现场 | 负责现场动力、照明、通信等电器系统的维修保护 |
| 材料员 | 1 | 材料仓库 | 负责施工材料供应及管理 |
| 杂工 | 4 | 整个施工现场 | 负责材料搬运及现场清理等 |
| 总计 | 64 | | |

注：此表为一个作业班施工配备人员，未计后勤、行政等人员。

### 25.3.5.2 钢围堰安装劳动力组织

钢围堰安装劳动力组织如表 25－2 所示。

表 25－2 钢围堰安装劳动力组织表

| 工种 | 人数/人 | 工作地点 | 职责范围 |
|---|---|---|---|
| 施工班长 | 1 | 整个施工现场 | 负责跟班组织施工管理工作、协助总指挥工作等 |
| 施工员 | 1 | 安装施工现场 | 负责跟班组织施工，协调各工种交叉作业等 |
| 技术员 | 3 | 安装施工现场 | 负责跟班解决施工中的技术问题，编写技术措施等 |
| 安全员 | 3 | 安装施工现场 | 负责跟班检查安全措施、安全措施的执行情况及安全教育工作，对安全生产负责 |
| 质量检查员 | 2 | 安装施工现场 | 负责跟班检查工程质量，组织各工种交接及质量保证措施的执行情况，对工程质量负责 |
| 测量工 | 2 | 安装施工现场 | 负责围堰平面、高程放样 |
| 架子工 | 6 | 安装施工现场 | 负责搭设围堰安装、焊接平台 |
| 吊装工 | 20 | 整个施工现场 | 负责钢围堰转运吊装、安装、下沉就位、清基封底 |
| 电焊工 | 20 | 安装施工现场 | 负责钢围堰焊接 |
| 吊车司机 | 4 | 整个施工现场 | 负责吊车安全运行 |
| 潜水工 | 3 | 安装施工现场 | 负责下沉清基、堵漏 |
| 货车司机 | 4 | 整个施工现场 | 负责加长车安全运行 |
| 塔吊司机 | 2 | 安装施工现场 | 负责塔吊安全运行 |
| 船舶驾驶员 | 6 | 整个施工现场 | 负责拖轮及船舶安全运行 |
| 水手 | 10 | 整个施工现场 | 负责各种船舶停靠、转移 |
| 电工 | 1 | 整个施工现场 | 负责现场动力、照明、通信等电器系统的维修保护 |
| 材料员 | 1 | 材料仓库 | 负责施工材料供应及管理 |
| 杂工 | 20 | 整个施工现场 | 负责材料搬运及现场清理、封底混凝土浇筑等 |
| 总计 | 109 | | |

注：此表为一个作业班施工配备人员，未计后勤、行政等人员。

# 25.4 工艺设计和控制要求

## 25.4.1 技术要求

(1)双壁钢围堰、锚锭系统应综合考虑设计文件、地质资料、水利水文资料(含锚锭处河床覆盖层、冲刷资料)、航道航运资料、工地吊装、移运能力、锚锭系统、使用期等专门设计。

(2)按航道航运管理部门的要求编制《水上施工作业专项方案》,并报批。

(3)双壁钢围堰钢材(Q235A)力学性能计算:

弹性模量 $E=210$GPa;

抗弯容许应力 $1.3[\delta_w]=1.3\times145=188.5$MPa;

抗剪容许应力 $1.3[T]=1.3\times85=110.5$ MPa;

轴向容许应力 $1.3[\delta]=1.3\times140=182$ MPa。

(4)底节(含刃脚)应在坚固的台座上或支垫上进行整体拼装,台座表面的高度误差应小于4 mm,并有足够的承载能力,在拼装过程中不得发生不均匀沉降。

(5)锚碇系统拉缆钢丝绳安全系数$[K]=3\sim6$,索力应相等,误差不能超过5%。

(6)为满足底节下滑时前部自浮要求,滑道坡度设置不小于20%。

(7)围堰向下游的与上移值相等的预偏值,一般为30 cm。

## 25.4.2 材料质量要求

(1)钢材应符合国家标准、设计、施工规范要求,应有材料出厂合格证,并按同一牌号、同一炉号、同一规格、同一轧制厚度(型号)及同一出厂状态,每10个炉(批)号抽一组试件复验。

(2)双壁钢围堰体材料采用强度高、可焊性好的Q235钢材,钢材的型号、规格应符合钢围堰加工设计图要求。

(3)双壁钢围堰体焊接材料。

①焊接材料应根据焊接工艺评定试验结果确定。

②对手工焊接宜采用低氢型焊条;对气体保护焊宜采用$CO_2$药芯焊丝或自保护药芯焊丝。

③所有焊接材料除必须有生产出厂合格证明外,并应按有关现行标准进行抽查复验,做好复查检查记录。

④对储存期较长的焊接材料,使用前应重新进行技术标准检验。

## 25.4.3 职业健康安全要求

(1)双壁围堰制作、安装施工始终贯彻"安全第一,预防为主、综合治理"的安全生产宗旨。

(2)双壁钢围堰施工有物体打击、机械伤害、高处坠落、触电、淹溺、起重伤害、车辆伤害7类主要风险源,应制定主要风险源防护措施。

(3)制定主要风险源、水上救援、船舶撞击、台风大风等应急预案。

(4)职业病预防要求：钢围堰单元块件、拼装施工，大量焊接在狭小空间内进行，需要通过机械通风、加强焊工个人防护等措施预防焊接产生有毒有害气体、粉尘的危害。

### 25.4.4　环境要求

(1)按照ISO9002职业健康安全、环境认证的要求编制《双壁围堰制作、安装施工环境专项技术交底》，并宣贯落实。

(2)双壁钢围堰水上施工材料需安排专用船舶或搭设平台妥善放置，防止掉进河水中；垃圾废弃物、钢材边角余料需回收处理，不允许随意丢进河水中。

(3)水上施工区域按经航道航运部门批复的《水上施工作业专项方案》设置灯浮标志，并在上游设置信号船，确保安全通航。

## 25.5　施工工艺

### 25.5.1　工艺流程

双壁钢围堰制作、安装工艺流程如图25-1所示。

### 25.5.2　操作工艺

#### 25.5.2.1　围堰底节台座制作

围堰底节加工台座用砼或型钢制作而成，应坚固，台座表面高度误差应小于4 mm，并应有足够的承载能力，在制作过程中不得发生不均匀沉降。

#### 25.5.2.2　围堰底节制作及围堰接高单元块件预制

(1)围堰底节制作。

围堰底节是在台座上整体制作。先完成底节刃脚制作并检查验收，然后从刃脚上接长内外竖向槽钢或角钢，安装水平桁架(环板与水平角钢、斜向角钢组成水平桁架)、隔仓板，通过手拉葫芦、法兰螺丝调整围堰骨架位置，最后焊接内外壁钢板。

(2)围堰接高单元块件预制。

为满足工厂化施工要求，提高钢围堰加工精度，形成规模化流水线生产，必须借助胎模施工。根据围堰单元块件加工形式分为立式胎模和卧式胎模。立式胎模外圆模为固定模，内圆模为活动模，可以用手拉葫芦合模。卧式胎模底座设计成水平，在场地硬化时预埋地脚螺栓，顶部以围堰的外直径(凹模)或内直径(凸模)加工成弧度，纵横间用$\angle 75\times 8$ mm角钢焊接成整体。围堰环板水平和间距的保证依靠T形梁限位功能。

在胎模上按照设计要求分单元块件预制。立式胎模生产时，先将活动胎模合拢至设计位置并固定，围堰每一单元块件都在胎模内成型。卧式胎模生产时，首先按设计长度、宽度将外(内)壁板焊接成一块整板，然后将焊接好的外(内)壁板平铺在圆弧形凹(凸)胎模上，反面设置反拉装置使面板和胎模角钢密贴；接着按尺寸划线拼装围堰外(内)壁板竖向加劲型钢，一般情况用角钢作加劲型钢；再安装水平桁架(环板与水平角钢、斜向角钢组成水平桁架)；拼装内(外)壁竖向加劲型钢和隔仓板；安装的各部件全部焊接完成后，盖内(外)壁板。

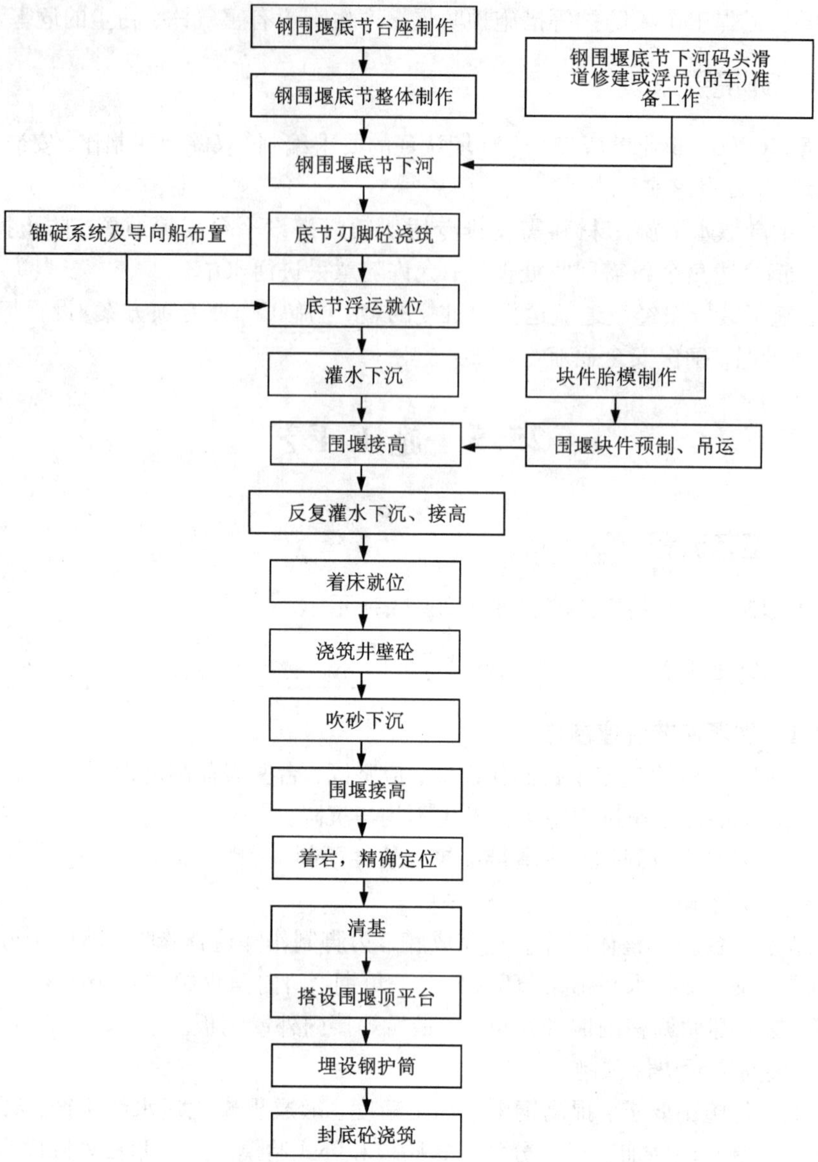


**图 25－1　双壁钢围堰制作、安装工艺流程**

下河滑道根据实际地形情况，可用2组双片工字钢搭设，滑道岸上部分基础用枕木铺设，水下部分用钢管桩做基础，确保滑道不发生沉降变形。

滑道的坡度和入水长度是关键控制因素。为满足底节下滑时前部自浮要求，滑道坡度设置不小于20%；当围堰前端入水排水重量达到钢围堰自重的50%时，钢围堰已经能够自浮，前端滑块不再受力，此时这个滑道长度即最小入水长度。

**25.5.2.3　围堰底节下水**

围堰底节下水一般采用三种方案：滑道下水、浮吊吊装下水或两种下水方式的综合运用。

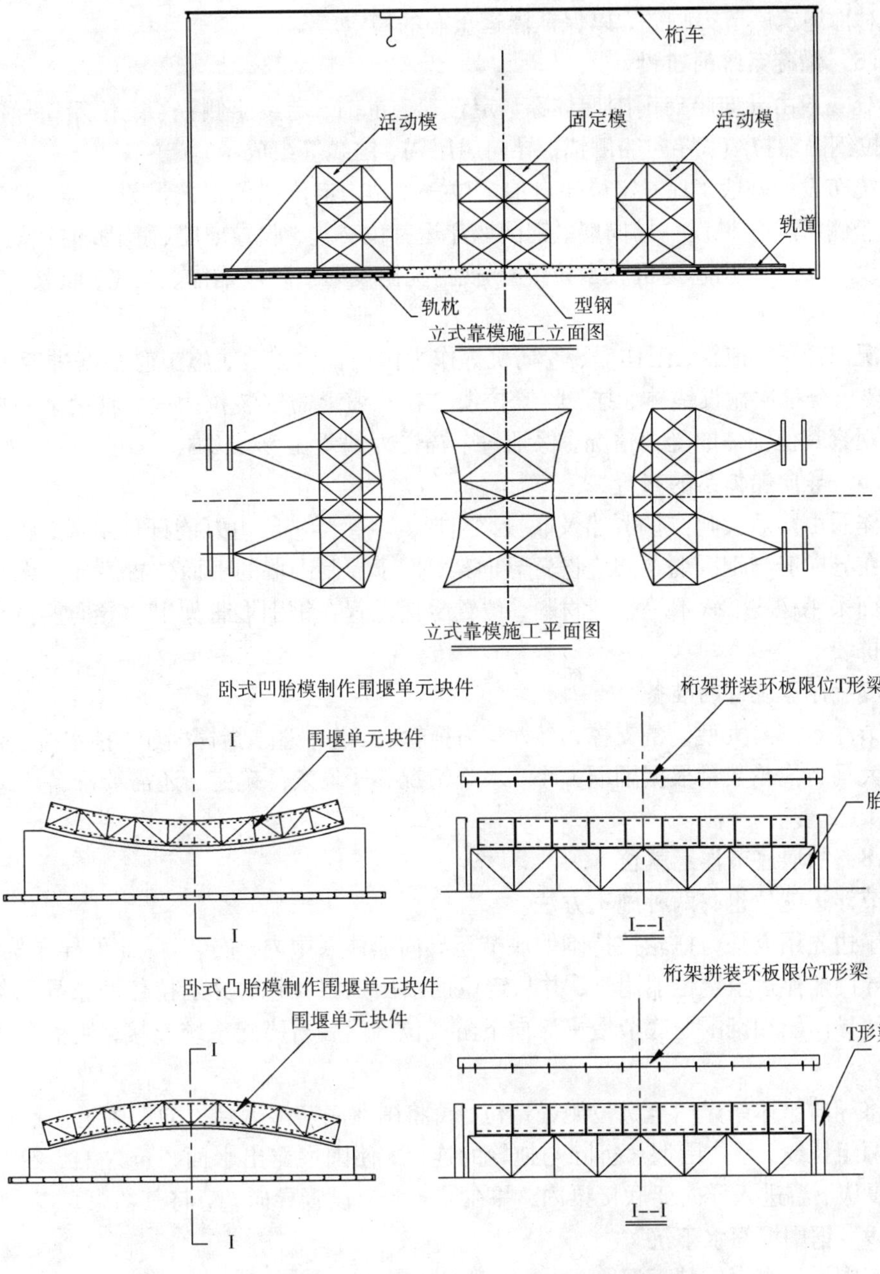


**图 25－2　围堰底节下河码头滑道的修建**

沿滑道下水是在码头铺设滑道并延至水中，然后采用卷扬机牵引或千斤顶顶推的办法将围堰沿着滑道滑入水中(图 25－2)。

大型浮吊吊装下水是根据现场地形条件和浮吊起吊能力，将围堰直接吊装至水中。

根据现场地形条件也可以综合使用两种下水方案。先通过滑道将围堰牵引至浮吊吊装范围，再用浮吊直接吊装下水。

**25.5.2.4　浇筑围堰底节刃脚砼**

分仓、对称浇筑底节刃脚砼，以保证浮运重心的稳定。

**25.5.2.5　锚碇系统的布设**

锚碇系统一般由导向船夹钢围堰体系、定位船、主锚、定位船侧锚、定位船拉导向船拉缆、定位船拉钢围堰拉缆、导向船侧锚、导向船尾锚、锚缆等组成。

锚碇系统布设的一般工序：定位船自泊定位→主锚、定位船侧锚的抛设→挂、收定位船拉缆→导向船侧(尾)锚抛设→导向船、钢围堰浮运就位→挂、收导向船、钢围堰拉缆→第一阶段锚体抛设、拉缆→用卷扬机收紧拉缆→视情况抛设第二阶段锚体、拉缆、收紧，完善锚碇系统。

一般情况以浮吊、拖轮、工作船、卷扬机等作为抛设锚体工具，施工时根据进度、通航、气候、水文要求分批次抛设锚体，挂、收紧拉缆。在拉缆上需安装拉力表，收紧某一根拉缆时还应注意观察其他锚体的受力情况，保证每个锚受力偏差在5%以内。

**25.5.2.6　导向船体系的布置**

导向船体系由两艘大吨位铁驳船及联接梁组成。联接梁一般由万能杆件组成，将两船联接成整体。在导向船与钢围堰之间应设置导向架，用于控制围堰的平面位置。导向架与围堰之间的接触面采用橡皮、软木等软性材料，位置尽量设置在钢围堰骨架上。导向船体系一般在岸边完成拼装。

**25.5.2.7　浮运设备的准备**

围堰底节浮运需要大型设备支撑，有大马力拖轮、工作船舶、指挥船舶、抽水机、通信设备等。其中大马力拖轮数量根据围堰大小、水文情况、气象条件确定，还需要准备应急用的大马力拖轮1～2艘。

**25.5.2.8　围堰底节浮运就位**

围堰底节浮运就位也有两种施工方法。

一是在岸边先用大马力拖轮挟持围堰底节至导向船体系中内，安装4～6处导向架约束，再用拖轮将导向船浮运至定位船附近，并从定位船引出四根拉缆，分别拉住两条导向船，缓缓放松拉缆使导向船和钢围堰底节慢慢流向下游就位。然后与锚碇系统连接，使整个体系处于稳定状态。

另是先将导向船体系浮运至墩位抛锚定位，再将围堰底节浮运到导向船附近。然后再从导向船引出两组拉缆，系住围堰。拆除与拖轮的连接，使围堰露出水面3 m左右，然后收紧拉缆，使围堰从下游进入导向船联接梁内，并在导向船上设置导向架，将其约束。

**25.5.2.9　钢围堰灌水下沉**

通过在钢围堰内灌水使其下沉。

**25.5.2.10　钢围堰接高、下沉**

用浮吊(或桅杆吊)或塔吊吊装预制好的单元块件，逐一安装。安装过程中注意观察锚碇系统，使围堰平面位置在控制范围内，并保持平衡状态。完成第一节块件接高后，灌水使其下沉，再接第二节单元块件，如此反复，直至钢围堰着床高度。

**25.5.2.11　钢围堰着床就位**

钢围堰着床的关键是严格控制钢围堰的平面位置和垂直度。

围堰着床时，如果河床高差较大，则要控制围堰着床速度，使围堰保持在悬浮状态中先接触较高河床，然后立即下导管在河床较高处吹砂，以保证围堰刃脚均匀楔入河床。如果河床较为平坦，围堰可加速灌水而迅速着床。钢围堰着床既要保证其水面以上有足够的安全高度，还要考虑围堰向下游的与上移值相等的预偏值，一般为 30 cm。

钢围堰着床定位的调整：上下游方向平面位置由上拉缆、尾锚调整，顺桥向平面位置由导向船侧锚调整。上下游方向垂直度由下拉缆调整，顺桥向垂直度通过在顺桥向两边的隔舱内灌水调整。

**25.5.2.12　钢围堰仓内砼填充**

围堰仓内砼采用水下浇筑的方法浇筑。为控制水下砼对围堰壁、隔仓板的压力，砼应分层浇筑。为保证围堰均匀、安全地下沉，隔仓内砼浇筑应以圆心轴为对称轴对称浇筑。

**25.5.2.13　钢围堰吹砂下沉并接高**

通过吹砂、高压射水方法将围堰刃脚底面覆盖层清除至围堰外。

**25.5.2.14　钢围堰着岩或达到设计标高，精确定位**

采用专用设备在刃脚下高压射水，用钻机沿围堰刃脚内周边钻孔、扩孔，深水爆破等方法清除刃脚的覆盖层和岩石，确保钢围堰着岩或达到设计标高。

在钢围堰顶面选择相互垂直的 4 个隔仓板作为观测点，测量出围堰上口坐标，再测量钢围堰倾斜度可推算出下口坐标，通过上口、下口坐标值与设计坐标值的比较，可知围堰的偏差状况。根据偏差状况运用钢围堰着床定位的调整方法进行调整，使围堰精确定位着床。

**25.5.2.15　清基**

清基首先用高压射水等方式使围堰内土体变得松散，再利用吹砂清淤导管将围堰内松散土体清除到围堰外，确保围堰内封底砼浇筑在坚硬的地基上。

**25.5.2.16　搭设围堰顶工作平台**

在钢围堰顶面铺设贝雷架及工字钢、槽钢、木板等作为安装钢护筒、钻孔、浇筑桩基、封底砼的工作平台，并在钢护筒上焊接牛腿支撑贝雷桁架。

**25.5.2.17　打设桩基钢护筒**

为确保钢护筒垂直度及位置准确，在围堰顶平台设置上、下两层定位架对护筒就位约束并导向。钢护筒下放至河床后，使用振动锤将护筒振沉至风化岩。

**25.5.2.18　围堰封底**

在围堰顶工作平台上设置集料仓、溜槽，多点布设导管浇筑封底砼。封底砼施工必须按施工规范操作，封底砼厚度应符合设计要求，砼流动半径一般按照 5.5 ~ 6.5 m 选用。

## 25.6　质量标准

### 25.6.1　主控项目

(1)双壁钢围堰所用材料、强度、刚度、稳定性，锚碇系统的强度和稳定性，拖轮、起吊设备的承载能力和起重能力必须符合施工工艺(方案)及计算书要求。

(2)检查数量：全数检查。

(3)检验方法：材料出厂合格证和施工工艺设计文件。

双壁钢围堰焊接要求应符合表 25 - 3 的规定。

检查方法：首次核查后全数检查，使用中应定期核查，并根据具体情况不定期核查。

**表 25－3　双壁钢围堰焊接质量检查**

| 内容 | 要求 | 外观检查方法 | 无损检测及抽检频率 | 备注 |
|---|---|---|---|---|
| 主要承载焊缝（竖肋、环板焊接、） | Ⅱ级 | 钢尺、目测、煤油渗透试验 | 超声波无损检测 抽测频率≮20% | 焊接完成 24 h 后检测 |
| 构造焊缝(水平、斜撑、内外壁板焊接) | Ⅲ级 | 钢尺、目测 | 不需要 | |

## 25.6.2　一般项目

(1)双壁钢围堰单元件主要尺寸允许偏差应符合表 25－4 的规定。

检查方法：首次核查后全数检查，使用中应定期核查，并根据具体情况不定期核查。

**表 25－4　双壁钢围堰单元件允许偏差**

| 内容 | 允许偏差/mm | 检查方法 |
|---|---|---|
| 半径 | ±60 | 钢尺 |
| 钢围堰壁厚 | ±6 | 钢尺 |
| 不圆度 | ≤60 | 钢尺 |

(2)双壁钢围堰接高拼装主要构件对接允许偏差应符合表 25－5 的规定。

检查方法：首次核查后全数检查，使用中应定期核查，并根据具体情况不定期核查。

**表 25－5　双壁钢围堰接高拼装主要构件对接允许偏差**

| 内容 | 允许偏差/mm | 检查方法 |
|---|---|---|
| 上下隔仓板、水平环板、竖肋 | ±1 | 钢尺 |
| 上下内外壁板 | ±1 | 钢尺 |
| 壁板接缝缝隙 | 0～2 | 吊线及钢尺 |

(3)双壁钢围堰整体尺寸允许偏差应符合表 25－6 的规定。

检查方法：围堰接高下沉过程之前全数检查，下沉过程中应随时核查，着床后全数检查，并根据具体情况不定期核查。

**表 25－6　双壁钢围堰整体允许偏差**

| 内容 | 允许偏差/mm | 检查方法 |
|---|---|---|
| 水平度 | ±20 | 水准仪 |
| 半径 | ±60 | 钢尺 |
| 高度倾斜 | ≤$H$/100 | 吊线及钢尺 |
| 不圆度 | ≤60 | 钢尺 |
| 围堰顶、底面中心位置 | ≤$H$/100＋250 | 全站仪 |

## 25.7 成品保护

(1)围堰单元块件从胎模吊出后，注意放置平稳，设置拉索保险，防止倾倒，吊装过程中防止碰撞变形。

(2)围堰底节浮运过程中，应灌水沉至适当吃水深度(通过计算)，降低重心，防止倾覆。

(3)围堰着床后应尽快浇筑隔舱内砼和调整锚碇系统钢丝绳受力，使钢围堰处于稳定状态。

(4)围堰内桩基尽快成桩，确保围堰处于安全度洪状态。

## 25.8 安全环保措施

(1)钢围堰构件的吊装均为大件、高空、水上作业，应该严格遵守各项安全操作规程。

(2)双壁钢围堰从块件单元制作到水上接高、下沉、着床、封底，是一个庞大系统工程，需要配置人员齐全，涉及特殊工种多，特殊工种人员必须持证上岗和技术安全交底。包括：车辆驾驶、船舶驾驶、架子工、电工、焊工、起重工、指挥等。

(3)水上作业，必须穿戴好救生衣，船舶、施工平台配备足够数量的救生设备。

(4)编制施工组织设计时，要制订具体的安全防火、防落水措施以及各种应急预案。

(5)设专职安全、防火员跟班负责安全防火工作，广泛宣传安全第一的思想，认真进行安全教育、安全交底，提高全员的安全防火意识。制订切实可行的安全应急预案。

(6)时刻安排人员检查锚碇系统及其钢丝绳受力状况，确保围堰在着床封底前安全稳定。

(7)经常检查围堰平台的各项安全设施，特别是安全网、脚手板等，检查施工的各种洞口防护，检查电器、设备、照明安全用电的各项措施。

(8)各类机械操作人员应严格遵守机械安全操作技术规程，应按规定对机械、吊装索具等进行检查、维修，确保机械机具安全。

(9)平台上设置灭火器，安装施工用水管代替消防水管，平台上严禁吸烟。

(10)特殊工种要持证上岗，并要求全部上岗人员进行岗前培训，做好工前技术、安全交底，做到人人心中有数。

(11)焊工配备焊接防护器具。

(12)围堰清基、水上砼浇注、压浆施工必须严格遵守环保等有关部门的规定，切实执行各项环保措施，确保不污染环境，尤其是对水体的污染，清基淤泥要用清污船按环保部门和航道部门的要求运至指定地点处理。

(13)施工船舶、施工机械等产生的废油水等，必须集中收集、科学处理，不得随意排放。

(14)生产用油料必须严格保管，防止泄漏，污染江水。

(15)水上施工人员的生活废弃物用固定容器收集，统一处理，不得随意丢弃江中。

## 25.9 质量记录

本工艺标准应具备以下质量记录：

### 25.9.1 围堰主控项目质量检查记录

(1)钢材、焊接材料应有“三证”(出厂说明书、合格证、试验检测报告),各种设备应有安全合格证。

(2)钢围堰强度、刚度、稳定性验算资料以及锚锭系统强度、稳定性验算资料。

(3)各种设备承载力、起重能力计算资料。

### 25.9.2 围堰一般项目质量检查记录

(1)围堰单元块件检查记录表。

(2)围堰拼装检查记录表。

(3)围堰整体就位检查记录表。

(4)锚锭系统拉力检测记录表。

# 26　水下混凝土封底施工工艺标准

## 26.1　总则

### 26.1.1　适用范围

本标准适用于桥梁水中承台封底时使用，通常与围堰（钢板桩、沉井、套箱、混凝土防渗墙等）共同施工。混凝土封底的作用：一是封水；二是加固基底，防止基底在外力作用下，出现管涌、流沙失稳现象；三是通过其自重及其与钻孔桩的粘结作用，抵抗水浮力，从而保证桥梁下部和基础的顺利完成。当天然基础和桩基础受水文、地质条件限制施工困难而采用围堰施工时，封底混凝土是将墩台基础全部荷载传递给地基的承重结构层，它把基础与基岩紧密联系在一起，使其共同受力。

### 26.1.2　主要应用标准和规范

（1）中华人民共和国行业标准《公路桥涵施工技术规范》（JTG/T F50—2011）。

（2）中华人民共和国行业标准《公路工程质量检验评定标准》（土建工程）（JTG F80/1—2017）。

（3）中华人民共和国行业标准《公路工程施工安全技术规范》（JTG F90—2015）。

（4）中华人民共和国行业标准《公路工程水泥及水泥混凝土试验规程》（JTG E30—2005）。

## 26.2　术语

（1）水下混凝土封底：是指将混凝土直接浇筑到水下指定部位，通过混凝土将围堰、钢护筒、基础粘结为一体，克服水浮力，对基底进行硬化和找平的一种施工工艺。

（2）围堰：水下基础施工时，在基坑周围用于水下施工的临时性挡水设施。

（3）基础：将桥梁墩、台所承受的各种荷载传递到地基的结构物。

（4）混凝土导管：用于浇注水下混凝土的一种直径为 20 ~ 30 cm 的钢管。

## 26.3 施工准备

### 26.3.1 技术准备

(1)熟悉和分析施工现场的地质、水文资料，编制详细的施工组织设计。

(2)熟悉设计文件、图纸，根据计算得出封底混凝土的厚度及所需的底高程，混凝土顶面高程。

(3)封底施工前，对施工人员进行全面的技术、操作、安全三级交底，确保施工过程的工程质量和人身安全。

(4)封底混凝土配合比设计。

根据封底混凝土量及混凝土供应能力，围堰水下封底砼应全断面一次连续浇注完成，以及开始抽水时间要求，对混凝土性能提出了如下要求：

①根据施工要求，砼坍落度分成两个等级：首灌砼：坍落度为200～220 mm，以保证导管周围砼的堆积高度和减小流动半径；补灌与找平砼坍落度控制在210～230 mm，以加大砼流动半径，便于砼面的找平。

②根据封底混凝土的方量严格控制混凝土的初凝时间。

### 26.3.2 材料准备

原材料：水泥、石子、砂、外加剂及水。

### 26.3.3 机具准备

(1)起重设备：塔吊、吊车、浮吊、手动葫芦、电动葫芦。

(2)混凝土浇筑设备：混凝土拌和站、地泵(泵车)、导管、混凝土运输罐车、吊斗、混凝土储料仓、抽水设备、船舶等。

### 26.3.4 作业条件

(1)搭设封底作业施工操作平台，铺设混凝土运输通道，架设电源至施工现场。

(2)围堰内清基完成并验收合格，围堰内桩基护筒已埋好并已固定。

(3)如为晚上施工，应具有良好的施工条件。

(4)具有较好的天气，大风、大雾、洪水、气温低于0℃的天气条件不适宜水下混凝土作业。

(5)混凝土拌和站等机具设备、混凝土配合比、各种有关材料等均已批准检查认可。

### 26.3.5 劳动力组织

水下混凝土封底施工劳动力组织如表26－1所示。

表 26－1 水下混凝土封底施工劳动力组织表

| 工种 | 工作地点 | 职责范围 |
|---|---|---|
| 拌合站负责人 | 拌合站 | 负责施工过程中的混凝土供应、管理、协调 |
| 施工现场负责人 | 整个施工现场 | 负责现场施工总体策划、管理、协调，协助总指挥工作等 |
| 技术员 | 整个施工现场 | 对现场施工技术把关、负责现场技术管理 |
| 安全员 | 整个施工现场 | 负责现场施工安全管理、保障工作 |
| 质量检查员 | 整个施工现场 | 负责跟班检查工程质量，组织各工种交接及质量保证措施的执行情况，对工程质量负责 |
| 测量工 | 施工现场 | 负责平面位置、高程等测量 |
| 潜水员 | 水下 | 负责封底水下作业 |
| 电工 | 整个施工现场 | 负责现场用电正常及机械动力、照明、通信等电器系统的维修保护 |
| 混凝土罐车司机 | | 负责现场混凝土的运输 |
| 混凝土工 | | 负责混凝土输送泵准确浇筑混凝土及混凝土的振捣工作 |
| 杂工 | 整个施工现场 | 负责搬运、现场清理等工作 |

### 26.3.6 施工作业人员要求

由技术人员对施工人员进行培训、技术和安全现场交底，使施工人员熟练掌握混凝土拌和、运输、浇筑、振捣等相关技术。在现场管理中保持熟练操作工人的相对稳定。

## 26.4 工艺设计和控制要求

### 26.4.1 技术要求

(1)封底砼必须严格按照配合比设计进行调配。

(2)封底砼顶面高程须控制在 ±10 cm。

(3)导管在施工前必须做试压(密水)试验，试压压力一般为 0.6～1 MPa。

(4)封底混凝土按水下混凝土灌注执行，封底过程中必须连续不能中断，保证混凝土的连续性。

### 26.4.2 材料质量要求

(1)原材料：水、水泥、石子、砂等由实验人员按规定进行检验，确保原材料质量。

(2)水泥应用普通硅酸盐水泥，标号应高于封底混凝土强度的 1 个等级，水泥用量不宜少于 350 $kg/m^3$。

(3)中砂含泥量不大于 3%，砂率一般控制在 40% ～50%。

(4)碎石、砾石粒径 10～40 mm，级配均匀，最大粒径不大于 40 mm，含泥量不大于2%。

(5)水应为二类以上的洁净水，对混凝土无污染无腐蚀。

### 26.4.3 职业健康安全要求

(1)全体施工人员须头戴安全帽，脚穿防滑靴，空中施工人员系安全带。

(2)操作工人戴防护眼镜、防护手套，防止砼灼伤眼镜、皮肤。

(3)作业区域须设安全护栏、安全梯、安全防落网。

(4)水上作业须穿救生衣，配备救生圈、救生艇，配备水上作业急救设施，制定应急预案。

(5)施工现场设简易开水锅炉和供茶水桶，饮水必须达到国家规定的标准。

### 26.4.4 环境要求

(1)水泥浆、砼均不得流入水中，做到在施工水域防止污染环境。

(2)废水、废液待沉淀处理后才能排放。

## 26.5 水下混凝土封底施工工艺

### 26.5.1 工艺流程

水下混凝土封底施工工艺流程如图 26－1 所示。

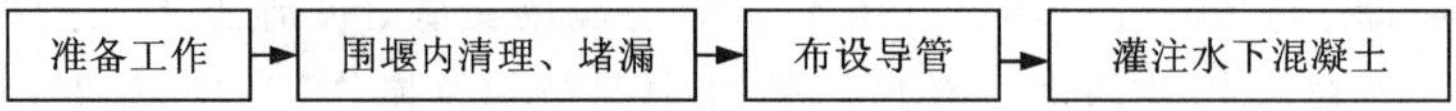


图 26－1 水下混凝土封底施工工艺流程图

### 26.5.2 操作工艺

#### 26.5.2.1 准备工作

(1)混凝土供应：计算浇筑总量、浇筑的时间，混凝土供应是决定混凝土质量和灌注工作顺利与否的关键。

(2)水上或岸上拌和站及运输方式的确定。

(3)灌注水下混凝土的工作平台搭设。

(4)设置汇水井。

(5)测量准备：导管埋入深度测定、人员、测量工具准备齐全。

(6)机具设备的检查：对灌注封底混凝土使用的机具(拌合机、搅拌运输车、砼泵车、储料斗、振动器、小料斗、倒链、导管、电器设备等)须在施工前进行检查，保证机 械设备处于良好状态。确保封底灌注正常进行。

#### 26.5.2.2 围堰内清理、堵漏

(1)清基：先用抓泥斗清除围堰内的泥、砂、杂物等，然后用空气吸泥机将压缩空气经风

管射入沉井孔底，使翻动的沉淀物经吸泥管排出孔外。清基至设计标高为止，清基最后要使基底面尽量平整，以提高水下砼的灌注质量。

(2)间隙进行封堵止漏。

**26.5.2.3 布设导管**

(1)导管平面布置。

当水下封底面积较大时，需要多根导管同时按规定的顺序灌注混凝土，保质保量地灌满整个基底，达到预计的厚度。根据封底面积和每根导管的作用半径(混凝土流动半径)来确定平面上布设导管的根数和位置。导管间距不得大于5 m，一般以3.5 ~4 m为宜，否则容易造成导管底口脱空或埋入的厚度过薄，使导管底口进水，发生质量事故。另外如果导管很长，一旦灌注中发生导管堵塞，处理比较费时，需利用相邻导管投入工作，因此应将导管布置的密些。为使围堰与水下封底混凝土有良好结合，四周导管的布置应较中间密集，并须考虑管柱、围堰杆件的阻挡及便于导管的提升等。若封底面积过大或基底有难以清除的深坑陡坎，可适当增加导管数量。如图26 -2所示。

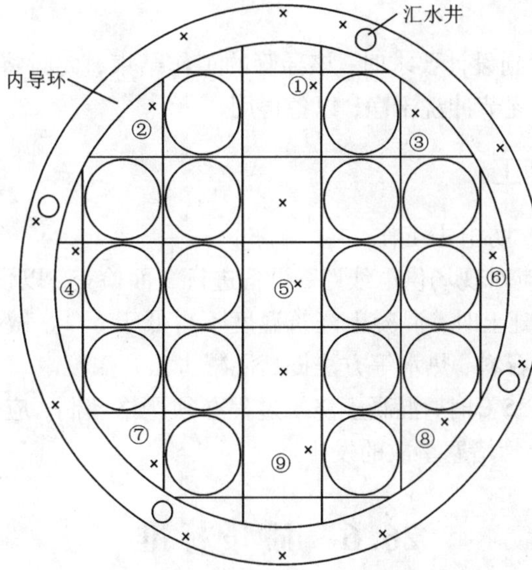


灌注水下混凝土封底的导管及测点布置示例
注○中的数字是导管编号；×是测点

**图26 -2 导管平面布置**

(2)立面布置。

在围堰顶搭设灌注平台，以悬挂缓降器漏斗及导管，支架顶部设置灌注平台，平台上搭设有储存混凝土的料槽。为方便操作及扩大工作面，条件具备时宜分层设置剪球平台、拆导管平台、测量平台、导管提升平台及灌注平台。

**26.5.2.4 储料**

每根导管灌注前均应在30 min内储够所需的混凝土量于储仓内(保证首批混凝土能使导管埋深1 m以上)，同时漏斗、运输车和拌和机内也都应储满，以便开灌后能连续不断地浇筑。

**26.5.2.5　开启导管阀门**

先将阀门置关闭状态，固定好卡块，在阀门上面铺一张同样面积的塑料布后，将漏斗装满混凝土，并与储仓连通。当一切准备就绪后，搬动卡块，开启导管阀门，同时打开储仓门，使储存的混凝土陆续通过导管注入井中水下，并埋住导管底口1.0 m以上。

**26.5.2.6　混凝土灌注**

开始灌注后混凝土须连续供应，通过漏斗源源不断灌入导管内，随着导管的不断提升，混凝土在水下不断扩散和升高，直至到达设计高程，如受到混凝土生产速度的限制或封底厚度太大不能采用全面灌注，无法使基底混凝土在同一水平面上普通均匀升高时，目前一般采用分层往复灌注的办法，即每次同时灌注3～5根导管，从围堰上游逐渐向下游推进，每灌注2～3 m为一层，再返回灌注第二层，按此反复直至顶面。通常按照间隔跳跃的顺序进行剪球。

灌注过程中如混凝土难以下落，可用吊车提导管上下串动，但一定不能将导管拔出混凝土面，以免水进入导管内影响灌注质量。

灌注时严格控制浇筑高程，随时用测锤测出混凝土面的高低，最后用水准仪复测。

**26.5.2.7　灌注结束**

一个导管灌注高度达到设计要求时，该导管的工作结束，此时将导管拔离混凝土，将漏斗及导管拆除，并用净水逐节冲洗干净，以备再用。

### 26.5.4　季节性施工

(1)雨季应做好防雷、防电击工作。

(2)雨季施工期间，应对现场供电线路、设备进行全面检查，以预防触电事故的发生。

(3)冬季浇筑封底混凝土时，混凝土浇筑温度不得低于5℃。做好混凝土的防冻保温工作，必要时可采取加热砂石料、热水等方法提高混凝土出仓温度。

(4)当夏季气温超过35℃时，混凝土浇筑过程必须严格控制，应采取措施控制混凝土温度不大于32℃，以防止导管堵塞事故的发生。

## 26.6　质量标准

(1)水下混凝土封底质量检查。

水下混凝土封底质量的优劣，主要取决于混凝土的供应。应从以下几个方面进行检查：

①施工灌注中应严格按照工艺操作规则进行。对于在灌注中发生的故障或不正常现象，应详细做好记录，以便封底后对该处进行取样检查。

② 封底检查：对于个别部位封底质量怀疑时，可派潜水员至水下排查，发现问题及时处理。若封底达到一定程度仍有怀疑时，可采用地质钻探方法，对封底混凝土钻孔取样，做抗压强度试验及外观检查。在灌注中发生故障并认为混凝土质量有影响的部位，应钻孔至封底底面以下，以便检查基底面与混凝土结合情况。为提高混凝土强度试验的准确性，岩芯直径不宜太小。钻孔结束后对钻孔应灌浆封闭。封底质量经检查发现问题时，应组织有关人员分析研究，进行处理。

(2)施工前应对原材料进行检查，并有合格签证记录，对施工程序、工艺流程、检测手段进行检查。

(3)施工过程中应对封底进行全过程检查。

(4)施工中应对封底厚度进行严格控制，做好测量记录。

(5)封底的实测及质量评定项目按评定标准表格执行。

## 26.7 成品保护

(1)施工过程中妥善保护好轴线桩、水准点。

(2)封底后按要求进行养护。

(3)封底后拆除灌注平台等所有工作平台时，要保护好封底混凝土，不得对围堰水下砼进行震动、扰动。

(4)在混凝土强度未达到规定强度前，不得将围堰内水抽出。

## 26.8 安全环保措施

### 26.8.1 安全措施

(1)配备专职安全员，特殊工种(如电工、焊工、机械工、架子工、起重工)必须持证上岗操作，杜绝违章作业。

(2)严格执行三级安全教育和技术交底制度，未经安全教育和安全交底的人员，不准上岗。

(3)封底施工时，必须设置安全标志标牌，设立安全操作平台、安全防护网、安全防护栏栅等明显的安全措施。灌注支架及所有工作平台一定要坚固可靠；上下通道及平台周围应加拉杆防护，平台间及通道外的空间应设安全网防护。

(4)进入施工现场人员必须穿救生衣，戴安全帽，穿防滑鞋。

(5)潜水员下水需穿潜水服，佩戴氧气罩，同时携带通迅设备随时与岸上沟通。吊装作业必须由专业人员采用对讲机指挥，以保证指挥正确，操作安全可靠。

(6)严格交接班制度，防止因交接混乱而发生错误，造成安全及质量事故。

(7)保持和气象部门联系，遇到6级以上大风、暴雨等恶劣天气，一律禁止施工作业；浮吊、运输船等机械设备，停止移动和使用，并有相应的防御措施。

(8)使用的机器设备，应随时检查、维修保养，保证正常运转。

(9)对于水上船只及锚碇设备应有专人检查，出现问题及时处理。

(10)对运输线路、平交道及水上来往船只，应做好交通指示及其他安全疏导工作。

(11)救生船只及潜水员随时在围堰边待命。

(12)混凝土达到设计要求的强度方可拆除围堰。

### 26.8.2 环保措施

(1)在封底施工时，严禁向水中抛弃杂物。

(2)施工和生活中的废物集中堆置，及时处理。

(3)对施工时产生的废水及时导流至监理允许流入的地点，严防施工废水流入农田、耕地、饮用水源、灌溉渠道和河流，以充分保护水资源，并防止废水对沿线环境的污染。

(4)浇筑封底混凝土时，不得将混凝土抛洒至江河中。

(5)车辆在运料过程中，对易飞扬的物料用篷布覆盖严，且装料适中，不得超限；车辆轮胎及车外表用水冲洗干净，不得污染当地道路。

(6)施工作业产生的扬尘，除作业人员配备必要的劳保用品外，还要随时洒水，将灰尘公害降至最低程度，并符合当地环保部门的有关规定。

(7)使用的机器设备，应随时检查、维修保养，避免油污水面。

## 26.9 质量记录

(1)原材料(水泥、砂、石)进场复验报告。

(2)水准测量复核记录。

(3)混凝土浇筑记录。

(4)混凝土强度(同条件养护、28 d)试验报告。

# 27 现浇承台混凝土施工工艺标准

## 27.1 总则

### 27.1.1 适用范围

本标准适用于桥梁施工中，配合桩基础使用的陆上、水中一般现浇承台施工。

### 27.1.2 编制参考标准及规范

(1)中华人民共和国行业推荐性标准《公路桥涵施工技术规范》(JTG/T F50—2011)。

(2)中华人民共和国行业标准《公路工程施工安全技术规范》(JTG F90—2015)。

(3)中华人民共和国行业标准《公路工程质量检验评定标准》(JTG F80/1—2017)。

(4)中华人民共和国行业标准《公路工程水泥及水泥混凝土试验规程》(JTG E30—2005)。

(5)中华人民共和国行业标准《普通混凝土配合比设计规程》(JGJ 55—2011)。

(6)中华人民共和国国家标准《污水综合排放标准》(GB 8978 - 1996)。

## 27.2 术语

(1)承台：是为承受、分布由墩身传递的荷载，在基桩顶部设置的联结各桩顶的钢筋混凝土平台。

(2)混凝土养护：混凝土浇筑后，在一定时间内采取措施对外露面保持适当温度和湿度，使混凝土有良好硬化条件。

## 27.3 施工准备

### 27.3.1 技术准备

(1)熟悉施工现场的工程地质和水文资料，分析设计资料并计算是否属于大体积混凝土结构(混凝土结构物实体最小尺寸等于或大于1 m，或预计会因水泥水化热引起混凝土内外温差过大而导致裂缝的混凝土)。

(2)根据设计和施工要求，通过试验选定配合比。配制的混凝土应满足和易性、凝结速度、坍落度损失等施工技术条件，混凝土的强度、抗冻、抗渗、抗腐蚀均应满足设计要求。

(3)根据分析和计算的结果及总体施工计划编制承台混凝土施工技术方案。

(4)施工放样：测定承台轴线位置、高程、平面尺寸及模板安装位置，并作好标记。

(5)根据道路通行要求或河道的水流、水位情况，做好导行、通航等工作。

(6)施工前，对施工人员进行全面的技术、操作、安全交底，确保在施工过程中的工程质量和人身安全。要求施工人员分工明确，熟练掌握技术、安全要领。

### 27.3.2　材料准备

(1)承台主要材料：水泥、石子、砂、外加剂、钢筋。

(2)工艺辅助材料：焊接材料、散热管、模板。

### 27.3.3　主要机具

(1)测量仪器：全站仪、水准仪。

(2)混凝土上料搅拌设备：混凝土自动计量设备、混凝土搅拌机、装载机、水箱、水泵。

(3)混凝土运输设备：混凝土搅拌罐车、混凝土泵车、串筒、溜槽。

(4)混凝土浇筑、振捣设备：汽车吊、插入式振捣器、平板振动器、附着式振动器。

(5)混凝土实验设备：测温仪、湿度仪、回弹仪、电子万能试验机。

### 27.3.4　作业条件

(1)施工前已完成场地平整、便道修筑、场地硬化、临时用电系统、排水系统等工作。

(2)中轴线、高程、平面尺寸放样工作完成，并报请监理工程师办理检查、签认手续。

(3)对支架、模板、钢筋、预埋件、基底处理进行全面检查，使其符合设计及规范要求。模板应涂抹脱模剂，模板缝隙填塞严密。基底应湿润但不得有积水。

(4)混凝土有关配合比已获批准使用。各种施工设备、现场混凝土检验设备准备就绪。

(5)防风、防雨雪、防冻、防晒、降温设施准备就绪。

(6)施工时气温应高于5℃，或虽低于5℃时有可靠的防冻措施。

(7)施工期间具有较好的照明条件。

### 27.3.5　劳动力组织

表27－1为单个承台每班施工劳动力组织。

**表27－1　单个承台每班施工劳动力组织**

| 工种 | 人数/人 | 工作地点 | 职责范围 |
|---|---|---|---|
| 技术员 | 1 | 施工现场 | 全面组织协调混凝土浇筑施工 |
| 施工员 | 1 | 施工现场 | 现场指挥混凝土浇筑施工 |
| 测量员 | 2 | 施工现场 | 现场测量放样 |
| 试验员 | 1 | 施工现场 | 外加剂添加、坍落度检验、试块制作 |

续表 27－1

| 工种 | 人数/人 | 工作地点 | 职责范围 |
|---|---|---|---|
| 材料员 | 1 | 施工现场 | 材料检验、材料出库 |
| 电工 | 1 | 施工现场 | 用电设备检查、线路布置 |
| 木工 | 1 | 施工现场 | 模板、支架稳定性检查及修复 |
| 卸料工 | 2 | 施工现场 | 配合混凝土罐车卸料，浇筑处料斗卸料 |
| 振捣工 | 2 | 施工现场 | 承台混凝土振捣工作 |
| 砼工 | 4 | 施工现场 | 负责砼布料，料斗、溜槽移位 |
| 养护工 | 2 | 施工现场 | 承台混凝土养生及墩台连接处处理工作 |
| 总计 | 20 | | |

注：此表为一个作业班施工配备人员，未计后勤、行政等人员。

## 27.4 工艺设计和控制要求

### 27.4.1 技术要求

#### 27.4.1.1 模板安装技术要求

(1)承台模板宜采用大块钢模制作，安装前应除锈、打磨。

(2)应根据结构尺寸、支撑情况进行强度、刚度、稳定性验算。

(3)模板拼缝应连接紧密无渗漏，模板表面应均匀涂抹脱模剂。

(4)模板安装后应校对承台平面位置、尺寸、标高。

#### 27.4.1.2 钢筋安装技术要求

(1)钢筋应按照设计下料、弯制、焊接、拼装。

(2)承台上下层钢筋之间应设支撑稳定骨架，预埋件应位置准确、焊接牢固。

(3)钢筋安装后应将表面泥浆冲洗干净。

#### 27.4.1.3 混凝土浇筑技术要求

(1)混凝土运输时间、间歇时间、浇筑时间之和不应大于混凝土的初凝时间。

(2)混凝土应根据结构尺寸合理分层分块浇筑。

(3)混凝土入模前坍落度应符合浇筑要求。

#### 27.4.1.4 混凝土养护

(1)混凝土初凝后立即覆盖养护，浇水次数以保持混凝土湿润为宜。

(2)大体积混凝土养护应保持适宜的温度和湿度，拆模时混凝土表面温度与中心温度、表面温度与外界温度之间的温差不超过20℃。

(3)大体积混凝土养护时间不少于14 d。高温期间适当延长养护时间。

### 27.4.2 材料质量要求

#### 27.4.2.1 水泥

满足规范《通用硅酸盐水泥》(GB175—2007)所要求的技术要求，水泥受潮或储存时间超过3个月应重新检验，合格后方可使用。

27.4.2.2 碎石

总体级配要求为5～40 mm的连续级配；含泥量满足Ⅱ类碎石标准，即小于1.0%且不允许有泥块出现；针片状颗粒含量不大于10%，压碎指标值不大于16%。

27.4.2.3 砂

级配良好的Ⅱ区中砂，细度模数为2.3～3.0；含泥量小于2%，泥块含量小于1.0%并且不得含有其他杂质。

27.4.2.4 钢筋

钢筋必须按不同钢种、等级、牌号、规格及生产厂家分批验收，不同规格钢筋其屈服、极限强度满足规范所对应的要求。

27.4.2.5 钢材

加工制造用钢材其屈服、极限强度应满足：Q235钢应符合现行国家标准《碳素结构钢》(GB/T 700—2006)的规定；Q345钢应符合现行国家标准《低合金高强度结构钢》(GB/T 1591—2018)的规定。

27.4.2.6 焊接材料

焊接工程中所选用的焊条、焊丝等焊接材料应与母材相匹配。焊条、焊丝必须符合现行国家标准，包括《非合金钢及细晶粒钢焊条》(GB/T 5117—2012)、《热强钢焊条》(GB/T 5118—2012)的有关要求。

27.4.2.7 散热管

散热管应具有质量证明书或出厂合格证，其品种、型号、规格及质量应符合设计要求和国家现行有关产品标准的规定，具有良好的强度、致密性。

### 27.4.3 职业健康安全要求

(1)遵守所有安全规定，服从管理人员指挥，严格遵守操作规程。

(2)安全防护设施配置齐全、个人防护用品穿戴整齐。

(3)特种作业人员持证上岗。

(4)定期对从事有害作业的人员进行健康检查，预防和消除职业危害。混凝土振捣手应戴防护眼镜、防护手套防止混凝土灼伤皮肤；混凝土工应戴防护手套、脚穿绝缘靴防止触电。

### 27.4.4 环境要求

(1)在施工中注意保护生态环境，保护好原有植被树木及文物，处理好“三废”(废水、废气、废渣)，严禁废水、废渣、废弃物倒入河渠。

(2)搞好施工现场和公共场所清洁工作，创造优美施工环境。

(3)车辆运输便道要做到不扬尘、不溅泥、无坑洞、无障碍。

## 27.5 施工工艺

### 27.5.1 工艺流程

现浇承台混凝土施工工艺流程图如图27－1所示。

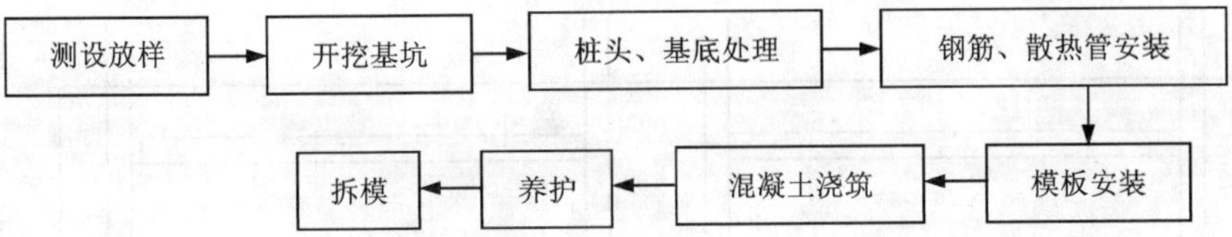


**图 27－1　现浇承台混凝土施工工艺流程图**

## 27.5.2　操作工艺

### 27.5.2.1　测量放样

采用全站仪放出承台四个角点，并根据基坑开挖深度和坡比确认开挖边线，用灰线做出标记指导开挖。

### 27.5.2.2　基坑开挖

采用挖掘机配合人工放坡开挖，基坑周围视现场情况放宽一段距离作为操作面；地质情况不良的地段设置钢支护；挖掘机挖至基底以上 20～30 cm 时，停止机械作业采用人工开挖；基坑底部四周设置集水沟、集水坑、抽水泵排水，保证施工过程中基坑无水清洁；开挖时采用水准仪控制标高，防止超挖。

### 27.5.2.3　桩头、基底处理

(1)破桩头前，应在桩体侧面用红油漆标注高程线，以防桩头被多凿，造成桩顶伸入承台内高度不够。破除桩头时应采用空压机结合人工凿除，上部采用空压机凿除，下部留有 10～20 cm 由人工进行凿除。将伸入承台的桩身钢筋清理整修成设计形状，复测桩顶高程。

(2)为保证承台施工质量，根据基底地质情况采用基底一般处理及特殊处理两种处理方法。一般处理为当地质条件较好时采用砂垫层。地质条件差时采用 C15 混凝土垫层。垫层平整度控制在 ±5 mm 以内，高差不大于 ±10 mm。

### 27.5.2.4　钢筋、散热管安装

(1)钢筋安装。

钢筋进场应及时提供钢筋质保书、合格证书，进场后钢筋应挂牌、分规格堆放。钢筋在车间下料并加工成型，汽车运输至基坑内现场绑扎。钢筋的品种、规格间距、形状、接头及焊接等均应符合设计图纸和施工规范的要求，并严格做好原材料试验和焊接试验。钢筋安装时，检查钢筋的级别、直径、根数、和间距均符合设计要求。绑扎或焊接的钢筋网和钢筋骨架不得有变形、松脱、开焊。钢筋保护层垫块根据保护层厚度提前预制(与混凝土同标号)现场梅花形布置在钢筋骨架上，并根据实际需要尽量减少垫块的数量。

(2)散热管安装。

①散热管的布设。

按设计要求承台内布置散热管以降低承台内部水化热。散热管一般采用薄壁钢管。按照冷却水由热中心区流向边缘区的原则分层分区布置，进水管口设在靠近混凝土中心处。每层水管网的进、出口相互错开。散热管平行于承台底面布设，层与层垂直间距及同层散热管间距根据设计要求确定，进、出水口需引出混凝土面 50 cm 以上，且出水口设有调节流量的水阀和测流量的设备。如图 27－2 所示。

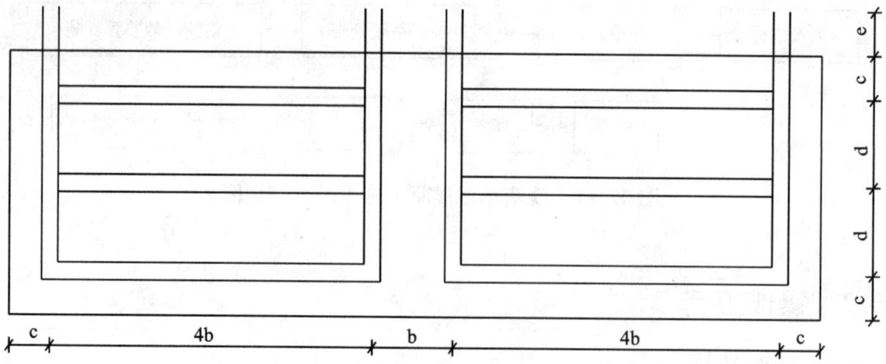


图 27－2　承台散热管立面布置示意图

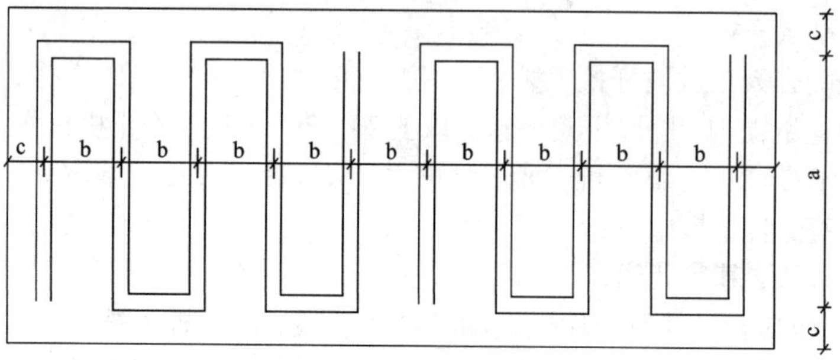


承台散热管平面布置示意图

图 27－3　承台散热管平面布置示意图

②散热管的绑扎、固定。

在绑扎承台钢筋的同时放置散热管，布管时，水管要与承台主筋错开，当局部管段错开有困难时，可以适当移动水管的位置。水管要与钢筋骨架或架立钢筋绑扎牢靠，防止混凝土浇筑过程中，水管变形或接头脱落而发生堵水或漏水。散热管安装后，进行压力通水检验，以免渗漏。

③测温管埋设。

为了准确测量、监控混凝土内部温度，指导混凝土的养护，确保大体积混凝土的施工质量，在承台混凝土内合理布设温度测量装置。采用埋设测温管方法进行测温。测温管在全断面内按间距 3 ~6 m 设置，贯通承台全高。每个测温管内沿高度每 50 ~ 100 cm 设测温点一个；每个测温管内距承台顶面、底面各设测温点一个，以观测散热管通水对混凝土中心的冷却效果，如图 27 –3 所示。

测温时间：自混凝土覆盖测温点开始测温，直至混凝土内部温度与大气环境平均温度之差小于 20°以下为止。

测温频率：一般在温度上升阶段 2 ~4 h 一次，温度下降阶段 4 ~8 h 一次，同时应测大气温度，做好记录。另外，1 ~3 d，每 2 h 测温一次；4 ~7 d，每 4 h 测温一次；8 ~14 d，每 8 h 测温一次。

④通水冷却。

每层冷却水管被浇筑的混凝土覆盖并振捣完毕，即可在该层冷却水管内通水。冷却水的流量控制在1.2～1.5 $m^3$/h，使进出口的温差不大于6℃。冷却管排出的水，在混凝土浇筑未完以前，应立即排出基坑外。在承台混凝土浇筑全部结束后，也可视具体情况排至混凝土顶面，形成保温层，蓄水保温养护。

⑤散热管压浆。

管道压浆采用与预应力相同的真空压浆工艺。水泥浆的水胶比不得超过0.3且不得泌水，流动量应为30～50 s，水泥浆抗压强度不得小于统计混凝土强度并满足图纸设计要求。

**27.5.2.5　承台模板安装**

垂直面模板使用大块组装模板，在安装前对模板进行打磨，首先用打磨机将模板表面的浮锈打磨干净。模板打磨合格后，在打磨面上涂刷上性能较好的脱模剂。用人工配合吊车进行模板的组装，安装完成后，检查轴线、高程符合设计要求后加固。模板加固采用内拉外撑的原则进行，外撑利用钢管及木方进行，水平向在相邻拉筋之间等间距布设两道，竖向在相邻拉筋之间布设一道。模板加固完成后，要求线形顺直，顺直度和垂直度满足设计和施工规范要求，保证模板在灌注砼过程中不变形、不移位，拆模后线型顺直。

**27.5.2.6　混凝土搅拌、运输**

(1)混凝土搅拌要按配合比严格计量，要求车车过磅；装料顺序：石子→水泥→砂子；如有添加剂时，应与水泥一并加入；粉沫状的外加剂同水泥一并加入，液体状的与水同时加入。为使混凝土搅拌均匀，搅拌时间不得少于90 s，当冬季施工或加入添加剂时，应延长30 s。混凝土自搅拌机卸出后应及时运送到浇筑地点；在运输过程中，要防止混凝土的“离析”，水泥浆流失、塌落度变化和产生初凝等现象，如有发生应立即报告技术部门采取措施。

(2)混凝土从搅拌机中卸出后到浇筑完毕的延续时间，不超过规范规定的时间。混凝土水平运输采用混凝土搅拌罐车或其他运输车辆，垂直运输采用混凝土泵车。泵送混凝土必须保证混凝土泵能连续工作，如发生故障停歇时间超过45 min或混凝土已出现“离析”现象，应立即用压力水或其他方法冲洗净管内残留的混凝土，混凝土面按冷施工缝进行凿毛清洗处理。

**27.5.2.7　混凝土浇筑**

(1)应预先制定浇筑工艺，明确结构分段分块的间隔浇筑顺序(尽量减少后浇带或连接缝)和钢筋的混凝土保护层厚度控制措施；明确浇筑进行方向和入模点，尽可能实行对称入模浇筑混凝土。

(2)混凝土入模温度宜为5～30℃，大体积混凝土入模温度不宜超过28℃。新浇混凝土与邻接的已硬化混凝土或岩土介质之间的温差应不大于15℃。混凝土应分层进行浇筑，不得随意留置施工缝。其分层厚度(指捣实后厚度)应根据搅拌机的能力、运输条件、浇筑速度、振捣能力和结构要求等条件确定，但最大摊铺厚度不宜大于400 mm，泵送混凝土的摊铺厚度不宜大于600 mm。

(3)自高处向模板内倾卸混凝土时，为防止混凝土离析，一般应满足下列要求：从高处直接倾卸时，混凝土自由倾落高度不宜超过2 m，以不发生离析为度；当倾落高度超过2 m时，在承台上层网片钢筋上预留下料口，并通过串筒或溜槽等设施铺助下落，当浇注到该位置时，把钢筋重新绑扎到位；串筒出料口距混凝土浇筑面的高度不宜超过1 m。

(4)混凝土浇筑应连续进行。当因故间歇时，其间歇时间应小于前层混凝土的初凝时间或能重塑的时间。

(5)承台混凝土浇筑过程中，应随时对混凝土进行振捣并使其均匀密实。振捣采用插入式振捣棒垂直点振，混凝土振捣密实的一般标志是混凝土液化泛浆后，其表面基本不再下沉、气泡不持续涌出，泛浆、表面平坦。

(6)不得在模板内利用振捣棒使混凝土长距离流动或运送混凝土，以致引起离析。混凝土捣实后1.5~24 h，不得受到振动。

(7)混凝土振捣过程中，应避免重复振捣，防止过振。应加强检查模板支撑的稳定性和接缝的密合情况，防止在振捣混凝土过程中产生漏浆。表层混凝土振捣完成后，应及时修整、抹平混凝土裸露面，待定浆后再抹第二遍并压光。抹面时严禁洒水，并防止过度操作影响表层混凝土的质量。

**27.5.2.8　拆模**

(1)混凝土拆模时的强度应符合设计要求。当设计未提出要求时，侧模应在混凝土强度达到2.5MPa以上，且其表面及棱角不因拆模而受损时，方可拆除。

(2)混凝土的拆模时间除需考虑拆模时的混凝土强度应满足规定的要求外，还应考虑拆模时混凝土的温度不能过高(由水泥水化热引起)，以免混凝土接触空气时降温过快而开裂，更不能在此时浇注凉水养护。混凝土内部开始降温以前以及混凝土内部温度最高时不得拆模。

(3)一般情况下，结构或构件芯部混凝土与表层混凝土之间的温差、表层混凝土与环境之间的温差大于20℃(截面较为复杂时，温差大于15℃)时不宜拆模。大风或气温急剧变化时不宜拆模。在寒冷季节，若环境温度低于0℃时不宜拆模。在炎热和大风干燥季节，应采取逐段拆模、边拆边盖的拆模工艺。

**27.5.2.9　混凝土养护**

(1)混凝土振捣完成后，应及时对混凝土暴露面进行紧密覆盖(可采用蓬布、塑料布等进行覆盖)，尽量减少暴露时间，防止表面水分蒸发。暴露面的保护层混凝土初凝前，应卷起覆盖物，用抹子搓压表面至少两遍，使之平整后再次覆盖，此时应注意覆盖物不宜直接接触混凝土表面，直至混凝土终凝为止。

(2)混凝土带模养护期间，应采取带模包裹、浇水、喷淋洒水或通蒸汽等措施进行保湿、潮湿养护。

(3)混凝土去除表面覆盖物或拆模后，应对混凝土采用蓄水、浇水或覆盖洒水等措施进行潮湿养护，并保证养护时间。也可在混凝土表面处于潮湿状态时，迅速采用麻布、草帘等材料将暴露面混凝土覆盖或包裹，再用塑料布或帆布等将麻布、草帘等保湿材料包覆(裹)完好。包覆(裹)期间，包覆(裹)物应完好无损，彼此搭接完整，内表面应具有凝结水珠。有条件地段应尽量延长混凝土的包覆(裹)养护时间。

(4)混凝土养护期间应注意采取保温措施，防止混凝土表面温度受环境因素影响(如曝晒、气温骤降等)而发生剧烈变化。养护期间混凝土的芯部与表层、表层与环境之间的温差不宜超过20℃。

(5)混凝土拆模后可能与流动水接触时，应在混凝土与流动的地表水或地下水接触前采取有效保温保湿养护措施养护14d以上，且确保混凝土获得75%以上的设计强度。

## 27.6 质量标准

(1)施工前对原材料进行检查，并有合格签证记录，同时对施工程序、工艺流程检测手段进行检查。

(2)施工过程中对钢筋工程、模板安装、混凝土浇筑、混凝土养护等进行全过程检查。

(3)钢筋加工及安装质量标准。钢筋加工及安装质量标准如表 27－2 所示。

**表 27－2 钢筋加工及安装质量标准表**

| 序号 | 名称 | | 允许偏差/mm | 检验方法 |
| --- | --- | --- | --- | --- |
| 1 | 受力钢筋排距 | | ±5 | 尺量，两端、中间各1处 |
| 2 | 同一排中受力钢筋间距 | 基础、板、墙 | ±20 | |
| 3 | 分布钢筋间距 | | ±20 | 尺量，连续3处 |
| 4 | 箍筋间距 | 绑扎骨架 | ±20 | |
| | | 焊接骨架 | ±10 | |
| 5 | 弯起点位置(加工偏差±20 mm包括在内) | | 30 | 尺量 |
| 6 | 钢筋保护层厚度 | | ±10 | 尺量，两端、中间各2处 |

(4)模板安装质量标准。模板安装质量标准如表 27－3 所示。

**表 27－3 模板安装质量标准表**

| 序号 | 检查项目 | 允许偏差 |
| --- | --- | --- |
| 1 | 模板高程/mm | ±15 |
| 2 | 模板内部尺寸/mm | ±30 |
| 3 | 模板相邻两板表面高差/mm | 2 |
| 4 | 轴线偏位/mm | 15 |
| 5 | 模板表面平整/mm | 5 |
| 6 | 垂直度/mm | 5 |

(5)承台混凝土质量标准。承台混凝土质量标准如表 27－4 所示。

表 27－4　承台混凝土质量标准表

| 序号 | 项目 | 允许偏差/mm |
|---|---|---|
| 1 | 混凝土抗压强度/MPa | 在合格标准内 |
| 2 | 断面尺寸/mm | ±30 |
| 3 | 顶面高程/mm | ±20 |
| 4 | 轴线偏位/mm | 15 |

## 27.7　成品保护

(1)浇筑混凝土前应注意钢筋保护，不得攀踩钢筋。

(2)钢筋保护层厚度按设计图纸要求设置，保护层垫块不得遗漏。

(3)在施工时，避免施工机械碰撞承台；水中防止船、漂浮物等撞击承台，在承台3 m范围内设置防撞桩，对通航流域，在承台上设照明灯等。

(4)拆除模板过程中，严禁重撬、硬砸，以免损伤混凝土和模板。

(5)冬期施工应覆盖保温材料，防止混凝土受冻；在已浇的模板上覆盖时，要在铺的脚手板上操作，尽量不踏脚印。

## 27.8　安全环保措施

### 27.8.1　安全措施

#### 27.8.1.1　安全生产保证措施

(1)施工时，现场各岗位人员必须在场，尤其是安全员随时巡视，做好一切应急措施，及时发现隐患，避免事故的发生。

(2)机械作业施工现场附近有电力架空线时，设专人监护。

(3)安排专人进行模板的观察，发现有变形或移位现象及时汇报，停工处理。

(4)安排专人进行基坑边坡观测，做好详细记录，发现异常情况及时通知现场人员和机械设备撤离。

#### 27.8.1.2　施工机械安全措施

(1)施工现场实施机械安全管理及安装验收制度，施工机械、机具和电气设备，在安装前按照安全技术标准进行检测，经检测合格后方可安装，经验收确认状况良好后方可运行。

(2)车辆驾驶员和各类机械操作员，必须持证上岗，严禁无证操作。对驾驶员、机械操作人员定期进行《安全规定》教育。严禁酒后驾驶车辆和操作机械，车辆严禁“三超”，禁止使用“带病”车辆、机械和超负荷运转。

(3)机械设备在施工现场集中停放。严禁对运转中的机械设备进行检修、保养。机械作业的指挥人员，指挥信号必须准确，操作人员必须听从指挥，严禁违令作业。对机械设备、各种车辆定期检查，对查出的隐患按“三不放过”的原则进行处理，并制定防范措施，防止发生机械伤害事故。

**27.8.1.3 临时用电设施安全保证措施**

(1)变压器在施工现场边角处，并设围栏；根据用电位置，在主干线电杆上装设分线箱。

(2)在施工现场专用中性点直接接地的电力系统中，采用TZ-S接零保护系统，电气设备的外壳与专用保护零线连接。不得在同一供电系统中有的接地，有的接零。

(3)场内架设的电力及照明线路，其悬吊高度及距工作地点的水平距离按当地电力部门的规定执行。

(4)场内的电线按标准架设。不得将电线捆在无瓷瓶的钢筋、树木、脚手架上；露天设置的闸刀开关装在专用配电箱里，不得用铁丝或其他金属丝代替保险丝。

(5)生活区室内照明线路用瓷夹固定，电缆接头牢固，并用绝缘胶布包扎；保险丝按实际用电负荷量装设。

(6)使用高温灯具时，与易燃物的距离不得小于1 m，一般电灯泡距易燃物品的距离不得小于50 cm。

(7)移动式电动机具设备用橡胶电缆供电，经常注意理顺；跨越道路时，埋入地下或穿管保护。

(8)电器设备的传动轮、转轮、飞轮等外露部位必须安设防护罩。

### 27.8.2 环保措施

**27.8.2.1 水污染的防治措施**

(1)施工废水、生活污水、泥浆池等按有关要求进行处理，不得直接排放。

(2)清洗骨料的水和其他施工废水，采取过滤、沉淀或其他方法处理后方可排放，以此避免污染河道和周围环境。

(3)施工机械的废油废水，采用隔油池等有效措施加以处理，不得超标排放。

**27.8.2.2 空气污染的防治措施**

(1)施工中的废气主要为施工机械产生的废气及施工场地和施工便道产生的扬尘。

(2)在设备选型时选择低污染设备，并安装空气污染控制系统。

(3)在运输水泥等易飞扬物料是用篷布覆盖严密，并装量适中，不得超限运输。

**27.8.2.3 噪声污染的防治措施**

(1)对使用的工程机械和运输车辆安装消声器并加强维修保养，降低噪声。

(2)机械车辆途经居住场所时应减速慢性，不鸣喇叭。

(3)合理安排施工时间，尽量降低夜间车辆出入频率，夜间施工不得使用噪声大的机械。

(4)适当控制机械布置密度，条件允许时拉开一定距离，避免机械过于集中形成噪音叠加。

**27.8.2.4 固体废弃物污染的防治措施**

(1)施工营地和施工现场的生活垃圾和建筑垃圾，集中堆放，统一弃于指定地点，不得随意弃放。

(2)报废材料或施工中返工的挖除材料立即运出现场并进行掩埋等处理。

(3)不使用难于降解的材料作为包装物品，施工中用于养护的塑料薄膜在用完后不得随意弃掉，应及时回收，统一处理。

## 27.9　质量记录

(1)原材料(水泥、砂、石、钢筋、外加剂等)进场复验报告。

(2)桩位记录、承台测量记录。

(3)混凝土浇筑记录。

(4)钢筋隐蔽验收记录及评定。

(5)钢筋焊接接头拉伸试验报告。

(6)混凝土试块28 d标准养护抗压强度试验及评定。

(7)模板高程、尺寸的检测记录。

# 28 圆立柱施工工艺

## 28.1 总则

### 28.1.1 适用范围

本标准适用于桥梁墩高在 40 m 以下的圆柱式立柱施工。

### 28.1.2 编制参考标准及规范

编制参考标准及规范有：

(1)《公路桥涵施工技术规范》(JTG/T F50—2011)。

(2)《公路工程质量检验评定标准》(第一册)土建工程(JTG F80/1—2017)。

(3)《工程建设标准强制条文》(公路工程)。

(4)《公路钢结构桥梁设计规范》(JTG D64—2015)。

(5)《钢结构设计标准》(GB 50017—2017)。

(6)《公路工程施工安全技术规范》(JTG F90—2015)。

(7)《建筑施工高处作业安全技术规范》(JGJ 80—2016)。

## 28.2 术语

### 28.2.1 圆柱模

圆立柱墩身模板由专业厂家加工而成，采用定型钢模板，模板由厚 6 mm 的钢板卷制而成，分两个半圆形结构加工，每节高度为 3 ~ 4.5 m，法兰丝接。

## 28.3 施工准备

### 28.3.1 技术准备

(1)施工前应认真阅读审查图纸及设计说明书，领会设计意图。墩高 40 m 以下都可做圆柱式立柱，应根据立柱的高度，分析现场的地质，水文相关资料，并结合施工现场环境，制定施工技术方案和施工安全方案。

(2)认真做好各级技术交底工作，保证各个工序按照方案要求及规范要求严格执行。

(3)做好各项材料试验和设计砼配合比试验。

(4)用全站仪精确放出圆立柱的中心坐标，测出标高应经监理工程师检测合格。

### 28.3.2 材料准备

(1)搭设脚手架所需要的钢管、扣件。

(2)模板采用专业厂家生产钢模板，一块模板高度为3～4.5 m。

(3)墩身建筑材料：钢筋、混凝土。

### 28.3.3 主要机具

(1)机械：汽车吊、混凝土输送泵、发电机、电焊机、空压机、钢筋加工机械、插入式振捣器、加长货车、半自动切割机等。

(2)测量仪器：全站仪、水准仪、塔尺、钢卷尺等。

### 28.3.4 作业条件

(1)施工方案已经批复，已进行技术及安全交底。

(2)桥梁施工区域已完成四边一平，重型机械行走安全，脚手架地基已作处理。

(3)各项钢筋试验及混凝土配比、原材料试验已完成并报批。

(4)砼集中料拌合站和钢筋集中加工场已建好，可满足施工需要。

(5)圆立柱钢筋笼及混凝土运输线路畅通。

(6)各种施工机具已经到位。

### 28.3.5 劳动力组织

圆立柱施工劳动力组织如表28－1所示。

**表28－1 圆立柱施工劳动力组织**

| 工种 | 人数/人 | 工作地点 | 职责范围 |
|---|---|---|---|
| 施工现场负责人 | 1 | 整个施工现场 | 负责现场施工总体策划、管理、协调，协助总指挥工作等 |
| 技术负责人 | 1 | 整个施工现场 | 负责技术管理、质量管理工作 |
| 技术员 | 2 | 整个施工现场 | 对现场施工技术把关、负责现场技术管理 |
| 安全员 | 1 | 整个施工现场 | 负责现场施工安全管理、保障工作 |
| 质量检查员 | 1 | 整个施工现场 | 负责跟班检查工程质量，组织各工种交接及质量保证措施的执行情况，对工程质量负责 |
| 试验室负责人 | 1 | 整个施工现场 | 负责整个实验工作 |
| 实验员 | 1 | 拌和站及施工现场 | 实验工作 |

续表 28－1

| 工种 | 人数/人 | 工作地点 | 职责范围 |
|---|---|---|---|
| 拌合站负责人 | 1 | 拌和站及施工现场 | 负责拌和站组织管理及与施工现场的协调工作 |
| 拌合楼机手 | 2 | 拌合楼 | 负责拌合楼的管理及操作工作 |
| 测量工 | 2 | 施工现场 | 负责边墩身平面位置的放样及墩身高程等测量 |
| 架子(普)工 | 10 | 整个施工现场 | 负责脚手架搭设 |
| 模板工 | 6 | | 负责墩身模板安装、加固 |
| 钢筋工 | 6 | | 负责墩身钢筋笼的安装及加固 |
| 电焊工 | 2 | | 负责模板及钢筋的焊接 |
| 电工 | 1 | | 负责现场用电正常及机械动力、照明、通信等电器系统的维修保护 |
| 汽车吊司机 | 1 | | 负责模板的吊装 |
| 混凝土罐车司机机 | 2 | | 负责现场混凝土的运输 |
| 混凝土工 | 6 | | 负责混凝土输送泵准确浇筑混凝土及混凝土的振捣工作 |
| 加长货车司机 | 1 | | 负责墩身钢筋笼及时运送到施工现场 |
| 杂工 | 2 | 整个施工现场 | 负责钢筋、钢管搬运、现场清理等工作 |
| 总计 | 50 | | |

注：此表为一个作业班施工配备人员，未计后勤、行政等人员。

## 28.4 工艺设计和控制要求

### 28.4.1 技术要求

(1)脚手架搭设要做到稳定、坚固，应能抵抗施工过程中可能发生的震动和偶然性撞击，应满足以下几点要求：

①脚手架由立柱、纵向与横向水平杆共同组成的“空间框架结构”，在脚手架的中心节点处必须同时设置立柱、纵向与横向水平杆。

②扣件螺栓拧紧力矩应在 40～60 N·m，以保证节点具有足够的刚性和传递荷载的能力。

③在脚手架和已浇筑好的立柱之间，必须设置足够数量、分布均匀的连接杆，以便在脚手架的侧向提供约束，防止脚手架横向失稳或倾覆。

④脚手架立柱的地基与基础必须坚实，具有足够的承载力，并防止不均匀或过大沉降。

⑤应设置纵向和横向剪刀撑，以使脚手架具有足够的纵向和横向整体刚度。

(2)模板工程应满足以下几点要求：

①模板应有足够的强度、刚度和稳定度，能可靠地承受施工过程中所产生的各种荷载，保证结构物各部形状、尺寸准确。

②模板板面平整、接缝紧密不漏浆。

③拆装容易，施工操作方便，保证安全。

④模板制作时的允许偏差符合规范要求。

(3)砼质量应符合《混凝土结构工程施工规范》。

## 28.5 施工工艺

### 28.5.1 工艺流程

#### 28.5.1.1 圆立柱施工工艺流程

圆立柱施工工艺流程如图 28－1 所示。

**图 28－1 圆立柱施工工艺流程图**

### 28.5.2 操作工艺

#### 28.5.2.1 施工现场准备、测量放样

(1)施工前，平整施工场地，回填承台(系梁)基坑，处理好脚手架地基，设置现场临时排水系统，保持现场不积水，在山区应特别注意防山洪、泥石流、山体滑坡等。修建好进入现场的道路。

(2)凿除承台(系梁)上砼表面的砂浆，清理预埋钢筋上的赃物并校正，承台(系梁)表面冲洗干净。

(3)测量放样前，应对各墩台的控制性里程桩号，墩台坐标、设计高程等数据再次进行复核计算，确认无误后进行施工测量，精确放出立柱中心坐标，墨线弹出纵横轴线及墩身圆圈线。

#### 28.5.2.2 搭设脚手架

(1)支架如采用 F48 ×3.5 钢管搭设，所有钢管和扣件必须符合国家标准，材料进场时，应有严格的验收制度。

(2)支架立杆的纵横间距、纵横向水平杆、纵横向扫地杆、剪刀撑等严格按照支架设计图搭设，扣件螺栓应拧紧，应做到稳定、坚固。

(3)脚手架基础应平整、坚实、不积水，钢管下口应有座垫，垫在方木垫块上活现浇砼上面。使脚手架具有足够的承载力，防止不均匀或过大沉降。搭设时应设置斜道，安全梯等攀登设施，斜道坡道不应大于1∶3，高度超过6 m 宜设转角平台。

(4)支架的高宽比宜小于或等于2，当高宽比大于2 时，宜扩大下部架体尺寸或采取其他构造措施。

(5)作业平台应满足承载力和工人操作要求，宽度应不小于1.0 m，脚手架必须在脚手架宽度范围内满铺、固定，作业平台四周设置防护栏杆。

(6)满布式支架的作业平台，其搭设高度应与桥墩施工高度相同，支架每 5 ~ 10 m 高度应与已浇筑好的立柱连接固定。

(7)当桥墩为独柱墩时，人员上下脚手架可安装在桥墩横向一侧便于施工的位置，当桥墩为双柱，人员上下脚手架可安装在两柱之间。脚手架安装完成后应全面检查各接头和扣件是否拧紧，脚手架是否垂直，与立柱连接是否牢固。检查整改后方能使用。

(8)每浇筑一次墩身砼后，支架应接高，平台随之升高，以满足作业的需要。

**28.5.2.3 钢筋加工制作及安装**

(1)承台(系梁)内的立柱段钢筋应在浇筑承台(系梁)前预埋完毕，定位应准确，立柱钢筋骨架的制作及钢筋连接方式应符合设计和规范要求，应特别注意预埋钢筋与立柱主筋处的焊接质量，必要时应采取加强措施。

(2)骨架制作在配置垂直方向的钢筋时，应有不同的长度，以便同一断面的接头应符合设计规范要求。

(3)立柱的钢筋骨架统一在钢筋加工场加工成型，检测合格后用平板车运至现场。起吊部位应设起吊扁担，减小钢筋骨架变形。吊装就位时应控制钢筋的中心位置以及垂直度。

(4)立柱竖向主筋连接和定位完成后，砼保护层厚度应满足设计要求。立柱上宜用圆饼形或梅花形高强砂浆垫块，其强度不低于砼强度，牢固绑扎在主筋上，垫块的厚度不小于40 mm，垫块布置的数量应不少于4 个/$m^2$，且应避免在同一截面上。

(5)对已安装好的立柱钢筋骨架，在安装模板之前应有临时稳定措施，防止倾倒。安装完毕的立柱钢筋总高度超过9 m时，应安装风缆使其保持稳定。

(6)支座垫石处的预埋钢筋或钢板应按设计图纸施工，预埋钢筋或钢板的平面位置、长度、数量应准确，并应对预埋件采取固定措施，避免振捣砼时发生移动。

**28.5.2.4 模板的制作及安装**

(1)采用定型钢模板，由专业厂家按批准的圆立柱模板加工图进行制作，分两个半圆结构加工，6 mm厚钢板卷制而成，且应经过铣边处理，接缝位置宜设置定位销，控制错台现象。每节模板高度3.0 ~4.5 m法兰盘连接，接缝严密不漏浆，面板平整度及整体刚度应符合设计要求。

(2)模板制作完成后，在厂家应进行试拼，施工单位应派专业技术员进行验收，检查外形尺寸，拼缝平整度、断面尺寸等指标，对不合格的进行修整。验收合格后，应校对模板进行编号。模板从工厂运往工地要避免碰撞、轻装、防止模板变形。

(3)一墩两柱宜同时装模浇筑砼，特别是有墩系梁的墩柱，两柱应浇至同一高程后进行系梁施工。

(4)柱高在10 m以内宜按一模到顶配置模板，宜用整体吊装，吊装前应先检查预组拼的立柱模板拼缝、连接件、螺栓的数量及紧固程度；吊装前尚应检查钢筋骨架是否妨碍柱模套装，宜用铅线将柱顶钢筋预先向内绑拢，使立柱模板能从顶部顺利套入。

(5)柱高超过10 m或者(截面尺寸)立柱直径有变化时，宜采用现场拼装的方式安装。

(6)模板安装前应将承台(系梁)顶面清洗干净，对立柱中心点和模板内外边线放样，并弹出墨线。在位置线处应设定位装置，保证立柱轴线、边线的准确，采取措施防止模板移位。

(7)每次模板安装前，应清洗模板，涂脱模剂，禁止用废机油等有污染构件的脱模剂。

(8)对模板承垫的底部应预先采用水泥砂浆设置找平层，但找平层不得侵占立柱实体，避免钢筋无保护层。

(9)模板拼缝的螺栓应安装牢固、严密，拼缝处宜粘贴双面胶条，防止漏浆。

(10)立柱模板安装就位时，宜采用4根风缆(模板高度大于10 m时，在中间再加4根缆风绳)将立柱模板拧紧。模板安装完成，应检查校正对中及垂直度无误后，方可固定风缆。

(11)模板安装固定后测量模板顶高程，并在模板内板上画出浇筑砼的顶面线。

(12)浇筑砼前，清洗模板内杂物，底节用水泥砂浆在模板外封堵底部缝隙，同时应进行模板验收手续。

(13)当柱高在10 m以上，需多次浇筑砼才能到柱顶时，一般采用翻模法，例如浇一次砼用2块3 m高、1块4.5 m高模板安装成10.5 m高，一次浇筑9 m高，留最上节模板1.5 m不浇，待砼强度10～15MPa时，拆除下二节模板安装到第一次的第三节模板上面，此时脚手架已接高、钢筋已接长，又可浇筑第二次立柱砼，如此循环，直至立柱浇筑完。

(14)翻模应做到层层凿毛清洗，层层刷脱模剂，对模板及相关部件进行检查、校正、紧固和修理。模板在翻升过程中应注意清除障碍，在确认对拉螺栓全部拆除，模板装置上无障碍时方可提升。

(15)模板没提升一次，应对模板的位置检查一次，以控制立柱的纵、横向偏移和扭转。每循环一次宜采用全站仪与垂直度仪核一次，防止仪器误差导致立柱产生偏斜，对于垂直度超出允许误差的阶段应进行调整。

(16)模板不宜与脚手架连接，模板不得与上下爬梯连接，避免引起模板震动和变形。

**28.5.2.5　浇筑砼**

(1)砼拌制采用带自动计量、进料和控制搅拌时间的强制性拌和机的集中拌合站进行拌制；砼的坍落度可根据现场气温适当控制，一般情况下，砼的坍落度入模后保持50～70 mm，泵送砼可保持120～140 mm。

(2)砼运输车采用搅拌运输车，其运输能力应适应砼凝结速度和浇筑速度的需要。采用泵送砼，砼供应保证砼输送能持续工作。

(3)采用吊车配料斗或者输送泵的浇筑方式，应防止砼离析，自高处向模板内倾卸砼应保证出料口与砼浇筑面之间的距离小于2.0 m，当大于2.0 m时，应采取串筒或导管等设施下落，倾落高度超过10 m时，应设置减速装置。

(4)砼应分层浇筑，分层应保持水平，分层厚度不宜超过30 cm。

(5)砼振捣采用扦入式振捣器。宜采用适当措施使操作人员进入模板内靠近砼面进行振捣，保证不漏浆、过振。

(6)浇筑砼时，派专人检查支架、模板、钢筋、预埋件等稳定情况，当发现有松动、变形、移位时应及时处理。

**28.5.2.6　混凝土养生**

混凝土终凝后开始洒水养护，立柱顶面盖土工布以保持湿润。混凝土达到拆模强度后，立即拆模，然后用塑料薄膜将墩身整体包裹，喷淋养生，并放置漏桶于立柱顶部滴灌，保持湿度养生，保湿养护时间不少于7 d。

# 28.6 质量标准

## 28.6.1 质量要求

(1)混凝土所用的水泥、砂、石、水、外掺剂及混合材料的质量和规格，必须符合有关技术规范的要求，按规定的配合比施工。

(2)不得出现空洞和露筋现象。

(3)混凝土表现平整，施工缝平顺，棱角线平直，外露面色泽一致。

(4)蜂窝、麻面面积不得超过该面面积的0.5%。

## 28.6.2 质量控制

每个圆立柱施工完成后，按表28－1的方法和标准进行质量检验。

**表28－1 圆立柱墩身实测项目**

| 项次 | 检查项目 | 规定值或允许偏差 | 检查方法和频率 |
|---|---|---|---|
| 1 | 混凝土强度/MPa | 在合格标准内 | 按附录D检查 |
| 2 | 相邻间距/mm | ±20 | 尺或全站仪测量：检查顶、中、底3处 |
| 3 | 竖直度/mm | 0.3%$H$且不大于20 | 吊垂线或经纬仪：测量2点 |
| 4 | 柱墩顺高程/mm | ±10 | 水准仪：测量3处 |
| 5 | 轴线偏位/mm | 10 | 全站仪或经纬仪：纵、横各测量2点 |
| 6 | 断面尺寸/mm | ±15 | 尺量：检查3个断面 |
| 7 | 节段间错台/mm | 3 | 尺量：每节检查2~4处 |

# 28.7 成品保护

(1)圆模板，应在混凝土强度达到2.5MPa以上时方可拆除。吊运模板时要平衡，防止碰伤圆立柱混凝土及模板。

(2)圆立柱混凝土在养护期间经常补充水分，使混凝土保持湿润状态，满足硬化所需水分。养护时间一般为7~10 d，养护用水的技术条件与拌和用水相同。并以塑料薄膜包裹覆盖养生，相邻薄膜重叠15 cm，并用胶带黏合，不致水分损失，持续养护7 d。在混凝土强度达到2.5 MPa以前，不得使其承受行人、运输工具、模板、支架等荷载。

# 28.8 安全环保措施

## 28.8.1 一般规定

(1)工序开工前，详细核对设计文件，根据施工地段的地形、地质、水文、气象等资料，制定相应的安全技术措施。做好施工技术交底的安全注意事项。同时，加强与气象、水文等部门的联系，及时掌握气温、雨雪和汛情等预报，做好防范工作。

(2)认真执行专项施工方案中的安全措施，使安全管理程序化、规范化、制度化。

(3)对项目施工人员进行安全技术教育，熟知并遵守本工种的各项安全技术规程、规范。

(4)操作人员上岗前，必须按规定穿戴防护用品，施工负责人和安全检查员应随时检查劳动防护用品的穿戴情况，不按规定穿戴防护用品的人员不得上岗。

(5)建立安全奖惩制度，利用经济杠杆提高全员的安全生产意识，充分调动安全生产积极性。

(6)实行事故报告制度，无论何时，一旦发生危害工程安全事故时，应采取应急措施，开展施救，并及时将事故情况报告监理单位和业主。

## 28.8.2 施工安全措施

(1)当起吊机吊重物而司机看不到底部时，设专人指挥，吊具绑扎牢固，重物下不得站人，不得碰撞模板，严禁超载吊装。

(2)墩身施工高度超过 2 m 时，四周设作业平台和护身拦杆，悬挂安全网。

(3)在立模过程中，模板组拼后，应支好拉杆和箍筋。起吊时，吊点应正确牢固，拴好内撑，方可暂停作业。

(4)混凝土灌注时，混凝土由平台上传递到模板内，减速漏斗除绑扎牢固外，还应有保险绳。

(5)拆除模板前，必须设立安全标志。拆除模板按规定程序进行，先拴牢吊具挂钩，再拆除模板，用人工拉绳拆除模板时，拉绳应有足够的长度，施工人员与模板之间有一定的安全距离。

## 28.8.3 环境保护与水土保持措施

### 28.8.3.1 施工准备阶段

(1)施工临时用地规划、布置应充分考虑环境保护的要求，全面规划、合理布局、统筹安排建设用地，堆料场远离饮用水源地、水井、河、渠、池塘等地表水体。混凝土拌和场、机械加工点尽量远离居民集中点，并采取适当的防范和隔离措施。

(2)加强施工管理，尽最大可能保护红线外施工沿线的地表植被、土地和沿线生态环境。

(3)为避免机械设备碾压农田、破坏林地和地表植被，应对机械、车辆行使车道及范围做标识和划定，禁止车辆随意在划定范围外有地上覆盖物的地面穿行。对已经被车辆碾压破坏的地表应及时植草覆盖，确保场地内无裸露表土。

(4)做好施工便道和施工场地的防护工作，保护自然景观，减少水土流失。新修便道尽量少占耕地、少砍伐树木、少破坏植被，最大限度地减轻对自然景观的破坏。

**28.8.3.2 施工阶段**

(1)规范施工操作，减少对河道、河岸、水体的影响。修筑完毕后及时清除临时工程的堆积物，并将施工中产生的废浆、弃土和废弃物及时运到弃渣场，恢复河道河岸。生活垃圾、施工废料应尽量分类回收，集中堆放和处理。

(2)旱桥施工中只允许砍伐墩台、永久施工部分的植被，桥跨范围的植被不得砍伐、清除，高大乔木(若高于梁底)应迁植或修剪高出部分的枝干。尽可能保留桥跨部分的原生植被，减少桥梁墩台、施工对地表原生植被的破坏。

(3)施工机械需严格检查，防止漏油。禁止将污水、垃圾直接抛入水体，应收集后与大桥工地上的污染物一并处理。

(4)施工时注意保护桥跨下的自然植被，施工后清理废弃物，在附近补种一定数量的本地乔木，减少人为活动的痕迹，尽早恢复自然景观。

**28.8.3.3 临建设施及其他方面**

(1)保护土地资源，工程完工后采取措施恢复临时用地和施工便道。

(2)施工结束后，沿线施工营地、施工便道、拌和站等临时占地以及弃渣场应复垦或恢复林、草植被。

(3)合理规划施工场地内各种机械设备，尽量采用低噪声设备。加强对机械设备的日常维修和保养，每日检查，每周保养。确保良好的运行状态，维持低噪声的运行状态。

(4)妥善处理各种固体废弃物，防止污染。废弃的零碎料件、边角料尽量充分利用，水泥袋、包装箱等纸制品全部回收。

## 28.9 质量记录

(1)原材料(水泥、砂、石、钢筋、外加剂等)进场复验报告。

(2)工程放样与定位测量记录、测量复核记录。

(3)圆立柱高程、垂直度、尺寸检测记录。

(4)钢筋隐蔽工程检查记录。

(5)钢筋焊接接头或机械连接接头拉伸试验报告。

(6)混凝土浇筑记录

(7)圆立柱施工质量检查记录。

(8)混凝土试块28 d标准养护抗压强度试验及评定。

(9)工序质量评定表。

# 29 爬模施工工艺标准

## 29.1 总则

### 29.1.1 适用范围

本标准适用于采用液压爬升模板工艺施工的桥梁高墩（塔）等现浇的钢筋混凝土结构工程。

### 29.1.2 编制参考标准及规范

(1)《公路桥涵施工技术规范》(JTJ/TF 50—2011)。
(2)《公路工程质量检验评定标准》(第一册)土建工程(JTG F80/1—2004)。
(3)《公路桥涵钢结构及木结构设计规范》(JTJ 025—86)。
(4)《钢结构设计规范》(GB 50017—2003)。
(5)《公路工程施工安全技术规程》(JTJ 076—95)。
(6)《建筑施工高处作业安全技术规范》(JGJ 80—91)。
(7)《桥梁用结构钢》(GB/T 714—2000)。

## 29.2 术语

爬模施工：施工现浇高墩（塔柱）钢筋砼工程时，通过导轨和爬模架交替附墙互为提升对方，同时带动模板提升至上一层，然后再浇筑砼，反复循环施工。

## 29.3 施工准备

### 29.3.1 技术准备

(1)熟悉设计文件、图纸，根据工程的现场条件编制分项工程施工方案。
(2)编制爬模施工方案，并应包括下列主要内容：
①爬模系统设计，应联合专业厂家进行研究设计。
②爬模安装程序及方法。

③爬模施工程序及进度安排。

④爬模施工安全、质量保证体系及具体措施。

⑤编制完善的模板制作、安装拆除和钢筋、混凝土作业的工序作业指导书。

⑥施工管理及劳动组织；材料、构件、机具设备供应计划。

⑦特殊部位的施工措施。

⑧季节性施工措施。

(3)进行安全、文明施工技术交底。

(4)关键岗位技术工人进行岗前培训，如：起重工、木工、架子工等。

## 29.3.2 材料准备

### 29.3.2.1 模板

根据模板周转使用次数，混凝土侧压力和混凝土表面质量要求，合理选择模板品种。模板应具有模数化、通用化、拼缝紧密、装拆方便的特点和足够的刚度，并应符合下列规定：

(1)模板应选用组合大钢模板、组合钢木模板或大模板。

(2)在进行角模与调节缝设计时，应考虑到平模板脱模后退的要求。

(3)异形模板、弧形模板、调节模板、角模等应根据结构截面形状和施工要求设计制作，模板上必须配有脱模器和穿墙螺栓孔。

(4)模板的制作必须板面平整，钢模板必须无翘曲、无卷边、无毛刺；木模板必须符合防水要求，不起层、不脱皮。模板的加工质量符合所选模板品种的制作质量标准。

(5)施工前须经试拼，符合要求后才能使用。

### 29.3.2.2 背楞

将模板连成整体，并使模板同提升架连接，背楞应符合下列要求：

(1)背楞长度符合模数化要求，具有通用性、互换性和足够的刚度。

(2)背楞材料宜采用10$^{\#}$或12$^{\#}$槽钢，背楞由槽钢组合而成。

(3)背楞孔设在槽钢翼缘上，双面双排等距布置，以满足模板和提升架通用连接。

## 29.3.3 主要机具

(1)钢筋加工设备：弯曲机、切断机、拉伸机、闪光对焊机、埋弧电焊机、焊条、小锤等。

(2)混凝土浇注设备：混凝土强制搅拌机(站)、运输(罐)车、振捣器、混凝土输送泵、泵送管、串筒等。

(3)模板提升设备：液压泵、油缸、导轨、上下换向盒、手拉葫芦。

(4)吊装设备：塔吊或汽车吊机。

## 29.3.4 作业条件

(1)安全技术交底以及施工作业人员培训完毕，能够熟练上岗、持证上岗。

(2)施工便道通畅，承台旁边有吊车等设备工作平台。

(3)已经测量定线、抄平。用全站仪或经纬仪放样墩(塔)身轴线、截面边线、模板定位线等，墩、塔底面用水准仪抄平，制作水平砂浆带。

(4)原材料(水泥、砂、石子、钢筋、钢绞线、外掺剂)进场复验。

(5)钢筋、钢构件加工机具满足需要。
(6)已经绑扎爬升第一级的墩身或塔身钢筋。
(7)混凝土施工配合比已批准使用等。
(8)风力小于4级，照明条件、通视条件、通信条件良好，无大雾、大雨、大雪。

### 29.3.5 劳动力组织

爬模施工劳动力组织如表29－1所示。

**表29－1 爬模施工劳动力组织表**

| 工种 | 人数/人 | 工作地点 | 职责范围 |
|---|---|---|---|
| 施工班长 | 1 | 整个施工现场 | 负责跟班组织施工管理工作、协助墩片长工作等 |
| 施工员 | 1 | 墩身施工现场 | 负责跟班组织施工，协调各工种交叉作业等 |
| 技术员 | 2 | 整个施工现场 | 负责跟班解决施工中的技术问题，编写技术措施等 |
| 安全员 | 1 | 整个施工现场 | 负责跟班检查安全措施、安全措施的执行情况及安全教育工作，对安全生产负责 |
| 质量检查员 | 1 | 整个施工现场 | 负责跟班检查工程质量，组织各工种交接及质量保证措施的执行情况，对工程质量负责 |
| 测量工 | 2 | 整个施工现场 | 负责墩身平面、垂直位置控制 |
| 架子工 | 3 | 墩身施工现场 | 负责搭设支架 |
| 吊装工 | 8 | 整个施工现场 | 负责墩身施工过程中的所有吊装，模板拆除、安装 |
| 钢筋工 | 12 | 整个施工现场 | 负责钢筋制作、安装 |
| 电焊工 | 5 | 墩身施工现场 | 负责钢筋等其他构件焊接 |
| 砼工 | 6 | 墩身施工现场 | 负责浇筑砼 |
| 爬模液压系统操作工 | 5 | 墩身施工现场 | 负责液压顶升系统操作、维护 |
| 吊车司机 | 1 | 整个施工现场 | 负责吊车安全运行 |
| 货车司机 | 1 | 整个施工现场 | 负责货车安全运行 |
| 电工 | 1 | 整个施工现场 | 负责现场动力、照明、通信等电器系统的维修及保护 |
| 材料员 | 1 | 材料仓库 | 负责施工材料供应及管理 |
| 杂工 | 2 | 整个施工现场 | 负责材料搬运及现场清理等 |
| 总计 | 53 | | |

注：此表为一个作业班施工配备人员，未计后勤、行政等人员。

# 29.4 工艺设计和控制要求

## 29.4.1 技术要求

(1)爬模的专项施工方案需符合规范要求，且需履行专家论证和审批手续。

(2)爬模各部分尺寸的精度，强度、刚度、稳定性应符合设计要求，组装完毕须经过全面检查试验后，方可正式投入使用。

(3)每次浇筑砼的高度应与墩(塔)身高度、分段节高度、模板提升能力相匹配。

(4)浇筑的混凝土强度达到规定的数值后，方可拆除模板并进行模板爬升。

(5)每次拆模后，均应对模板进行清理、修整、涂抹脱模剂。

## 29.4.2 材料质量要求

(1)爬模板用钢板、型钢为 Q235 材质，其质量应符合《桥梁用结构钢》(GB/T 714—2015)要求，并有出厂检验合格证。

(2)对拉杆可用 Q235、Q345 材质，其材质应符合《桥梁用结构钢》(GB/T 714—2015)要求，并有出厂检验合格证。

## 29.4.3 职业健康安全要求

(1)爬模施工始终贯彻“安全第一、预防为主、综合治理”的安全生产宗旨。

(2)爬模施工有物体打击、机械伤害、高处坠落、触电、起重伤害等五类主要风险源，应重点制定主要风险源防护措施及应急预案。

(3)爬模四周应设置可靠的安全护栏、安全维护网，防止人员坠落。

(4)职业病预防要求：墩柱模板内浇灌砼，砼工人进到模板内部持振动棒振捣，需要通过机械通风，给砼工人佩戴耳罩、耳塞防护等措施预防模板内噪声和空气不流通的危害。

(5)爬模施工工作人员，应熟悉吊机提升爬模施工原理、技术性能、使用条件，正确操作，禁止违章作业。

(6)爬模施工属高空作业，每个施工人员均应进行健康检查，有心血管疾病、恐高症、视觉能力差的人员不能参与施工。

## 29.4.4 环境要求

(1)施工现场无噪声干扰、无无线电通信干扰，确保施工信号通畅，指挥灵敏。

(2)施工周围无变压电源，防止施工人员、机具触电。

(3)施工周围无相邻建筑物、构筑物影响爬模正常提升与正常施工空间。

# 29.5 施工工艺

## 29.5.1 爬模模板施工顺序

爬模模板施工顺序如图 29－1 所示。

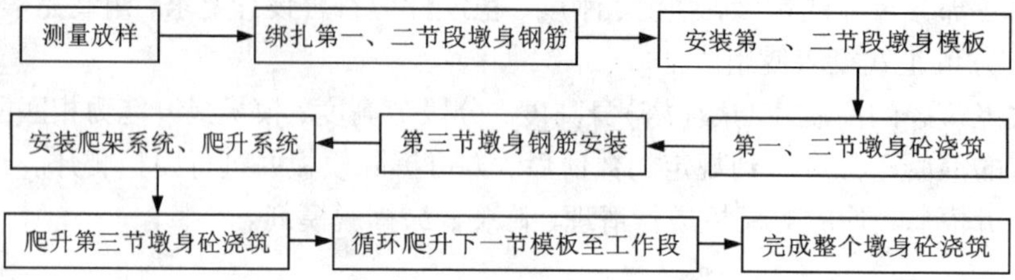


**图 29－1 爬模模板施工工序图**

## 29.5.2 操作工艺

(1)爬模装置的组成应包括下列系统：

①模板系统采用拉杆式钢模板，由定型大块钢模板、钢背楞、对拉杆等组成。

②爬架系统分三级：第一级为施工段外侧爬架，提供施工段绑扎钢筋、安装模板、浇筑砼、提升模板工作平台；第二级为承重爬架，传递模板荷载，并将外荷载通过爬升系统的预埋件传递于墩身砼内，承重架内有液压和爬行系统操作平台；第三级为拆除整修平台，用于拆除连接件和砼表面修补。

③爬升系统由预埋件、导轨和液压系统组成。预埋件包括预埋板、高强螺杆、爬锥、受力螺栓、预埋件锚靴(拆模后安装)；导轨是整个爬模系统的爬升轨道，梯档间距 300 mm，供液压系统上下换向盒载荷传递到导轨，再传递到预埋件上；液压系统由液压泵、油缸、上下换向盒组成。

(2)爬模施工示意如图 29－2 所示。

(3)墩身第一、二、三节施工：

①立模准备：利用全站仪放出墩身边线，沿模板安装底面位置浇筑高度为 5 cm 砂浆带，以便立模。同时对已加工好的大块钢模进行试拼，检查模板加工精度、拼装精度是否达到了设计要求。

②搭设钢管支架：搭设钢管支架作为绑扎钢筋，安装模板临时工作平台，设置围栏、行走平台、安全网、楼梯等安全设施。

③在承台顶面按设计图纸绑扎第一、二节墩身钢筋。

④预埋件埋设。墩身施工时，应注意各种预埋件的埋设，如爬模系统预埋件、升降电梯附着件，内横隔板或横系梁预埋件，封顶段支撑系统预埋件，上部结构支撑系统预埋件。

⑤安装模板：采用吊车安装第一、二节模板，按支模工艺要求施工，支一段模板即用螺栓紧固一段。为保证模板顶面位置的水平，用 2 m 左右水平尺在每次支模后进行水平校正，并在第一节模板上将误差消除，不得累计。

⑥模板检查：模板安装完成后，须检查对拉杆是否上紧，模板连接是否牢固，并用全站

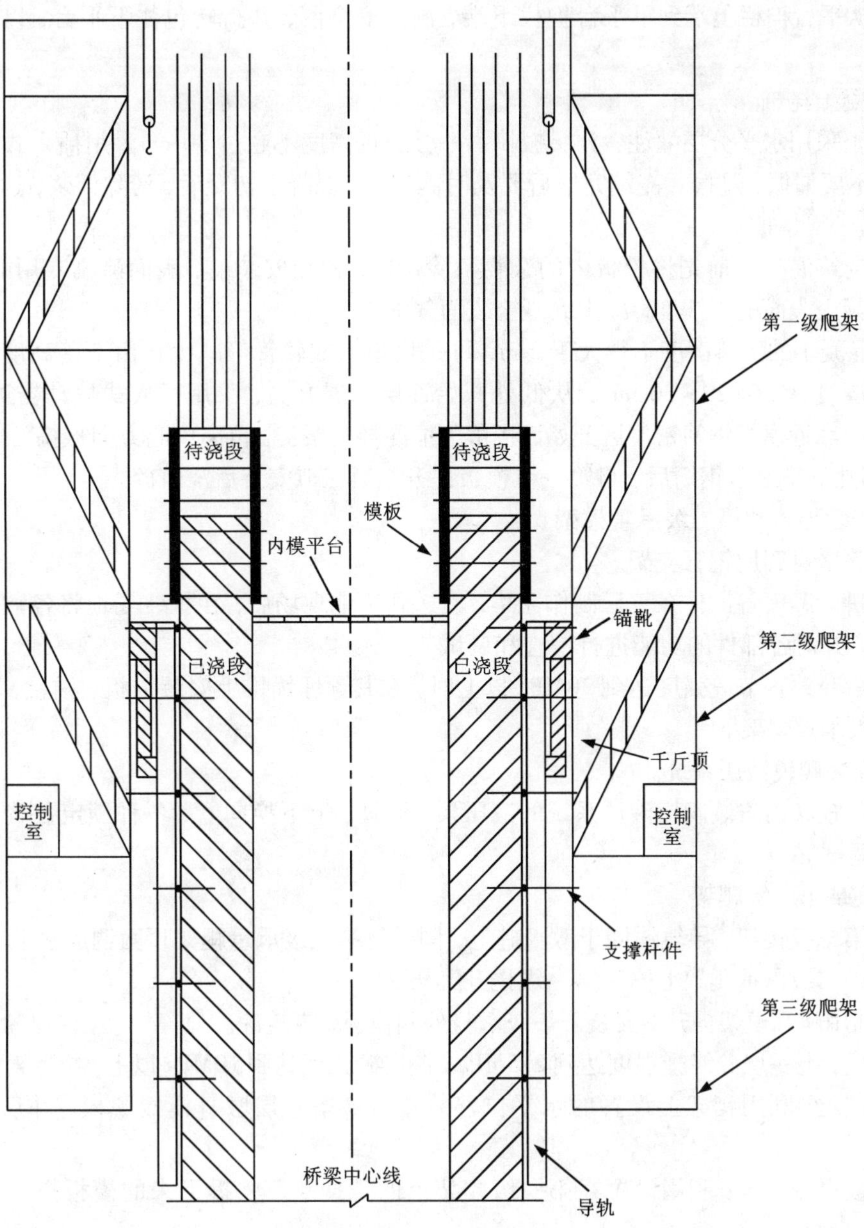


**图 29－2　爬模施工示意图**

仪对模板上口角点平面位置进行测量检查，确保模板平面位置、垂直度或倾斜度满足施工规范要求。

⑦安装操作平台。

(A)铺平台板。

(B)设平台护栏。

(C)平台护栏下端均设踢脚板。

(D)从平台护栏上端到下平台护栏下端，满挂安全网，并折转包往下平台，以确保施工安全。

⑧混凝土浇筑。

混凝土采用水平分层灌注，分层振捣，每层浇筑高度不超过 30 cm。用插入式振动器振捣，注意不要漏振、过振。浇筑完毕后要及时养生，待混凝土初凝后，清除浮浆，达到凿毛强度后凿毛。

(A)浇筑混凝土前先将模板内的杂物清除干净，模板安装前，表面涂刷专用的隔离剂，以保证混凝土表面的光洁度，减少混凝土表面气泡。

(B)混凝土的下落高度不得大于 2 m，可采用串筒或软管等减少自由下落高度。混凝土水平分层浇筑厚度为 20 ~30 mm，从低处开始逐层扩展升高，采用插入式振动器进行振捣，振捣时先由靠近模板钢筋密集区开始，将角落里混凝土振实，再向中心方向振捣。

⑨ 绑扎好第三节钢筋后，将第一节模板提升至第三节安装后浇筑砼。

(4)安装导轨和第二级承重模架。

①拆除墩身四周钢管支架。

②试拼。爬模各散件在工厂制作完毕，运送到工地现场后，在拼装场地将各散件拼装成单元部件，并对各部件的功能进行检查和调试。

③在墩身第一节砼强度达到 20MPa 以上时，在其预埋锚锥上安装锚板、锚靴，再安装导轨、第二级承重爬架。

(5)安装爬模液压系统。

在承重模架内安装爬模液压系统的液压泵、油缸、上下换向盒、各种锁定装置和中心控制室，并调试好。

(6)安装第一级爬架。

①将第二级爬架、导轨锚固于墩身砼上，同时将第二级承重爬架顶面调成水平。

②在第二级承重爬架上安装第一级提升爬架。

(7)利用爬升模架提升、安装下一级墩身外侧模板、浇筑砼。

①退模：上一层砼终凝强度达到2.5MPa，该层砼强度达到10MPa 以上，拆除对拉杆和模板之间的螺丝，利用爬架上设置的水平位移装置将最下一层墩身模板脱模，并后移 50 cm 左右。

②模板提升安装：利用设置在第一级爬架上的悬挂葫芦将拆下来的模板提升至工作段安装。

③外侧模板固定、测量、检查验收后，浇筑墩身砼。

(8)爬架系统爬升作业。

①导轨爬升。

(A)导轨爬升时，爬架附墙不动。

(B)外侧模板拆除后，在预埋锚锥上安装连接螺杆、锚板、锚靴。

(C)导轨上涂抹黄油，检查千斤顶上下弹簧装置，调整步进装置手柄方向为顶升导轨方向。

(D)经检查确认爬升条件具备后，开动油泵油缸进油，拆除导轨顶部插销，当导轨顶升一个行程后，检查相关构件，再进行下一个顶升循环，每个行程 30 cm，行程到位后，插上插销联接相关部件。

(E)导轨顶升到位后，通过锁定装置锁定在锚板上。

②爬架爬升。

(A)爬架爬升时，导轨附墙不动，爬架依附于导轨上爬升。

(B)在第三级爬架内拆除导轨提升后，露出第二级承重爬架下面的锚板、锚靴，修复缺陷。如果采用反方向爬升拆除，则预留锚锥，否则应及时封堵拆除锚锥、对拉杆留下的孔洞。

(C)解除爬架上所有拉接、约束，进入爬架爬升状态。检查千斤顶上下弹簧装置，调整步进装置手柄方向为顶升爬架方向。

(D)经检查确认爬升条件具备后，开动油泵油缸进油，拆除锚靴销轴，开始爬升。当爬架爬升 2 ~ 3 个行程后，插上锚靴销轴，检查相关构件，再进行下一个顶升循环，每个行程 30 cm，行程到位后，插上销轴联接相关部件。

(E)爬架爬升到位后，通过锁定装置锁定在锚靴上。

③爬架第一次爬升后安装第三级爬架。爬架第一次爬升后，第二承重爬架下面有空间安装第三级爬架。第三级爬架可以组装好整体吊装，也可以现场焊接单元杆件安装。通过导轨和爬模架交替附墙，互为提升对方，同时带动模板提升至上一层，然后再浇筑砼，反复循环施工至墩顶。

⑨防偏纠偏。

(A)墩(塔)中心和扭转控制。先用全站仪测设每节墩(塔)身立模中心，再分别测设纵、横向中心线，进行校核，每次校核进行多测回测量以消除误差。每节段立模前和混凝土灌注后，在无太阳强光照射、无大风、无振动干扰的条件下测定墩身纵向、横向中心线，偏差不应大于 10 mm。

(B)操作平台上的荷载包括设备、材料及人流，应保持均匀分布。

(C)纠偏前应进行认真分析偏移或旋转的原因，采取相应措施，纠偏应缓缓进行，不能矫枉过正。

(D)必要时采用钢丝绳风缆、5 t 手动葫芦、千斤顶，向偏差反方向拉紧纠正。

⑩拆除。

爬模到墩顶后，可以用吊机拆除第三级爬架后从上而下全部拆除其他爬模系统。也可以按照爬模上爬相同的工艺进行下爬至墩底，依次拆除第三级爬架，第一级爬架和模板，再拆除第二级爬架和液压系统。

## 29.6 质量标准

### 29.6.1 主控项目

(1)模板及其爬升装置必须有足够的强度、刚度和稳定性。

(2)检查数量：全数检查。

(3)检验方法：查看施工组织设计和专项施工方案以及设备使用说明书、检测合格证；用测量仪器、量具测量检查模板与砼的质量，通过力学计算验算模板的质量可靠性。

### 29.6.2 一般项目

(1)模板质量控制：爬模装置组装允许偏差应符合表 29－2 的规定。检查方法：首次核查后全数检查，使用中应定期核查，并根据具体情况不定期核查。

表 29－2 爬模装置组装允许偏差

| | 内容 | 国家标准或行业标准允许偏差/mm | 企业标准允许偏差/mm | 检查方法 |
|---|---|---|---|---|
| 爬模系统 | 锚锥中心 | | 10 | 吊线及钢尺检查 |
| | 各层框架对角线偏差 | | ±1 | 钢尺检查 |
| | 框架总对角线偏差 | | ±2 | 钢尺检查 |
| | 节点处杆单元轴线偏差 | | ±2 | 钢尺检查 |
| | 爬升装置安装垂直度 | | ±2 | 吊线及钢尺检查 |
| | 爬架安装垂直度 | | ±5 | 吊线及钢尺检查 |
| | 相邻两爬模系统平面间距 | | ±5 | 钢尺检查 |
| 模板 | 模板结构轴线与墩身结构轴线位置 | 10 | 3 | 吊线及钢尺检查 |
| | 组拼成大模板的边长偏差 | 0～－1 | 0～－1 | 钢尺 |
| | 拼装后断面尺寸 | 15 | 5 | 钢尺 |
| | 模板平整度 | 5 | 2 | 2 m 靠尺检查 |
| | 模板垂直度 | 0.3%$H$且不大于 20 | 3 | 吊线及钢尺检查 |
| | 焊缝长度、高度 | 满足设计文件要求 | 满足设计文件要求 | 角尺 |
| | 模板间拼接缝隙 | | <1 | 塞尺 |
| | 相邻模板面错台 | <2 | <1 | 塞尺 |

(2)爬升模板安装质量应符合下列要求：

①模板安装后应保证整体的稳定性，确保施工中模板不变形、不错位、不胀模。

②模板的拼缝要平整，堵缝措施要整齐牢固，不得漏浆。

③模板与混凝土的接触面应清理干净，隔离剂涂刷均匀。

④检查数量：全数检查；检验方法：观察、测量。

(4)爬模施工工程混凝土应符合《公路桥涵施工技术规范》《混凝土结构工程施工质量验收规范》《公路工程质量检验评定标准》(土建工程)要求。爬模施工现浇的墩(塔)身混凝土结构允许偏差如表 29－3 所示。

表 29-3 爬模施工现浇的墩(塔)身混凝土结构允许偏差

| 内容/mm | 允许偏差 | 检查方法和频率 |
|---|---|---|
| 断面尺寸/mm | ±20 | 尺量：检查 3 个断面 |
| 垂直度和倾斜度/mm | 0.3% H 且不大于 20 | 吊垂线或经纬仪：测量 2 点 |
| 顶面高程/mm | ±10 | 水准仪：测量 3 处 |
| 轴线偏差/mm | 10 | 全站仪或经纬仪：纵横个 2 点 |
| 阶段间错台/mm | 5 | 尺量：每节段 4 处 |
| 大面积平整度/mm | 3 | 2 m 直尺：检查竖直、水平两个方向，每 20 $m^2$测 1 处 |
| 预埋件位置/mm | 符合设计文件规定，设计文件未规定时：10 | 尺量：每件 |

## 29.7 成品保护

(1)爬升模板必须做到层层清理、层层涂刷隔离剂。浇筑砼后及时用高压水冲洗干净模板外侧，待模板提升到上一层模板基座上时，使模板与墩身钢筋保持 50 cm 的间距，对模板表面进行彻底清理涂刷隔离剂，并对模板及相关部件进行检查、校正、紧固和修理。

(2)脱模前必须了解混凝土的强度情况，在确保混凝土表面及棱角不受影响的前提下，才能脱模。

(3)只有在确认对拉杆全部拆除、模板及爬模装置上部无障碍时方可提升模板。爬升过程中应安排专人指挥，防止碰撞变形。

(4)混凝土脱模后及时进行养护，冬期施工应有专项保护混凝土的措施。

## 29.8 安全环保措施

(1)建立健全管理机构和安全、环保管理制度，以及安全、环保保障体系，保证工程施工安全、环保贯穿施工的全过程。

(2)爬模施工为高空作业，必须按照《建筑施工高处作业安全技术规范》(JGJ 80-2016)要求进行。

(3)每一道工序开工前，要做出详细的施工方案和安全、环保保证措施，并履行专家论证和审批手续，做好技术安全、环保交底工作。

(4)经常检查爬升装置的各项安全设施，特别是安全网、栏杆、挑架、吊架、脚手板、安全关键部位的紧固螺栓等，安全员跟班检查施工的各种防护，检查电器、设备、照明安全用电的各项措施。

(5)各类机械操作人员应认真执行机械安全操作技术规程，应按规定对机械、吊装索具等进行检查、维修，确保机械安全和吊装安全。

(6)施工设备需要安装静噪器，使用过程中需经常维护，确保降噪效果。

(7)加强施工用电管理，现场用电电缆要确保绝缘良好，各种电器设备均应设置漏电保护装置。施工中因大风大雨或其他原因停工，应切断电源。

(8)平台上设置灭火器，安装施工用水管代替消防水管，平台上严禁吸烟。

(9)特殊工种要持证上岗，并要求全部施工人员进行岗前质量、安全、环保培训。做好工前技术、安全、环保交底，做到人人心中有数。

(10)隔离剂等施工现场的化学品和含有害化学成分的特殊材料一律实行密闭式、容器式管理，并设置警示标志牌。

(11)防止施工过程中机械漏油，禁止油污直接排放。

## 29.9 质量记录

(1)钢材出厂质量证明书，各杆件、证液压系统出厂合格以及复验试验检测报告。

(2)施工现场的爬模系统安装检查记录表。

(3)爬模施工现浇的墩(塔)身混凝土结构检查记录表。

# 30　柱式墩桩顶系梁施工工艺标准

## 30.1　总则

### 30.1.1　适用范围

本标准适用于公路、铁路等桥梁柱式墩桩顶系梁的现场施工。

### 30.1.2　编制参考标准及规范

(1)《公路桥涵施工技术规范》(JTG/F50—2011)交通部。

(2)《公路桥梁抗震设计细则》(JTG/T B02-01—2008)。

(3)《公路工程质量检验评定标准》(JTG D60—2015)。

(4)中华人民共和国行业标准《公路工程施工安全技术规程》(JTG F90—2015)

(5)中华人民共和国行业标准《公路工程水泥及水泥砼试验规程》(JTG E30—2005)。

## 30.2　术语

(1)系梁：系梁位于桩顶或墩柱上，连接同墩号的桩基或立柱，使桩或柱子连成共同受力的整体结构。

(2)基坑开挖：为满足承载力的要求，桥梁基础都需要埋入到地面线以下，从地面到基础底面的这部分的土石方必须先行挖除以便于基础施工，这就是基坑开挖工程。

## 30.3　施工准备

### 30.3.1　技术准备

(1)认真审核图纸及设计说明书。

(2)必须熟悉施工的地形、地貌和工程地质状况。

(3)编制好桩顶系梁和墩柱系梁的施工方案，并报建设和监理单位审批。

### 30.3.2　材料准备

(1)原材料：水泥、石子、砂、外加剂、钢筋等。

(2)混凝土养护材料：防风、防雨雪、防冻、防晒、降温材料。

### 30.3.3　主要机具

机械：装载机、挖掘机、汽车吊、潜水泵、电焊机、钢筋切断机、钢筋弯曲机、钢筋调直机、砼搅拌运输车等。

### 30.3.4　作业条件

(1)施工组织设计已批复。

(2)施工场区进行了整平，为保证各种设备行走安全，对不利于施工机械行走的松软地面进行了碾压或夯实处理。

(3)完成对所有施工人员进行技术和安全交底。

(4)完成所有材料、设备及人员的准备工作。

(5)各种施工机具已经到位；施工建筑材料准备就绪。

(6)按施工组织设计文件要求完成测量放样工作。

## 30.4　工艺设计和控制要求

### 30.4.1　技术要求

(1)桩系梁应在桩基检验合格后方能进行桩系梁施工。

(2)基坑开挖前应先做好地面排水。

(3)基坑开挖到位后，不得长时间暴露、扰动或浸泡，应保证浇筑砼时承受砼自重而不下沉。

(4)系梁钢筋和砼应在无水条件下施工，桩顶砼按水平施工缝处理。

(5)浇注砼之前在模板内侧涂刷脱模剂，脱模剂宜采用同一品种，不得使用易粘在砼上或使砼变色的油料。

### 30.4.2　材料质量要求

(1)水泥、石子、砂、外加剂、钢筋等进场前应进行检验，检验方法符合《公路工程水泥及水泥混凝土试验规程》(JTG E30—2005)，确保其原材料质量符合标准。

(2)根据设计和施工要求准备混凝土养护材料；根据天气预报准备防风、防雨雪、防冻、防晒、降温材料。

(3)按照混凝土设计强度要求，做混凝土试验室配合比、施工配合比，满足设计及施工要求。

### 30.4.3　职业健康安全要求

(1)施工前做好施工安全交底，施工过程中，安全员应随时检查安全情况。

(2)机械操作工必须持证上岗，专人专岗，严格遵守各专用设备使用规定和操作规程，且不得疲劳操作。

(3)所有进入施工现场的人员必须按规定佩戴安全防护用具。

(4)严禁在机械运行范围内停留，机械行走前应检查周围情况，确认无障碍后鸣笛操作。

(5)从事焊接、切割作业的人员必须持有效的资格证件，并取得相应焊接、切割的有效操作证。

## 30.5　施工工艺

### 30.5.1　工艺流程

柱式墩横系梁施工工艺流程图如图 30－1 所示。

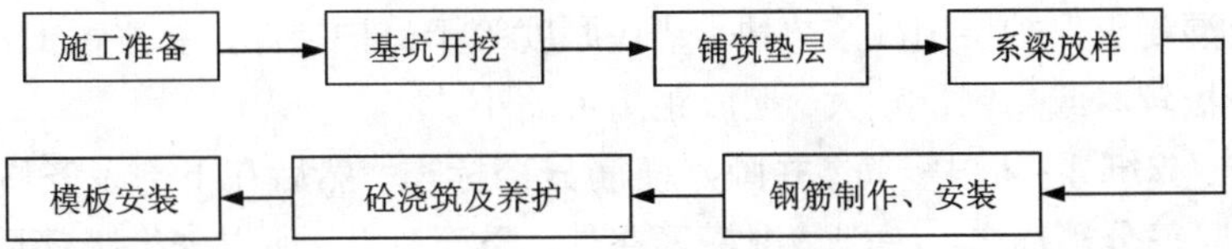


**图 30－1　柱式墩横系梁施工工艺流程图**

### 30.5.2　操作工艺

#### 30.5.2.1　施工准备

桩基施工完成检测合格后，用全站仪放样坐标控制点，实测原地面标高，计算开挖深度，确定基坑开挖边界线，同时填写放样记录表，报驻地监理工程师审批，得到监理工程师的认可。

#### 30.5.2.2　基坑开挖

(1)基坑开挖采用人工配合挖掘机进行，并随时对基坑平面尺寸和标高进行测量控制。当挖到离设计地面标高 30 cm 处时，采用人工清基。

(2)在基坑开挖过程中若发现有渗水现象，则应在基坑四周适当位置布置排水沟和截水沟，防止地面水对已开挖基坑造成损坏。为防止基坑渗水汇集，在基坑基础范围内做人工盲沟，形成排水网，以便基底渗水全部排出，并做集水井，配备足够的潜水泵以便抽水，并及时报检，避免长时间裸露和浸泡。

#### 30.5.2.3　铺筑垫层

基坑开挖完成后，对基坑进行夯实，在表面铺设 10 cm 厚 C15 砼作为系梁底模，同时对桩顶多余砼进行剥除。经质检工程师复核基底标高、平面位置和基坑轮廓线尺寸后，填写自检表报监理工程师审核，经现场监理工程师检查确认后，方可进入下一工序施工。

**30.5.2.4 系梁放样**

系梁施工测量与控制的内容包括：桩基中心测量、桩基高程测量、系梁平面位置放样。桩基中心测量采用全站仪进行测量；高程测量是根据施工中设立的临时水准点，用水准仪或精密水准仪直接进行，也可以三维坐标控制测量。

**30.5.2.5 钢筋制作、安装**

(1)钢筋制作。

钢筋清理：钢筋表面应洁净，黏着的油污、泥土、浮锈使用前必须清理干净。

钢筋调直：可机械或人工调直。经调直后的钢筋不得有弯曲、死弯、小波浪形，其表 面伤痕不应使钢筋截面减小5%。

钢筋截断：应根据钢筋直径、长度和数量，长短搭配，先断长料后断短料，尽量减少和缩短钢筋短头，以节约钢材。

钢筋焊接：钢筋采用双面焊接，焊接长度不小于$5d$，接头需相互错开，同一截面内接头不得超过50%。

(2)钢筋安装。

底板钢筋绑扎：按弹出的钢筋位置线，先铺下层钢筋。根据底板受力情况，决定下层钢筋，一般情况下先铺短向钢筋，再铺长向钢筋。

摆放底板混凝土保护层用砂浆垫块，垫块厚度等于保护层厚度，按每1 m左右距离梅花型摆放。如底板较厚或用钢量较大，摆放距离可缩小。

钢筋固定：先绑2~4根竖筋，并画好横筋分档标志，然后在下部及齐胸处绑 两根横筋定位，并画好竖筋分档标志。一般情况横筋在外，竖筋在里，所以先绑竖筋后绑 横筋。横竖筋的间距及位置应符合设计要求。在钢筋外侧应绑上带有铁丝的砂浆垫块，以保证保护层的厚度。

顶板钢筋绑扎：在进行顶板钢筋绑扎前应先对该基础再次施工放样，即对已经施工完成的钢筋绑扎进行检查，能确定基础的平面尺寸。根据放样进行顶板的钢筋 绑扎。绑扎的工艺与底板的施工工艺基本一致。

预埋件钢筋绑扎：根据弹好的立柱位置线，将立柱伸入基础的插筋绑扎牢固，插入基础深度要符合设计要求，甩出长度不宜过长，其上端应采取措施保证甩筋垂直，不歪斜、倾倒、变位。

**30.5.2.6 模板安装**

系梁采取以砂砾层或水泥砂浆垫层作底模，并要求在装侧模位置严格找平，专业厂家加工的钢模作侧模进行系梁的施工。

(1)模板制作。

系梁模板采用组合钢模或大块钢模，各种螺栓连接件符合《组合钢模板技术规范》(GB 214)。在桩头圆弧部位，为充分利用设备材料，模板制成半圆段与异型段组合，其中半圆段可组合用来接桩。

(2)模板的安装。

钢筋绑扎满足规范要求，并监理验收合格后，开始系梁模板的安装。模板安装前的准备工作：

①检修、除锈、清洗及均匀地涂刷脱模剂。

②模板应已试拼并一一编号。

模板按编号进行拼装。模板与模板之间设置橡胶带，防止浇注砼时漏浆，模板底面如有缝隙，用水泥砂浆填塞严密。为防止模板的移位、突出和在砼浇注时胀模，应在系梁模板内上下设两排对拉螺杆，并在侧模外用脚手架管或木方作斜撑(作枕木作撑垫)，形成对拉对撑。

**30.5.2.7 砼的浇筑及养护**

(1)砼的浇筑。

模板安装完毕以后，请监理现场检验模板的平面位置、顶部标高、节点联系及纵向稳定性。经检验合格后，进行砼的浇注。砼要连续灌注，水平分层、斜向分段、一次灌成，每层厚度不超过 30 cm，上下两层间隔时间：当气温在 30℃以下时不得超过 1.5 h，在 30℃以上时不得超过 1 h。在下层混凝土初凝或能重塑前浇筑完上层混凝土。采用插入式振动器振动，振动时宜快插慢拔，振动棒移动距离不超过该棒作用半径的 1.5 倍；与模板保持 10 cm 左右的距离；插入下层混凝土 10 cm；每一处振动完毕后边振动边徐徐提出振动棒；避免振动棒碰撞模板，钢筋。砼的振动时间，应保证砼获得足够的密实度，当砼不再下沉、砼不出气泡、砼表面开始泛浆时，表示该层振捣适度。

(2)砼的养护。

在系梁砼浇注完毕后，派专人对砼表面定时进行洒水降温。保持砼表面经常处于湿润状态，也可以采用土工布或麻袋覆盖保湿进行养护。

洒水间隔时间以保持砼表面充分潮湿状态为度(白天最多不超过 2 h，夜间 4 h)。连续洒水养护时间根据相对湿度而定为 7 ~ 14 d。如表 30 - 1 所示。

**表 30 - 1 养护时间**

| 环境相对湿度 | 小于 60% | 60% ~ 90% | 大于 90% |
|---|---|---|---|
| 洒水天数/d | 14 | 7 | 可不洒水养护 |

## 30.6 质量标准

严格按照《公路桥涵施工技术规范》(JTJ 041—2011)及《公路工程质量检验评定标准》(JTG F80/1—2017)进行施工。采用“三验一督”制，进行每一环节的质量控制。“三验”指现场施工、技术员进行第一道验收，质检员进行第二道验收，技术负责人进行第三道验收；“一督”是请驻地监理作监督签证验收。以确保工程质量的万无一失。

系梁质量控制指标、检验频率和方法，钢筋质量控制指标、检验频率和方法，模板安装质量控制指标、检验频率和方法如表 30 - 2 ~ 表 30 - 4 所示。

表 30－2　系梁质量控制指标、检验频率和方法

| 项次 | 检查项目 | 规定值或允许偏差值/mm | 检查方法和频率 |
| --- | --- | --- | --- |
| 1 | 混凝土强度/MPa | 符合设计要求 | 按 JTG F80/1—2017 内标准进行检查 |
| 2 | 断面尺寸 | ±30 | 用尺量长、宽、高各 2 点 |
| 3 | 顶面高程 | ±20 | 用水准仪测量 |
| 4 | 轴线偏位 | 15 | 用经纬仪测量纵、横各 2 点 |

表 30－3　钢筋质量控制指标、检验频率和方法

| 项次 | 检查项目 | | 规定值或允许偏差值/mm | 检查方法和频率 |
| --- | --- | --- | --- | --- |
| 1 | 受力钢筋间距 | | ±20 | 每构件检查 2 个断面，用尺量 |
| 2 | 箍筋间距 | | +0，－20 | 每构件检查 5～10 个间距 |
| 3 | 钢筋骨架尺寸 | 长 | ±10 | 按骨架总数 30% 抽查 |
| | | 直径 | ±5 | |
| 4 | 保护层厚度 | | ±10 | 每构件沿模板周边检查 8 处 |

表 30－4　模板安装质量控制指标、检验频率和方法

| 项次 | 检查项目 | | 规定值或允许偏差值/mm | 检查方法和频率 |
| --- | --- | --- | --- | --- |
| 1 | 轴线偏位 | | ±10 | 用经纬仪检查，纵、横各检查 2 点 |
| 2 | 模板高程 | | ±10 | 用水准仪检查 |
| 3 | 内部尺寸 | | ±20 | 用尺量长、宽、高各 2 点 |
| 4 | 平整度 | 表面平整 | 5 | 用 2 m 直尺检查 2 点 |
| | | 相邻板表面高差 | 2 | 用尺量，每接缝检查 2 点 |
| 5 | 预制件 | 预埋件中心线位置 | 3 | 用尺量，每孔抽查 30% |

## 30.7　成品保护

（1）当系梁砼抗压强度达到 2.5 MPa 时，并保证棱角不致因拆模面受损坏时，可拆除系梁模板。拆模时，可用锤轻轻敲击板体，使之与混凝土脱离，再吊运至指定位置堆放。吊运模板时要平衡，防止碰伤系梁砼及模板，不允许用猛烈地敲打和强扭等方法进行。模板拆除后，应及时取出对拉螺栓，并用砂浆将孔塞平，模板应进行维修整理，以方便下次使用。

（2）在混凝土达到设计强度后，因施工对原有地貌造成一定的破坏，立即进行基坑土回填，保护好系梁成品，同时尽量恢复原有地形地貌，做到文明施工。

## 30.8 安全环保措施

(1)在施工区设立安全文明生产警示牌，并做好安全防护设施的设立。进入施工场地要戴安全帽。

(2)基坑开挖应按有关规范要求进行，基底 200 ~ 300 mm 厚土方采用人工配合挖土以免超挖。

(3)对于基坑潮湿或在雨天施工，则在基坑的四周用人工挖一深 20 cm 的排水沟，在基坑的对角各布一个排水井，用潜水泵进行排水。以保证基底的承载力达到设计要求。

(4)开挖基坑后，四周做好围护栏杆，栏杆高 1.2 m 两道扶手，铺设好密目网，做到边开挖边做围护栏杆，同时边安放警示标志。

## 30.9 质量记录

(1)水准及坐标放样记录。

(2)钢筋加工及安装记录。

(3)模板安装验收表。

(4)混凝土浇筑记录。

(5)系梁成品验收表。

# 31 盖梁施工工艺标准

## 31.1 总则

### 31.1.1 适用范围

(1)本标准适用于台帽和盖梁的施工，盖梁施工的支撑方式，可采用落地式支架、抱箍挑架或剪力销托架等，具体采用何种方式应根据现场的实际情况通过计算确定。

(2)陆地上离地面不高，土质条件较好，对地基采取相应措施处理后，可采用落地式支架；对有承台，墩柱高度小于 15 m 的情况下可采用落地式支架；对位于水中的现浇盖梁，可利用桩基、系梁及施工时搭设的水上操作平台支撑支架，但应验算其稳定性和沉降量，慎重采用。支架按支承情况分类，可分为支撑在承台、系梁上及施工时搭设的水上操作平台的门架式钢管支撑支架和满堂式钢管支架。

(3)抱箍挑架选用于各种直径和高度的圆立柱；剪力销托架适用于各种直径和高度的圆立柱和方立柱。

编制参考标准及规范有：

(1)中华人民共和国行业标准《公路桥涵施工技术规范》(JTG/T F50—2011)。

(2)中华人民共和国行业标准《公路工程质量检验评定标准》(JTG F80/1—2017)。

(3)中华人民共和国行业标准《公路工程施工安全技术规范》(JTG F90—2015)。

(4)中华人民共和国行业标准《公路工程水泥及水泥混凝土试验规程》(JTG E30—2005)。

(5)中华人民共和国行业标准《普通混凝土配合比设计规程》(JGJ 55—2011)。

## 31.2 术语

(1)支架：用于支承模板或其他施工荷载的临时结构。

(2)托架：利用预埋件(预留孔)与钢结构拼制联结而成的临时支架。

(3)抱箍挑架：按照立柱的直径用钢板制成两个半圆，在半圆上缘加焊挑架，通过连接钢板上的螺栓连接，使两个半圆钢板与立柱密贴形成抱箍，支撑盖梁现浇时的所有荷载的临时结构。

(4)剪力销托架：按剪力销的尺寸在立柱施工时设置预埋件(如 PVC 管)，在预留孔中穿入剪力销设备(如钢棒)，剪力销托架两端安置砂筒，然后在砂筒上放置工字钢或其他型钢作为横梁的一种临时结构。即在墩柱上预留水平孔，必要时应在墩身水平孔下的混凝土内埋设钢筋加强网，以提高混凝土的局部承载能力，待墩柱混凝土拆模并有一定强度后，在预留孔内穿入钢棒，然后利用钢棒两端悬臂部分搭设支架施工盖梁的方法。

## 31.3 施工准备

### 31.3.1 技术准备

(1)熟悉施工图纸，对照现场实际情况，通过计算、比较，确定盖梁施工的支撑方式。

(2)对选择的支撑方式进行设计，编制施工技术方案。如选择抱箍挑架方式，则应对抱箍进行设计，绘制抱箍挑架加工图报监理审批；如选择落地式支架，则应设计支架图并报监理审批；如选择剪力销托架，则应确定钢棒的材质、截面形状，进行剪力验算，悬臂位移等计算资料和图纸报监理审批。

(3)测量放样，放出盖梁轴线，测量柱顶高程，报监理复核验收。

(4)对作业班组进行技术交底，包括：施工方法、施工工序、技术要求及注意事项等。

### 31.3.2 材料准备

(1)原材料钢筋、水泥、外加剂、砂石等主要材料，选择好供应商和生产商，进行采购与储存，并加强进场质量检验。

(2)严格控制材料及其生产工艺，所有材料、半成品、成品应按规定频率进行自检和监理抽检各项指标合格后方能使用。、

(3)施工用的钢管、扣件、工字钢、钢板、螺栓、钢棒等其性能、质量均应进行检测检验，合格后方可使用。

### 31.3.3 主要机具

吊车、砼搅拌运输车、砼泵车(砼输送泵)等。

### 31.3.4 作业条件

(1)施工前完成场地平整，清除杂物，支架下的地基已处理并满足施工要求，吊车就位处平整夯实。临时电力、水的供应已具备。

(2)墩顶凿毛，模板进行除锈、打磨、均匀涂抹脱模剂等并立模。完成中心定位复测和高程测量，办完监理工程师验收手续。拌和站已标定、各种机具准备就绪、各种材料验收合格数量充足，混凝土配合比已获准使用。

(3)施工作业人员要求：应由工长或现场技术人员对盖梁施工的工人进行培训、技术安全交底。做到熟练掌握支架搭设、支立模板、浇筑等技术，要有应对安全紧急救援措施。操作人员要保持稳定。

(4)安全防护设施全部就位。

## 31.4 工艺设计和控制要求

### 31.4.1 技术要求

(1)支架立柱的地基必须坚实，应有足够的承载能力，并防止不均匀的或过大的沉降。

(2)搭设支架必须严格按监理工程师批准的支架设计图施工，支架的总体构造和细部构造均应设置成几何不变体系。

(3)盖梁底模完成后，应对支架进行预压。

(4)抱箍挑架应在正规工厂生产，按监理批准的图纸加工，制作精度应符合设计要求，抱箍在使用前应进行荷载加压试验。

(5)采用剪力销托架应严格按监理审批后的设计图施工。

(6)模板应有足够的强度、刚度和稳定性，保证结构设计的形状、尺寸和模板各部件之间相互位置的准确性，模板板面光滑平整、接缝严密不漏浆，模板装拆容易，操作方便。

(7)砼的拌制、运输、浇注、养生应严格按《公路桥涵施工技术规范》的规定进行操作。

### 31.4.2 材料质量要求

(1)钢管、扣件的规格、材质、性能及质量应符合现行国家及行业的标准。

(2)制作抱箍的钢材、螺栓应符合国家标准和相关行业规定。

(3)用于剪力销托架的钢棒宜采用低合金钢或Q235钢为宜，其材质、性能及质量应符合国家标准。

(4)水泥、钢筋、外加剂、砂石等主要材料应符合国家和行业现行相关规范、规定的要求。

### 31.4.3 职业健康安全要求

(1)施工前做好施工安全交底，施工过程中，安全员应随时检查安全情况。

(2)机械操作工必须持证上岗，专人专岗，严格遵守各专用设备使用规定和操作规程，且不得疲劳操作。

(3)所有进入施工现场的人员必须按规定佩戴安全防护用具。

(4)高空作业人员必须做岗前体检，有心脏病、高血压、恐高症以及年龄超过50岁的不得上高空作业。

(5)严禁在机械运行范围内停留，机械行走前应检查周围情况，确认无障碍后鸣笛操作。

(6)焊接、切割作业职业健康安全要求。

①从事焊接、切割作业的人员必须持有效的资格证件，并取得相应焊接、切割的有效操作证。

②所有焊接、切割设备均应由项目部检定验收合格后方可投入使用。专业施工员根据施工图纸确定相应部件的焊接工艺、切割工艺进行安全技术交底，并组织实施。焊接、切割作业人员负责按规程规范、作业指导书、安全方案实施。

③严禁在储存或加工易燃、易爆物品的场所周围10 m范围内进行焊接和切割作业。

④在交叉作业时，进行焊接、切割作业必须设置设有防止静电、爆炸和金属飞溅引起火灾的隔离措施，并应采取防止灼伤措施。

(7)高处作业职业健康安全要求。

①高处作业的施工人员按照岗位培训的要求进行上岗前培训(或技术交底)和身体检查，经过理论考试或实际操作考核并取得上级主管机关颁发的操作证后方能上岗操作。

②建立《高处作业人员登记表》，作业人员应具备的基本条件：

(A)年满18周岁以上。

(B)身体健康，无妨碍从事相应工种作业的疾病和生理缺陷。

(C)初中以上文化程度，具备相应工种的安全技术知识，参加国家规定的安全技术理论考试和实际操作考核合格并取得相应证件。

(D)符合相应工种作业特点需要的其他条件。

### 31.4.4 环境要求

(1)确保施工范围内没有闲杂人员，施工现场有防尘措施，保证进场便道畅通。

(2)施工中的废油、废水、废渣有指定点排放和处理。

(3)如遇与当地路线交叉，必须制定专项安全方案。

## 31.5 施工工艺

### 31.5.1 工艺流程

盖梁施工工艺流程如图31－1所示。

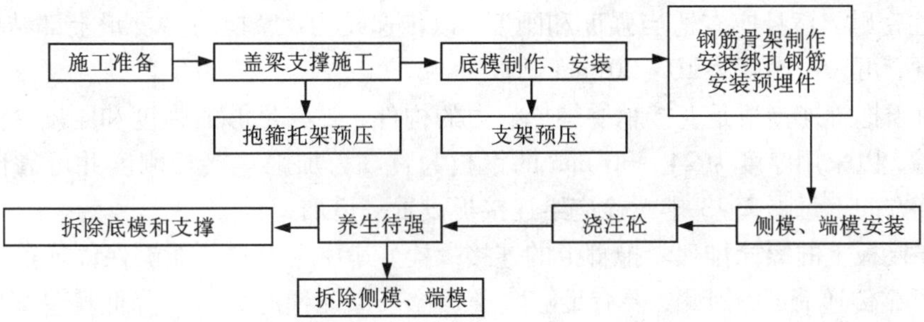


**图31－1 盖梁施工工艺流程图**

### 31.5.2 操作工艺

#### 31.5.2.1 施工准备

(1)立柱、墩身经监理工程师进行质量检测合格后，方能进行盖梁的测量放样。抱箍安装时立柱砼强度达设计强度的100%。

测量放样：在墩柱施工前放出预埋孔洞位置。在搭设盖梁底模前在墩顶准备放样盖梁轴线和高程。

(2)柱顶进行凿毛，清除砼浮浆及松散颗粒，清除钢筋上的浮浆，柱顶冲洗干净。

(3)测量放样，在墩顶准确放出盖梁的轴线，测量柱顶高程。

**31.5.2.2　盖梁支撑施工**

盖梁施工的支撑方式主要有落地式支架、抱箍挑架、剪力销托架三种，分别叙述如下。

(1)落地式支架。

①地基处理。

(A)对无承台、系梁基坑旱地上强度和稳定性(可满足支架承载力)的粗粒土及粒土基底，应将其承重面平整压实，浇筑 10 cm 左右厚贫砼；对强度低、稳定性差的细粒土、软弱黏土等特殊地基，应采取开沟排水、换填、固结等措施，满足支架承载力的要求。

(B)对于有承台、系梁开挖的基坑应分层回填，分层压实，浇筑砼垫层或铺设枕木，满足支架承载力的要求。

②搭设支架，按监理批准的支架设计图施工，支架搭设的相关要求和规定，参本书5.2.3节。

③支架底模安装好后，应进行预压，其预压荷载宜为支架承受盖梁全部荷载的 1.05 ~ 1.10 倍，其相关要求和规定，参本书 5.2.4 节。

(2)抱箍挑架支撑。

①抱箍挑架的设计。

(A)抱箍由两个半圆组成通过连接钢板上的螺栓连接，抱箍法的关键是要确保抱箍与墩柱有足够的摩擦力，以安全地传递荷载。为了增大抱箍与墩柱之间的摩擦力，抱箍周长宜小于立柱直径 2 ~ 3 mm。

(B)箍身的结构形式。抱箍安装在墩柱上时必须与墩柱密贴，这是个基本要求。为了适应圆形立柱的弧度不均匀，抱箍的箍身宜采用不设加劲板的钢板作箍身，形成柔性的箍身，容易与墩柱密贴；箍身应有适当强度和刚度，以传递拉力、摩擦力并支承上部结构重量，根据荷载不同，可采用厚度为 10 ~ 20 mm 钢板。

(C)由于抱箍连接板是直接承受螺栓拉力的构件，要有足够的强度和刚度，根据理论和实际的经验，以采用厚度为 24 ~ 30 mm 的钢板为宜。为加强连接板刚度并可靠传递螺栓拉力，在竖直方向上每隔 2 ~ 3 排螺栓应给连接板设置一道加劲板。

(D)连接板上的螺栓排列。抱箍上的连接螺栓，其预应力必须能够保证抱箍与墩柱间的摩擦力能可靠传递荷载，因此，要有足够数量螺栓来保证预应力。为降低箍身高度，减少投入，一般均将连接板上的螺栓在竖向上布置成两排。

(E)连接螺栓的数量计算。抱箍与墩柱间的最大静摩擦力等于正压力与摩擦系数的乘积。应根据选用螺栓的材质、螺栓直径、每个抱箍承受的荷载，钢板与墩身砼间的摩擦系数，安全系数等综合因素考虑计算螺栓数量。对于抱箍结构，为减少螺栓个数，可采用材质 $45^{\#}$ 钢，30 mm 大直径的螺栓；钢板与墩身砼间的摩擦系数为 0.3 ~ 0.4，安全系数为 1.5 ~ 2.0。

(F)由抱箍和工字钢组成的盖梁支架应对纵、横梁进行强度和刚度验算，进行剪切验算。

②抱箍挑架施工。

(A)抱箍必须在正规工厂制作，按监理批准后的图纸加工，制作完成后进行验收合格后，方可使用。

(B)应根据抱箍的尺寸和纵横梁支架的高度确定在立柱上的位置，使用前应对抱箍螺丝扣的收紧力及相应的承载能力进行试验，然后放置工字钢或其他横梁。

(C)安装前应先搭设安装操作平台，平台的顶部宜设在抱箍的下缘。

(D)抱箍安装好以后，应在抱箍的下方做好标记，并应在抱箍承受荷载后观测其是否下沉。安放底模后，应再一次拧紧抱箍的连接螺栓，并检查抱箍是否下沉，经检查未下沉后，方可吊装钢筋骨架和侧模板；再次检查抱箍是否下沉，确认抱箍没有移动，方可浇筑砼。浇筑砼过程中应安排专人观测抱箍是否下沉。

(3)剪力销支撑。

①在浇筑墩柱前应确定剪力销在立柱上的位置，剪力销一般均采用钢棒，施工时可用内径大于钢棒 1 ~ 2 cm 的 PVC 管做预埋件，预埋件应位于柱中心，垂直于盖梁轴线，两柱预埋件高程应符合设计的桥梁横坡。

②由钢棒和纵横梁组成的盖梁支架，应对纵横梁的强度、刚度和剪应力进行验算，应对剪力销(钢棒)进行剪应力和变形验算。

③安装前搭设脚手架操作平台，安装时用吊车吊平钢棒，人工辅助穿入，钢棒两端伸出长度应相等，穿入后空洞部分应塞紧，防止钢棒位移、转动。

④钢棒上安装托架，安放卸落设备如砂筒、千斤顶或楔块。

**31.5.2.3　底模制作、安装**

(1)模板的挠度应不超过模板跨度的 1/400，模板板面的变形不超过 1.5 mm。

(2)底模安装的纵横坡应符合设计要求。

(3)底模下的主横梁上宜设木楔和辅助木方，便于调整底模高程。

(4)对底模与立柱的结合处，应采取有效措施防止漏浆，力求立柱伸入盖梁 20 mm。

(5)应根据测量放样的立柱中心点放出盖梁端头模板的底部位置。

**31.5.2.4　钢筋骨架的制作、安装、绑扎、安装预埋件**

(1)钢筋骨架的制作、安装、绑扎钢筋。

①应先在底模上按梅花型摆放高强度砂浆垫块，并根据测量放样的中心点，放出钢筋骨架就位的位置。

②钢筋整体吊装时，应在钢筋加工场严格按图纸及设计要求下料，并在台座上焊接、绑扎成型，运输、安装时采用多点吊装方法，防止钢筋骨架在吊装时变形。骨架就位应准确，如有偏差及时调整。

③ 应按骨架上的箍筋位置线，使钢筋骨架和箍筋精确定位。

④宜采用缠扣绑扎钢筋，箍筋与主筋、水平筋应垂直，接触应紧密，箍筋转角处与主筋的交点均应绑扎，主筋与箍筋非转角部分的相交点可成梅花型交错绑扎。

⑤钢筋安装时，应在盖梁钢筋骨架的侧面，设置高强度砂浆垫块。

(2)安装预埋件。

①应按设计图纸的要求进行预埋件预埋，如桥台有支座垫石预埋件，防震挡块预埋钢筋，耳背墙预埋钢筋，防震锚栓等；桥墩有支座垫石预埋钢筋，盆式支座还应预留孔作固定锚栓用，防震挡块预埋钢筋，墩梁固结的墩应预埋钢板。

②预埋件施工应注意：

(A)为保证预埋件位置准确，应对预埋件采取固定措施，以免振捣砼时发生移动。

(B)预埋件在墩台帽上的外露部分要有明显标识，浇至顶层砼时，要注意外露部分的尺寸要准确。

(C)预埋件下面及附近的砼应注意振捣密实。

**31.5.2.5　装侧模、端模**

(1)侧模板的制作安装应符合下列规定：

① 钢模板面板的厚度不宜小于6 mm，肋板设计应使模板具有足够的刚度。

②侧模宜整体吊装，侧模接缝处、侧模与底模接缝处宜粘贴双面胶条，且宜采用对拉杆使模板就位，拉杆应有足够的强度和较小的变形，宜使盖梁内无对穿拉杆；拉杆和模板内支撑应设置在同一平面，通过内外支撑对模板进行调整、对中、加固，使其稳固。

③在吊装模板时应设风缆，防止模板与钢筋碰撞摆动等，并保持模板在吊装过程中稳定。

④端模板和侧面模板应牢固连接，并应采取支撑、加固等措施，防止跑模、漏浆。

**31.5.2.6　浇注砼**

(1)可采用泵送或吊车配合漏斗的方式浇筑砼，浇筑施工时应保证出料口与浇筑面之间的距离小于2.0 m，防止砼离析；砼的坍落度可根据现场温度适当控制，一般情况下，砼的坍落度在入模后保持在50 ~ 70 mm，泵送砼可保持在120 ~ 140 mm。

(2)砼的浇筑顺序宜从墩顶向两端对称、分层、连续浇筑，分层厚度不宜超过300 mm。

(3)砼振捣采用插入式振捣器，保证不漏振、过振。

(4)砼的养护：侧模拆除前其顶面采用浸水土工布覆盖养护；侧模拆除后，可采用透水土工布包裹，滴灌养护，保证砼表面始终处于湿润状态。养护时间应不少于7 d。

**31.5.2.7　模板的拆除**

(1)砼强度达到2.5 MPa以上，并应能保证其表面及棱角不因拆除模板而受损后，方可拆除盖梁侧模板。

(2)底模的拆除应待砼达到一定强度，使梁体能够承担自身重量产生的内力后方可进行。

(3)抱箍、剪力销组合的盖梁支架宜用吊车配合拆除。

## 31.6　质量标准

### 31.6.1　基本要求

(1)混凝土所用的水泥、砂、石、水、外掺剂及混合材料的质量和规格，必须符合有关技术规范的要求，按规定的配合比施工。

(2)不得出现空洞和露筋现象。

### 31.6.2　实测项目

墩、台帽或盖梁实测项目如表31－1所示。

表 31－1　墩、台帽或盖梁实测项目

| 项次 | 检查项目 | 规定值或允许偏差 | 检查方法和频率 |
|---|---|---|---|
| 1 | 混凝土强度/MPa | 在合格标准内 | 按检评标准 JTG F80/1—2017 检查 |
| 2 | 断面尺寸/mm | ±20 | 尺量：检查3个断面 |
| 3 | 轴线偏位/mm | 10 | 全站仪或经纬仪：纵、横各测量2点 |
| 4 | 顶面高程/mm | ±10 | 水准仪：检查3~5点 |
| 5 | 支座垫石预留位置/mm | 10 | 尺量：每个 |

钢筋安装实测项目如表31－2所示。

表 31－2　钢筋安装实测项目

| 项次 | 检查项目 | | 规定值或允许偏差 | 检查方法和频率 |
|---|---|---|---|---|
| 1 | 受力钢筋间距/mm | | ±10 | 尺量：每构件检查2个断面 |
| 2 | 箍筋、横向水平钢筋、螺旋钢筋间距/mm | | ±10 | 尺量：每构件检查5~10个间距 |
| 3 | 钢筋骨架尺寸/mm | 长 | ±10 | 尺量：按骨架总数30%抽查 |
| | | 宽、高或直径 | ±5 | |
| 4 | 弯起钢筋位置/mm | | ±20 | 尺量：每骨架抽查30% |
| 5 | 保护层厚度/mm | | ±5 | 尺量：每构件沿模板周边检查8处 |

### 31.6.3　外观检查

(1)混凝土表面平整、光洁、棱角线平直，表面色泽一致。

(2)蜂窝、麻面面积不得超过该面积的0.5%。深度超过10 mm的必须处理。

## 31.7　成品保护

(1)钢模板内面涂脱模剂不要污染钢筋，脱模剂涂好后，应及时进行钢筋安装，否则应用塑料布覆盖，防止灰尘、杂物污染。

(2)钢筋吊装时要注意多点吊装，防止钢筋半成品变形。

(3)模板、支撑吊装要避免发生碰撞变形或造成已完墩柱损坏。

(4)拆模时不得动大锤、撬棍硬砸猛撬，以免混凝土损坏。

(5)及时进行养护，防止表面收缩开裂。

(6)保护安装好的钢绞线，注意电焊不能触到，如有接触应认真检查钢绞线的失效长度，并将其换掉。

(7)混凝土浇好后，初凝之前严禁人或机械在盖梁混凝土上行走。

## 31.8 安全环保措施

### 31.8.1 安全措施

(1)配备专职安全员，对施工现场进行全面安全管理和检查。

(2)安全设施，如安全帽、安全带、安全网等符合质量要求，进入施工现场必须正确配戴安全帽，高空作业必须系好安全带。2 m以上高空必须设置安全防护措施，如果条件不允许，必须使用安全带，或安全防护网。

(3)各种机械机具和用电设备定期检查，确保设备的完好，用电设备接电必须由指定专业电工进行，不得私拉乱接。

(4)施工现场使用的各种电缆线要定期检查，接头必须绑扎牢固，确保不透水、不漏电，条件允许，尽可能采用架空处理。

(5)施工平台必须搭设牢固，并保证1 m宽作为通道供人行走，施工平台下垫板必须绑扎牢固，平台配有护栏、防抛密布网和行走挡板，以保证上下平台安全。施工平台材料和小型机具堆放必须尽量对称放置，防止平台一侧受力失稳。

(6)吊装作业必须有详尽的方案，吊钩须有保险装置，吊索须完好且保证足够的安全储备。吊装作业人员须持证上岗。吊装大型物体时须设备控制尾索。

(7)在5级风速及恶劣天气的情况下，应避免高空作业。

(8)危险区域作业要有明显的警告标志。

### 31.8.2 环境措施

(1)确保施工范围内没有闲杂人员，施工现场有防尘措施，保证进场便道畅通。

(2)施工中的废油、废水、废渣有指定点排放和处理。

(3)进出当地道路时，及时进行清扫，保证道路清洁。

## 31.9 质量记录

(1)原材料进场复验报告。

(2)盖梁测量放样及复核记录。

(3)钢筋加工、安装分项工程质量检验评定表。

(4)混凝土浇注记录。

(5)混凝土强度试验报告。

(6)盖梁分项工程质量检查评定表。

(7)预应力张拉、压浆记录表。

# 32 桥梁支座安装施工工艺标准

## 32.1 总则

### 32.1.2 适用范围

本标准适用于支座垫石施工及板式橡胶支座、盆式橡胶支座、球型支座的安装，其他类型的支座安装可根据各自特点参照执行。

### 32.1.2 参考标准及规范

(1)中华人民共和国行业标准《公路桥涵施工技术规范》(JTG/T F50—2011)。
(2)中华人民共和国行业标准《公路工程质量检验评定标准》(JTG F80/1—2017)。
(3)中华人民共和国行业标准《公路工程施工安全技术规范》(JTG F90—2015)。

## 32.2 术语

(1)支座垫石：支承支座的永久性的混凝土结构。

(2)板式橡胶支座：由多层薄钢板镶嵌、黏合、压制而成，有足够的竖向刚度以承受垂直荷载；有良好的弹性以适应梁端的转动；有较大的剪切变形以满足上部结构的水平位移。

(3)盆式橡胶支座：系利用底钢板对橡胶块的三向约束获得较大的承载能力；利用中间的钢板上的四氟板与顶板上的不锈钢板的低摩擦系数，获得大的水平位移；利用钢盆中三向受力的弹性橡胶块的压缩转动获得较大的转角的一种支座。

(4)球型支座：是由上下支座板及支座钢球心组成。主要通过球面传力，利用球面聚四氟乙烯板的滑动来实现支座的转动过程，转动力矩小，而且转动力矩只与支座球面半径及聚四氟乙烯板的摩擦系数有关，与支座转角大小无关，特别适用于大转角要求，且支座各向转动性能一致。支座不用橡胶承压，不存在橡胶老化对支座转动性能的影响，特别适用于低温地区。

## 32.3 施工准备

### 32.3.1 技术准备

(1)认真审核支座安装图纸，编制施工方案，经审批后，向有关人员进行交底。

(2)进行补偿收缩砂浆及混凝土各种原材料的取样试验工作，设计砂浆及混凝土配合比。

(3)进行环氧砂浆配合比设计。

(4)支座进场后取样送有资质的检测单位进行检验。

### 32.3.2 材料准备

支座、配制环氧砂浆材料、水泥、砂、石子、外加剂、掺合料、水、电焊条。

其他材料：丙酮或酒精、硅脂等。

### 32.3.3 机具准备

(1)主要机械：空压机、发电机、电焊机、汽车吊、水车、水泵等。

(2)工具：扳手、水平尺、铁錾、小铁铲、铁锅、铁锹、铁抹子、木抹子、橡皮锤、钢丝刷、钢楔、细筛、扫帚、小线、线坠等。

### 32.3.4 作业条件

(1)桥墩混凝土强度已达到设计要求，并完成预应力张拉。

(2)墩台(含垫石)轴线、高程等复核完毕并符合设计要求。

(3)墩台顶面已清扫干净，并设置护栏。

(4)上下墩台的梯子已搭设就位。

### 32.3.5 劳动力组织

劳动力组织如表 32 -1 所示。

表 32 -1　桥梁支座安装施工施工劳动力组织

| 工种 | 人数/人 | 工作地点 | 职责范围 |
| --- | --- | --- | --- |
| 施工队长 | 1 | 施工现场 | 负责跟班组织施工管理工作、协助指挥工作等 |
| 技术员 | 1 | 施工现场 | 负责跟班解决施工中的技术问题 |
| 安全员 | 1 | 施工现场 | 负责跟班检查安全措施、安全措施的执行情况及安全教育工作，对安全生产负责 |
| 质量检查员 | 1 | 施工现场 | 负责跟班检查工程质量，组织各工种交接及质量保证措施的执行情况，对工程质量负责 |
| 测量工 | 2 | 施工现场 | 负责支架平面、高程放样 |

续表 32-1

| 工种 | 人数/人 | 工作地点 | 职责范围 |
|---|---|---|---|
| 安装工 | 4 | 施工现场 | 负责支座安装 |
| 电工 | 1 | 整个施工现场 | 负责现场动力、照明、通信等电器系统的维修保护 |
| 材料员 | 1 | 材料仓库 | 负责施工材料供应及管理 |
| 总计 | 12 | | |

注：此表为一个作业班施工配备人员，未计后勤、行政等人员。

## 32.4 工艺设计和控制要求

### 32.4.1 技术要求

(1)认真审核支座安装图纸，编制施工方案，经审批后，向有关人员进行交底。

(2)进行补偿收缩砂浆及混凝土各种原材料的取样试验工作，设计砂浆及混凝土配合比。

(3)进行环氧砂浆配合比设计。

(4)支座进场后取样送有资质的检测单位进行检验。

### 32.4.2 材料质量要求

(1)支座：进场应有装箱清单、产品合格证及支座安装养护细则，规格、质量和有关技术性能指标符合现行公路桥梁支座标准的规定，并满足设计要求。

(2)配制环氧砂浆材料：二丁酯、乙二胺、环氧树脂、二甲苯、细砂，除细砂外其他材料应有合格证及使用说明书，细砂品种、质量应符合有关标准规定。

(3)配制混凝土及补偿收缩砂浆材料。

①水泥：宜采用硅酸盐水泥和普通硅酸盐水泥。进场应有产品合格证或出厂检验报告，进场后应对强度、安定性及其他必要的性能指标进行取样复检，其质量必须符合现行国家标准《通用硅酸盐水泥》(GB 175—2007)等的规定。当对水泥质量有怀疑或水泥出厂超过三个月时，在使用前必须进行复检，并按复检结果使用。不同品种的水泥不得混合使用。

②砂：砂的品种、质量应符合国家现行标准《公路桥涵施工技术规范》(JTG/T F50—2011)的要求，进场后按国家现行标准《公路工程集料试验规程》(JTG E42—2005)的规定进行取样试验合格。

③石子：应采用坚硬的卵石或碎石，并按产地、类别、加工方法和规格等不同情况，按国家现行标准《公路工程集料试验规程》(JTG E 42—2005)的规定分批进行检验，其质量应符合国家现行标准《公路桥涵施工技术规范》(JTG/T F50—2011)的规定。

④外加剂：外加剂应标明品种、生产厂家和牌号。外加剂应有产品说明书、出厂检验报告及合格证、性能检测报告，有害物含量检测报告应由有相应资质等级的检测部门出具。进场后应取样复检合格，并应检验外加剂的匀质性及与水泥的适应性。外加剂的质量和应用技术应符合现行国家标准《混凝土外加剂》(GB 8076—2008)和《混凝土外加剂应用技术规范》(GB 50119—2013)的有关规定。

⑤掺合料：掺合料应标明品种、生产厂家和牌号。应有出厂合格证或质量证明书和法定检测单位提供的质量检测报告，进场后应取样复试合格。掺合料质量应符合国家现行相关标准规定，其掺量应通过试验确定。

⑥水：宜采用饮用水。当采用其他水源时，其水质应符合国家现行标准《混凝土用水标准》(JGJ 63—2006)的规定。

(4)电焊条：进场应有合格证，选用的焊条型号应与母材金属强度相适应、品种、规格和质量应符合现行国家标准的规定并满足设计要求。

### 32.4.3 职业健康安全要求

(1)施工前做好施工安全交底，施工过程中，安全员应随时检查安全情况。

(2)机械操作工必须持证上岗，专人专岗，严格遵守各专用设备使用规定和操作规程，且不得疲劳操作。

(3)所有进入施工现场的人员必须按规定佩戴安全防护用具。

(4)严禁在机械运行范围内停留，机械行走前应检查周围情况，确认无障碍后鸣笛操作。

(5)焊接、切割作业职业健康安全要求

①从事焊接、切割作业的人员必须持有效的资格证件，并取得相应焊接、切割的有效操作证。

②所有焊接、切割设备均应检定验收合格后方可投入使用。

③专业施工员根据施工图纸确定相应部件的焊接工艺、切割工艺进行安全技术交底，并组织实施。焊接、切割作业人员负责按规程规范、作业指导书、安全方案实施。

④严禁在储存或加工易燃、易爆物品的场所周围10 m范围内进行焊接和切割作业；在交叉作业时，进行焊接、切割作业必须设置设有防止静电、爆炸和金属飞溅引起火灾的隔离措施，并应采取防止灼伤措施。

(6)高处作业职业健康安全要求

①高处作业的施工人员按照岗位培训的要求进行上岗前培训(或技术交底)和身体检查，经过理论考试或实际操作考核并取得上级主管机关颁发的操作证后方能上岗操作。

②建立《高处作业人员登记表》，作业人员应具备的基本条件：

(A)年满18周岁以上。

(B)身体健康，无妨碍从事相应工种作业的疾病和生理缺陷。

(C)初中以上文化程度，具备相应工种的安全技术知识，参加国家规定的安全技术理论考试和实际操作考核合格并取得相应证件。

(D)符合相应工种作业特点需要的其他条件。

### 32.4.4 环境要求

(1)电焊工焊接时，必须戴防护眼罩；电工作业时必须穿绝缘鞋；钢筋工、砼工应戴手套；高空作业应穿防滑鞋。

(2)清理的废渣、杂物不得乱弃乱放，尤其禁止弃于有环保要求的河、湖及水库中。

# 32.5 操作工艺

## 32.5.1 工艺流程

桥梁支座安装施工工艺流程图如图 32-1 所示。

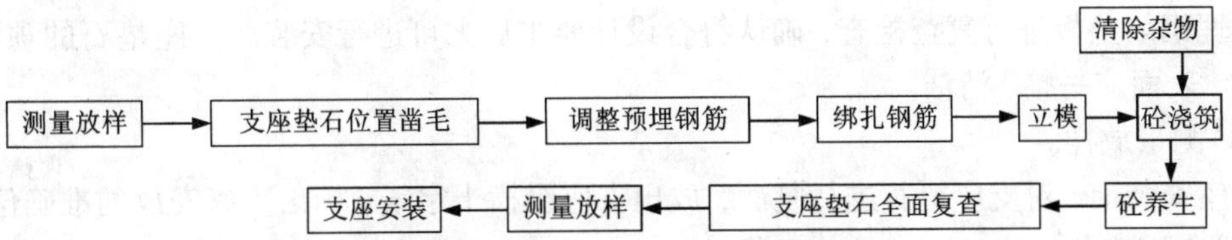


**图 32-1 桥梁支座安装施工工艺流程图**

## 32.5.2 操作工艺

(1)测量放样。

①放出每个支座的平面位置，并弹出墨线。

②测出每个支座垫石底面的高程，并应计算复核支座垫石的设计高程，特别是弯桥、坡桥、斜桥。

(2)支座垫石位置凿毛。凿除浮浆，松散颗粒，清洗干净，使新老砼结合好。

(3)调整预埋钢筋。对支座竖向预埋钢筋进行清理，少埋了的应植筋补齐，钢筋过长的应剪掉，扳倒的应扶正，钢筋上的油污灰尘应清除。

(4)绑扎钢筋。严格按设计图纸的钢筋数量进行绑扎。

(5)立模。

①采用可调节四角顶面高程的定型钢模，严格控制支座垫石顶面高程，顶面应是水平的，应保证顶面高程在规范允许误差范围内。

②用于盆式支座的支座垫石，应按盆式支座底板地脚螺栓的间距及规范预留螺孔，预留螺孔直径为地脚螺栓的 3 倍($3d$)，深度为螺栓长度的 $L+50$ mm。

③立模后应再次清洗垫石的底面。

(6)浇注砼。

①浇注砼前应用水充分湿润支座垫石的位置处，施工中采取可靠的措施保证砼振捣密实，同时做好垫石砼表面的收浆抹面工作，保证表面平整。

②支座垫石宜采用小石子砼，砼强度应符合设计要求。

③支座垫石在收获结束后采用潮湿土工布覆盖，滴灌养护时间不少于 7 d，支座垫石不宜在冬季浇注施工，否则应对砼采取严格的保湿措施。

④支座垫石不应出现露筋、空洞、蜂窝及裂缝，预埋钢板(如有)不应出现悬空现象。对有裂缝、高程或几何尺寸偏差超过允许值以及砼强度不满足设计要求的支座垫石，一律返工处理，不得进行修补或加固。

(7)支座垫石和支座的全面检查。

①支座检查。

(A)支座规格型号性能应符合设计要求，并应符合相应产品标准的规定。

(B)支座在使用前，应对其规格和技术性能进行核对检查，不符合设计要求的不得使用。对有包装箱保护的支座，在安装前拆箱，不可随意拆卸支座上的固定件。

②对支座垫石的检查。

支座安装前，应对支座垫石的砼强度、平面位置、顶面高程、顶面平整度、地脚螺栓预留孔和预埋钢筋垫板进行复查检查，确认符合设计要求后方可进行安装。支座垫石的顶面高程应准确，表面应平整、清洁。

(8)测量放样。

支座安装前，对支座垫石进行复测，放出支座纵横十字线，标出支座安放的准确位置。

(9)支座安装。

①板式橡胶支座的安装。

(A)连续墩及现浇梁橡胶支座的安装。

(a)橡胶支座安放在垫石上，使支座中心与墩台上的设计中心线重合，支座就位准确。

(b)在浇筑砼前，在橡胶支座位置上需加设一块比支座平面稍大的支承钢板，钢板上焊锚固筋与梁体相连接。为了防止漏浆，在支承钢板与模板之间四周先用棉纱、土工布填塞，再在上面贴双面胶。

(B)预制梁橡胶支座的安装。

(a)将支座安放在垫石上，使支座中心线同支座垫石上的支座位置中心线相重合，使支座就位准确。架梁落梁时，预制梁的纵轴线应同支座中心线重合。为使落梁准确，应在梁端立面上标出两支座位置中心铅垂线，落梁时同墩台上的位置中心线相吻合。

(b)架梁落梁操作应平稳，防止支座偏心受压或产生初始剪切变形。

(c)一般情况下，橡胶支座安装落梁后，其顶面应保持水平。

(d)橡胶支座安装后，若发现下述情况则应及时调整：个别支座脱空，出现不均匀受力，尤以空心板梁突出；支座发生较大的初始剪切变形；支座偏差严重，局部受压，侧面异常鼓出而局部脱落。

调整方法一般可用千斤顶顶起梁端，在支座上下表面铺涂一层环氧树脂砂浆。再次落梁，在重力作用下使支座上下表面相互平行且同梁底、垫石顶面全部密贴，同时使一片梁两端的支座处在同一平面内。

(e)安装滑板支座时，应先在四氟板的储油槽内注满硅脂润滑剂，以降低摩擦系数。

(f)与四氟板面接触的不锈钢板面不允许有损伤、拉毛现象，以免增大摩擦系数损坏四氟板。

②盆式橡胶支座的安装。

(A)盆式橡胶活动支座的安装错位量和方向应严格按设计单位及厂家根据安装时气温条件提供的相应数据施工。

(B)支座在安装前应全面检查，查看零件有无丢失、损坏，橡胶块与底盆间有无压缩空气等。活动支座安装前用丙酮或酒精仔细擦洗各相对滑移面，擦洗后在四氟板的储油槽内注满硅脂润滑剂，并注意保持清洁，其他也应擦洗干净。

(C)支座上、下各部件纵横向必须对中，当安装温度低于设计温度时，活动支座上、下各部件错开的距离必须与设计值相等。

(D)安装纵向活动支座时，其上、下座板的导向挡块必须保持平行，交叉值不得大于5′，否则将影响位移性能。

(E)安装时，支座中心线必须与主梁中心线重合或平行。

(F)支座与桥梁上部、下部构造的连接方式采用地脚螺栓锚固，也可以焊接或两种方法同时使用，即上部焊接、下部锚固。当采用焊接连接时，应在支座顶板和底板相应位置预埋钢板，支座就位后可采用跳跃式连续焊接法将支座上下钢板与预埋钢板焊接在一起。焊接时采用有效降温措施。

当采用地脚螺栓连接时，支座纵横轴线位置对称后，将支座就位并调整水平。待复查合格后在螺栓的预留孔中灌入环氧树脂砂浆，环氧树脂砂浆完全凝固后再拧紧螺母。地脚螺栓露出螺母顶面的高程不得大于螺母的厚度。

(G)现浇主梁先将支座上、下座钢板临时固定相对位置，整体吊装在支座固定在设计位置上。对于主梁为预制吊装的桥梁，则支座上、下座板只能有一件先行固定，通常是将支座上座板固定在大梁上，而后按其位置确定底盆在墩台位置，最后予以固定。

(H)顶推的连续梁则应先将下座板固定在墩台上。墩台还应设置临时支座，当主梁顶推完毕，且校正位置后，拆除临时支座，使梁落在支座上。当临时支座采用硫磺砂浆，则在拆除临时支座时，必须在支座和硫磺砂浆间采取隔热措施，以免损坏四氟板和橡胶块。

(I)盆式橡胶活动支座安装就位后，应将上、下座钢板之间采用钢筋或钢板连接，进行临时锁定，以防止在施工过程中发生错位，但锁定应在预应力张拉前解除。

(J)支座安装后，应及时清理杂物，并对支座所有外露钢结构部分进行防锈处理。

(K)施工单位、监理工程师应对每一孔及时组织支座安装质量检查，发现问题及时整改，经复查合格后，方可进行下一道工序的施工。

③球型支座的安装。

(A)采用球型支座时，桥梁梁体及墩台支承部位的砼强度不得低于C35，特殊情况下需采用低于C35的砼时需征得设计单位同意。

(B)支座与梁体及墩台采用预埋螺栓连接，必要时也可采用预埋钢板焊接。但支座与预埋钢板焊接时，要防止钢体过热，以免烧坏硅脂及聚四氟乙烯板。

(C)支座安装高度应符合设计要求，要保证支座支承平面的水平及平整，支座支承面四角高差不得大于2 mm。

(D)安装时支座的相对滑动面应用丙酮、酒精仔细擦净，不得夹有灰尘和杂质，然后在表面上均匀地涂抹硅脂润滑剂。

(E)上、下连接板在梁体安装完成后予以拆除，以防约束梁体的正常转动，及时安装活动支座的橡胶防尘罩。

(F)支座出厂时，应由生产厂家将支座调平并拧紧连接螺栓以防止支座在安装过程中发生转动和倾覆。支座可根据设计需要预设转角和位移，但用户应在订货时提出预设转角和位移量的要求，由生产厂家在装配时，预先调整好。

(G)支座在安装前方可开箱，并检查装箱清单，包括配件清单、原材料检验报告复印件、支座产品合格证及支座安装养护细则。开箱后，不得任意移动连接螺栓，并不得任意拆卸支座。

(H)支座安装步骤及注意事项：

(a)支座开箱并检查装箱清单及合格证。

(b)安装支座板及地脚螺栓，在下支座板四角用钢锲块调整支座水平，并使下支座板底高出桥墩顶面20～50 mm，找正支座纵、横向中线位置，使之符合设计要求，用环氧砂浆浇注地脚螺栓孔及支座底面垫层。

(c)环氧砂浆硬化后，拆除支座四角临时钢锲块，并用环氧砂浆填满抽出锲块的空隙。

(d)在梁体安装完毕后，或现浇砼梁形成整体并达到设计强度后，在张拉梁体预应力之前，拆除上、下连接板，以防止约束梁体正常运转。

(e)拆除上、下连接板后，检查支座外观，并及时安装支座外防尘罩。

(f)当支座与梁体及墩台采用连接焊接时，应先将支座准确定位后，用对称间断焊接将下支座与墩台上预埋钢筋焊接，焊接时应防止烧伤支座及混凝土。

## 32.6 质量标准

### 32.6.1 质量控制

(1)顺桥向相邻墩台高程不同时，同一片梁两端支座垫石顶面高程相对误差不得超过3 mm。

(2)支座垫石的砼强度应满足设计要求，表面应平整、无裂缝、高程、几何尺寸应准确。

(3)梁板底面和垫石顶面的钢板应埋置稳固，垫板与支座间应平稳密贴，四周间隙不得大于0.3 mm，并应保持清洁。

(4)支座的规格型号正确，安装位置准确，滑动支座滑动方向正确，安装后支座能均衡受力。

(5)应对支座的安装质量逐个进行检查，防止出现脱空、偏压、变形等问题，若有问题应及时调整。

### 32.6.2 支座安装质量标准

支座安装质量标准如表 32 - 2 所示。斜拉桥、悬索桥支座安装质量标准如表 32 - 3 所示。

**表 32 - 2 支座安装质量标准**

单位：mm

| 项目 | | 规定值或允许偏差 | 检验方法 |
|---|---|---|---|
| 支座中心与主梁中线/mm | | 2 | 全站仪测量 |
| 支座顺桥向偏位/mm | | 10 | 全站仪测量 |
| 高程/mm | | 符合设计规定；未规定 ±5 | 水准仪测量 |
| 支座四角高差/mm | 承压力≤5000KN | 小于1 | 铁水平R检测对角线 |
| | 承压力>5000KN | 小于2 | 铁水平R检测对角线 |

表 32－3　斜拉桥、悬索桥支座安装质量标准

| 项目 | 规定值或允许偏差 | 检验方法 |
|---|---|---|
| 竖向支座的纵、横向偏差/mm | 5 | |
| 支座高程/mm | ±10 | |
| 竖向支座垫石钢板水平度/mm | 2 | |
| 竖向支座滑板中心与桥轴线平行度/mm | 1/100 | |
| 横向抗风支座支挡垂直度/mm | 不大于1 | |
| 横向支座抗风支挡表面平行度/mm | 不大于1 | |
| 支挡表面与横向抗风支座表面间距/mm | 2 | |

### 32.6.3　外观鉴定

(1) 支座外观不得有影响使用的外伤。

(2) 多余混凝土或砂浆应清理干净，外露面应拍实压平。

## 32.7　成品保护

(1) 支座运输吊装时应谨慎操作，并应采取有效防护措施防止支座被碰坏。

(2) 应定期检查支座防尘罩是否破坏脱落，如发现问题及时恢复。

(3) 对未形成整体的梁板结构，应尽量避免重型车辆通过，防止压坏支座。

## 32.8　安全环保措施

### 32.8.1　安全操作要求

(1) 高处作业时要系好安全带。需设工作平台时，防护栏杆高地作业面不应小于 1.2 m，且用密目安全网封闭。

(2) 安装大型盆式支座时，墩上两侧应搭设操作平台，墩顶作业人员应待支座吊到墩顶稳定后再扶正就位。

(3) 因乙二胺挥发性较强且属有毒物质，操作人员要按要求佩戴口罩、眼罩、手套，并选择通风良好的位置进行环氧砂浆拌制。

### 32.8.2　环保措施

(1) 要防止人为敲打、叫嚷、野蛮装卸等产生的噪声，造成噪声扰民现象。

(2) 对产生强噪声机械作业的工序，宜安排在白天进行；若安排夜间施工时，应采取隔音措施。

(3) 支座处凿毛和清扫时应采取降尘措施，防止粉尘污染周围环境。

## 32.9 质量记录

(1)支座检测记录、产品合格证等。

(2)水泥、砂、石子、掺合料、外加剂等材料试验报告，水质化验报告，水泥、掺合料、外加剂的产品合格证及出厂检测报告。

(3)环氧砂浆或补偿收缩砂浆及混凝土强度试验报告。

(4)电焊条合格证。

(5)工序质量评定表。

**图书在版编目（CIP）数据**

桥梁下部结构施工工艺标准／湖南路桥建设集团有限责任公司编著. —长沙：中南大学出版社，2019.6

ISBN 978－7－5487－3611－0

Ⅰ.①桥… Ⅱ.①湖… Ⅲ.①桥梁结构—下部结构—桥梁施工—技术标准 Ⅳ.①U443－65

中国版本图书馆 CIP 数据核字(2019)第 064675 号

**桥梁下部结构施工工艺标准**

湖南路桥建设集团有限责任公司　编著

□**责任编辑**　刘颖维
□**责任印制**　易建国
□**出版发行**　中南大学出版社
　　社址：长沙市麓山南路　　邮编：410083
　　发行科电话：0731－88876770　　传真：0731－88710482
□**印　　装**　长沙印通印刷有限公司

□**开　　本**　787×1092　1/16　□**印张** 21.25　□**字数** 534 千字
□**版　　次**　2019 年 6 月第 1 版　□2019 年 6 月第 1 次印刷
□**书　　号**　ISBN 978－7－5487－3611－0
□**定　　价**　138.00 元